# Moderne Gesichtspunkte

## für den Entwurf

# Elektrischer Maschinen

und

# Apparate.

Von

**Dr. F. Niethammer,**
ord. Professor an der Technischen Hochschule Brünn,
fr Chefingenieur der Union El.-Ges. Berlin.

---

**Mit 237 in den Text gedruckten Abbildungen.**

**München** und **Berlin.**
Druck und Verlag von R. Oldenbourg.
**1903.**

# Inhaltsverzeichnis.

## 1. Einleitung.



## 2. Wirkungsgrad und Verluste.



## 3. Erwärmung und Ventilation.



## 4. Maximalspannung. Isolation.



## 5. Spannungsänderung (Regulierung).



## 6. Gleichstrommaschinen.



## 7. Einankerumformer.

**8. Drehstromgeneratoren.**



**9. Drehstrommotoren.**



**10. Einphasenmotoren.**



**11. Transformatoren.**



**12. Vorrichtungen zum Anlassen und Tourenregulieren.**



**13. Elektrische Bremsvorrichtungen und Kupplungen.**



**14. Stromabnehmer für Bahnen und Hebezeuge.**



**15. Schalttafeln und Zubehör.**



**16. Schluſswort.**

# 1. Einleitung.

Jede elektrotechnische Firma baut in erster Linie verschiedene Reihen listenmäſsiger, normaler Maschinen und Apparate[1]) mit Leistungen, Spannungen und eventuell Tourenzahlen, die von Firma zu Firma nicht sehr viel schwanken, und die sich für den Absatz in gröſseren Mengen im Laufe der letzten Jahre am besten eigneten.[2]) Über diese gängigen Typen liegen in der Regel genügende Erfahrungen vor, so daſs sie dem Elektriker und Konstrukteur keine Mühe mehr machen, abgesehen vielleicht von verschiedenen kleineren Einzelheiten. Die Leistungen solcher normaler Maschinen liegen für Gleichstrom beiläufig zwischen den zwei Kurven Fig. 1, für Drehstrom von 50 Perioden etwa zwischen denjenigen von Fig. 2. Höhere Tourenzahlen fordern gebieterisch die Dampfturbinen, teilweise auch Wasserturbinen für hohes Gefälle und entsprechend groſse Leistungen; ferner verlangt die Elektrotechnik selbst im Bau von rotierenden Umformern und zwar sowohl von Motorgeneratoren als auch von einankrigen Maschinen, aber besonders für erstere, aus leicht begreiflichen Gründen mehr und mehr gesteigerte Umlaufszahlen. Auſserdem liegt ein ausgesprochener Bedarf an raschlaufenden Antriebsmotoren für die direkte Kupplung mit Zentrifugalpumpen vor. Im Gegensatz dazu erheischen Kolbenpumpen bei Antrieb ohne Übersetzung, was sich stetig mehr einbürgert, sehr geringe Umdrehungszahlen; ebenso direkte Antriebe

§ 1. Normale Typen.

§ 2. Hohe Tourenzahlen.

[1]) Es sollen nur Starkstromapparate behandelt werden.

[2]) Was elektrotechnische Massenfabrikation anlangt, so liegen allerdings die Verhältnisse in Deutschland bezw. in Europa überhaupt viel ungünstiger als in den Vereinigten Staaten. Während es bei uns eine Seltenheit bedeutet, wenn eine Type über 200 oder 300 KW in identischer Ausführung wiederkehrt, findet man in Amerika Anlagen in denen 1000 bis 8000 KW-Maschinen gleicher Ausführung dem Dutzend nach im Betrieb sind. Schon bei den kleinsten Motoren sind hierzulande für dieselbe Leistung endlose Variationen nötig, ich zitiere nur den Fall eines 20pferdigen Induktionsmotors, der mit 4, 6, 8, 10 und 12 Polen und ein Dutzend verschiedenen Spannungen verlangt wird.

von Transmissionswellen, von Druckerpressen, Förderhaspeln, Fördermaschinen und manchen anderen Bergwerksmaschinen, ferner direkt gekuppelte Erregermaschinen grofser, langsamlaufender Drehstromgeneratoren.

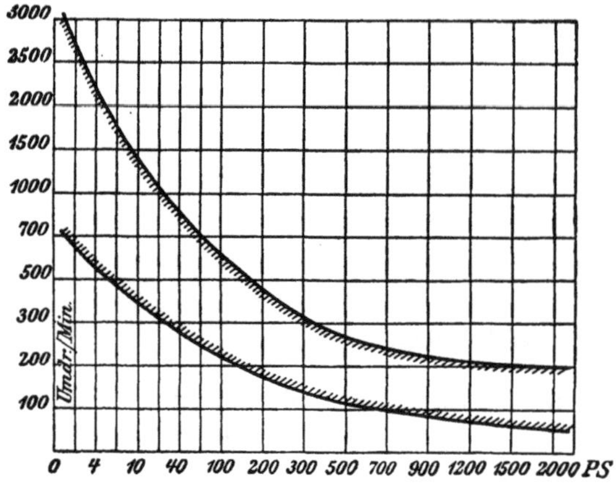


Fig. 1.

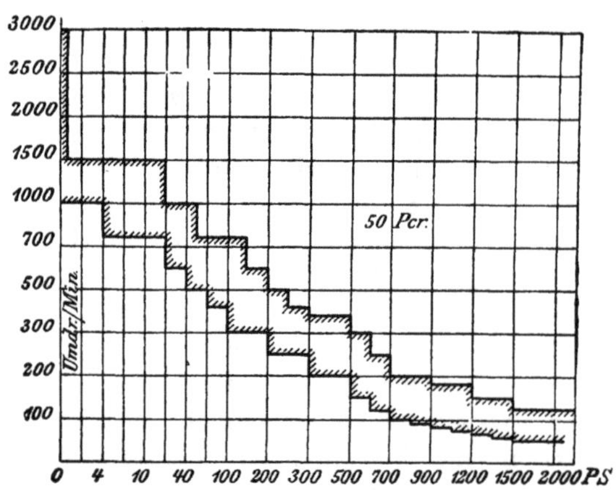


Fig. 2.

Die Elektrotechnik ist bekanntlich die Technik der hohen Tourenzahlen »par excellence«, **s i e** hat es erreicht, dafs heutzutage sich alles rascher dreht und bewegt als vor 20 Jahren; ich weise hier besonders auf die Entwicklung der raschlaufenden Dampfmaschinen[1]) und der raschlaufenden Pumpen hin, ganz abgesehen von den Schnellbahnproblemen. Aber jetzt schon stellt die Praxis Anforderungen in Bezug auf Höhe der Umlaufszahlen, dafs selbst die Elektrotechnik entweder versagt oder noch mit Mühe nach einer Lösung sucht.[2]) Dagegen sind die Schwierigkeiten bei sehr kleinen Umlaufszahlen weit geringer, sie liegen meist in dem zu hohen Preis, dem geringen Wirkungsgrad u. ä., nicht aber in der mechanischen Herstellung.

---

[1]) Ich bin der Ansicht, dafs u. a. namentlich die Konkurrenz der Grofsgasmotoren und auch der Dampfturbinen noch eine weitere allmähliche Steigerung der Umlaufszahlen der direkt gekuppelten Dampfmaschinen bedingen wird. In England sind die Dampfmaschinen-Tourenzahlen wesentlich höher wie hierzulande, z. B. für 1200 PS noch 166 und mehr Touren, in Amerika sind die Tourenzahlen direkt gekuppelter Aggregate eher kleiner wie in Deutschland, wo man neuerdings bereits Dampfmaschinen für 2000 PS mit 105 bis 110 Touren findet; Gasmotoren machen bei dieser Leistung 110 bis 140 Touren.

[2]) Man ist in ganz ähnlicher Weise gewöhnt, anzunehmen, dafs die elektrische Übertragung an keine Entfernung gebunden ist, aber es gibt tatsächlich praktische Fälle, wo aus Rücksichten auf Betriebssicherheit und Herstellungskosten elektrische Fernübertragungen selbst grofser Energiemengen ausgeschlossen sind.

In etwas erweiterter Form will ich die hier näher zu erörternden Fragen folgendermafsen formulieren: Ist es möglich, betriebssichere, ökonomische und preiswerte Maschinen und Apparate für alle vorkommenden Leistungen, für jede praktisch vernünftigerweise verlangte Spannung, für jede im tatsächlichen Betrieb zu erwartende Behandlung, bei rotierenden Maschinen für jede beliebige Tourenzahl zu bauen? Damit berühre ich von selbst, soweit es mir möglich ist, die brennenden Fragen, welche die der Starkstromtechnik angehörenden Theoretiker und Konstrukteure gegenwärtig bewegen.[1]) Es gibt wohl schwebende Fragen, die im wesentlichen zunächst von der Theorie zu lösen sind, ich möchte beispielsweise die rationelle Tourenregulierung von Wechselstrommotoren, dann, um weiter auszuholen, die direkte Umwandlung der chemischen Energie der Kohle in Elektrizität dazu rechnen; in der Regel liegt jedoch die Grenze der Herstellungsmöglichkeit da, wo der mechanische Ingenieur die elektrischen Entwürfe oder »Ideen« nicht mehr ausführen kann, bezw. in manchen Fällen in den zu hohen Herstellungskosten, im letzteren Fall ist die Möglichkeit einer rationellen Massenfabrikation von Wichtigkeit.[2])

## 2. Wirkungsgrad und Verluste.

Der Wirkungsgrad energieumsetzender, elektrischer Apparate fällt nur in ganz seltenen Fällen prohibitiv klein aus. Hohe Umlaufszahlen sind in der Regel günstig für guten Wirkungsgrad, die Luftreibung steigt allerdings bei hohen Tourenzahlen erheblich, meist auch Kollektor- und Lagerreibung. Wirkungsgrade von 96 bis 98 % — Lagerreibung nicht eingerechnet — dürften obere Grenzwerte[3]) sein, selbst bei kleinen, langsamlaufenden Typen werden 70 bis 80 % kaum je unterschritten. Ein 8pferdiger Motor gibt beispielsweise bei 800 bis 1000 Touren 85 bis 87 %, bei 150 Touren[4]) 80 bis 82 %. Wirkungsgrade von 20 und weniger Prozenten, wie sie Dampfmaschinen und Gasmotoren eigen sind, mufs man in der Elektrotechnik nur bei Motoren von weniger als $^1/_{10}$ PS suchen.[5]) An § 3. Gröfse des Wirkungsgrades.

[1]) Die bekannten Grundprinzipien und gelösten Probleme werden nur insoweit erörtert als sie für den übrigen Aufbau erforderlich sind.

[2]) Dieser Umstand spielt z. B. bei vielen elektrischen Antrieben eine Rolle, wobei die Elektrizität mit Antrieben durch Druckluft, Druckwasser, Kraftgas etc. im Wettbewerb liegt.

[3]) Die neueren Niagaramaschinen haben einige Zehntel mehr als 98 % elektrischen Wirkungsgrad (Kupfer-, Erregungs- und Eisenverluste).

[4]) Ein Motor von 10 PS und 30 Touren, der praktisch tatsächlich öfters erwogen wurde, dürfte allerdings kaum mit mehr als 40 bis 50 % Wirkungsgrad zu bauen sein.

[5]) Bezw. bei elektrischen Glüh- und Bogenlampen.

größeren Transformatoren lassen sich bei nicht allzu hohen Spannungen Wirkungsgrade von 98,5% noch erreichen. Auch Kapselmotoren besitzen bei rationeller Verteilung der Verluste Wirkungsgrade von ähnlicher Höhe wie offene Maschinen. Mindestens so wichtig als der Vollastwirkungsgrad ist das wirtschaftliche Arbeiten bei Überlast und besonders bei Teillasten und auch bei Leerlauf, ein Punkt, auf den nicht genügend geachtet wird. Die Leerlaufverluste sollten so klein als angängig, und die variablen Lastverluste entsprechend groß gehalten werden; eine solche Disposition gibt rationelle, wirtschaftliche Maschinen, auch für den Betrieb mit Kapselung ist dies zweckmäßig.

§ 4. Verbesserung des Wirkungsgrades.

Durch beliebige Vergrößerung der Abmessungen und durch Verringerung der elektrischen und magnetischen Beanspruchungen läßt sich der Wirkungsgrad keineswegs ins Ungemessene treiben; es läßt sich im Gegenteil durch gedrängten, rationellen Bau unter Weglassung alles Überflüssigen und bei äußerst sorgfältiger Auswahl der verwendeten Materialien viel mehr erreichen. Verringert man die Eiseninduktion $B$ eines Transformators, so reduziert man die Eisenverluste weit nicht in gleichem Grade, überdies gehen die Kupferverluste dabei in der Regel in die Höhe wegen der vergrößerten Wickellänge, es ist mehr durch Verwendung von Eisenblechen mit geringen Eigenverlusten zu erreichen. In dieser Hinsicht sind für Eisen, Stahl und Gußeisen durch Beimengungen[1]) von Aluminium, Silicium u. ä. zur Verringerung der Hysteresis und event. der Wirbelströme sowie zur Erhöhung der Permeabilität nennenswerte Fortschritte gemacht worden. Mehr als bisher sollte man in Deutschland bei Herstellung der Eisenbleche und durch Vorschrift geringer Temperaturzunahme das sogen. Altern des Eisens hintanhalten. Durch gewisse Hilfsvorrichtungen, z. B. Kurzschließer für die Schleifringe von Drehstrommotoren, dann durch Verwendung kurzer[2]) Kohlenbürsten, ferner von möglichst knappen Lagerabmessungen lassen sich die Verluste ebenfalls vermindern.[3]) Dabei kommt man aber häufig in Konflikt mit der Betriebssicherheit, die wohl ausnahmslos wichtiger ist als einige Zehntel Prozente gewonnenen Wirkungsgrades. Zu knappe Lager und besonders auch die äußerst verlockenden und neuerdings viel gepriesenen Kugellager müssen sehr vorsichtig angewendet werden.[4]) Kupferbürsten geben meist besseren Wirkungsgrad als Kohlenbürsten, aber aus Betriebsrücksichten werden mit Recht die letzteren

---

[1]) Sowie durch rationelle Herstellungsmethoden.

[2]) Kurz in radialer Richtung bezw. in der Richtung, in der der Strom fließt.

[3]) Bei Meßinstrumenten und Schaltapparaten ist darauf zu achten, daß keine großen Verluste durch Kontaktwiderstände, durch Wirbelströme in unnötigen Metallteilen auftreten; dauernde Verluste in Hilfsspulen, Bremsmagnete eingerechnet, kann man durch Vorschaltwiderstände reduzieren, die nach verrichteter Arbeitsleistung der Spule vorgeschaltet werden.

[4]) Unter Umständen zersplittern die Kugeln, öfters machen sie Geräusch.

allgemein vorgezogen; die Kupferverluste lassen sich durch knappe Stirnverbindungen herabsetzen, aber besonders bei Hochspannung sind weitausladende luftige Stirnverbindungen Grundbedingung zur Vermeidung von Durchschlägen. — Ein schwer zu berechnender Verlust, dem öfters zu wenig Beachtung geschenkt wird, ist der durch Wirbelströme im Kupfer und Eisen; derselbe kann durch sachgemäfse Konstruktion auf verschwindend kleine Werte reduziert werden, kann aber auch verschiedene Prozente erreichen. Bei breiten Nuten sind starke Kupferstäbe mehrfach zu unterteilen und zwar in der Dicke und der Höhe oder durch Litze zu ersetzen. In den neuen Niagaramaschinen ist nur der obere der 2 Leiter pro Nut als Litze ausgebildet. Bei geringer Nutzahl und besonders bei grofsen Typen sind die Polschuhe zu lamellieren. Ankerblechbolzen sind möglichst aufserhalb des aktiven Eisens zu legen.

## 3. Erwärmung und Ventilation.

Die Erwärmung ist bei allen offenen Maschinen mittlerer und hoher Tourenzahl bei den heutzutage allgemein verwendeten ventilierten Ankern leicht in mäfsigen Grenzen zu halten. Bei langsamlaufenden Maschinen wird es mit niedrig werdender Umlaufszahl immer schwieriger, der Wärme Herr zu werden, und bekanntlich ist es für den Grenzfall — die Kapselmotoren und die ruhenden Transformatoren — schwer, bei letzteren besonders über 200 KW, mit natürlicher Kühlung bei sonst rationell gebauten Typen, d. h. für Transformatoren bei angemessenem Preis, Wirkungsgrade und Spannungsabfall, die Übertemperatur unter 100° zu halten. Sehr empfehlenswert ist es, sich beim Bau der langsamlaufenden Dynamos möglichst noch in erhöhtem und besser durchgebildetem Mafse die guten Lüftungsverhältnisse der raschlaufenden zu verschaffen.[1]) Das führt zu schmalen Maschinen mit grofsem Durchmesser und bei Gleichstrom rationellerweise zu hoher Polzahl (siehe später). § 5. Ventilation.

Es ist zu beachten, dafs die Ventilationskanäle nicht durch die Distanzstücke, durch die Wicklung und Isolation allzusehr verengt werden, was besonders bei vielen schmalen Zähnen zu fürchten ist.[2]) Äufserst wichtig ist die energische Ventilation der Stirnverbindungen, da dieselben sozu-

[1]) Seitenwicklungen, namentlich die sog. Evolvententwicklungen kühlen an sich durch ihre Schaufelwirkung besser als Fafswicklungen. Richtig ausgebildete Kommutatorverbindungen können die Ventilation auch verstärken.

[2]) Aus dem gleichen Grunde sollten die Kanäle nicht zu schmal gehalten werden, bei kleinen Maschinen 6 mm und gröfer, bei grofsen Maschinen 10 mm und mehr. Bei Induktionsmotoren ist zu beachten, dafs durch den kleinen Luftspalt in axialer Richtung nur wenig Luft fliefsen kann.

sagen die Wärme aus der Maschine heraussaugen und eine grofse, verzweigte Oberfläche haben. Zu diesem Zwecke sind Ventilationskanäle und Flügel an den Seitenflantschen besonders empfehlenswert, dadurch bekommen auch die Feldspulen einen kräftigen Luftzug, die sonst schwer zu ventilieren sind. Bei Drehstrommaschinen ist die Luft auch über den Rücken des aktiven Eisens, bei Gleichstrommaschinen an der Innenfläche des Kommutators vorbei zu führen; Luftsäcke an letzterem sind zu vermeiden. An Feldspulen von Wickeltiefen gröfser als 40—50 mm ist es lohnend, in Richtung der Polachse Ventilationsringe auszusparen, die namentlich bei rotierendem Feld sehr wirksam sind (Fig. 3).

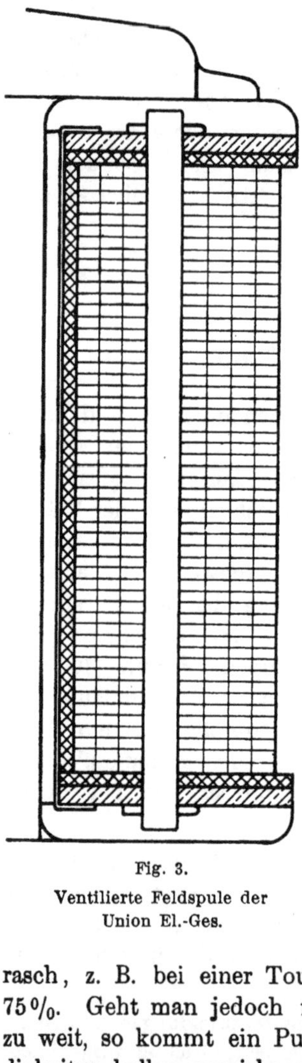

Fig. 3. Ventilierte Feldspule der Union El.-Ges.

§ 6. Kapselung.

Den grofsen Einflufs sachgemäfs angeordneter Ventilationsschlitze bei genügend hoher Umlaufs- bezw. Luftgeschwindigkeit kann man besonders deutlich demonstrieren, wenn man versucht, bei gleichen Gesamtverlusten eine Maschine erst normal, dann mit verstopften Kanälen, dann bei offenen Kanälen mit $^1/_2$ oder $^1/_3$ Tourenzahl oder weniger und schliefslich gekapselt bei voller Tourenzahl dauernd laufen zu lassen. Die Übertemperaturen erreichen dabei meist nicht nur die doppelten Werte wie offen und bei voller Tourenzahl, sondern viel mehr, und zwar um so mehr, je besser die Maschine bei ihrer ursprünglichen Tourenzahl und Anordnung kühlt. Die Verwendung eines gegebenen Modells für reduzierte Tourenzahl und proportional reduzierte Leistung unter Beibehaltung der Eisen- und Kupferbeanspruchungen ist häufig innerhalb gewisser Grenzen zulässig, weil mit der Tourenzahl in der Regel die Verluste abnehmen, allerdings nicht gleich rasch, z. B. bei einer Tourenverminderung auf die Hälfte nur auf etwa 75 %. Geht man jedoch mit dieser bekannten proportionalen Reduktion zu weit, so kommt ein Punkt, wo die Ventilation der geringen Geschwindigkeiten halber unwirksam wird; die Kupferabmessungen werden kleiner und kleiner und die Raumausnutzung schlechter, so dafs die Leistung weiter herabzusetzen ist. Besonders die vollständige Kapselung von Maschinen für Dauerbetrieb führt zu ganz beträchtlichen Temperaturerhöhungen; an sich gut ventilierte Maschinen von ziemlich hoher Touren zahl kann man gekapselt keinesfalls dauernd mit 100 bis 80% ihrer vollen Leistung beanspruchen. Für intermittierenden Betrieb ist häufig die Erwärmung gekapselter Motoren derartig, dafs sie die vorgeschriebene eine Stunde ihre normale offene Leistung abgeben können. Es ist übrigens für die Beurteilung dieser Frage wichtig, für die vorliegende Betriebsart die einzelnen Verluste über die ganze Betriebszeit verteilt, speziell für die Kupferverluste, das mittlere Stromquadrat zu kennen, während für die Funkenbildung die Stromspitzen, die zugehörige Tourenzahl[1]) und deren Dauer mafsgebend sind. Für gekapselten Dauerbetrieb ist die Leistung, falls nicht ganz wesentlich höhere Temperaturen wie offen zugelassen werden, was nur bei Verwendung besonderer Isolationsmaterialien, z. B. ausschliefslich Glimmer, angängig sein dürfte, nicht selten bis auf 50% zu reduzieren, wobei meist trotzdem noch die Erwärmung höher ist als bei offenem Betrieb. Wasserdichte Kapselmotoren werden neuerdings besonders zum Antrieb von Pumpen verlangt, die samt Motor noch 30 bis 40 m unter Wasser arbeiten sollen. Dafür sind die Motoren, wie die Ausführung[2]) der Union E. G. (Fig. 4) eines 80pferdigen Gleichstrommotors für 300 Volt und 1200 Touren zeigt, nicht nur zu kapseln, und zwar mit Dichtungen[3]), sondern auf der Pumpenseite durch eine Stopfbüchse wasserdicht abzuschliefsen. Der abgebildete Motor wird durch Prefsluft gekühlt. Die elektrischen und magnetischen Beanspruchungen des nicht gekühlten Kapselmotors sind in der Regel anders zu disponieren als beim offenen, um den günstigsten Wirkungsgrad und event. den günstigsten cos $\varphi$ nicht erst bei mehrfacher Überlast zu erreichen. Kapselmotoren sollten geringe Leerverluste, d. h. kleine Eisen- und Erregerverluste haben.

Fig. 4.
Kapselmotor der Union El.-Ges.

In all diesen Fällen kann jedoch die Erwärmung keine Begrenzung der Ausführbarkeit, höchstens ein Grund zur Verteuerung werden; man

---

[1]) Stillstand oder geringe Tourenzahl ist günstiger (Serienmotoren!).

[2]) Für Dockpumpen werden die Motoren mit vertikaler Welle versehen.

[3]) Die Lagerschilder sind mit einer möglichst grofsen Anzahl dicht nebeneinander liegender Schrauben zu befestigen (mehr als in Fig. 4).

hat bei Kapselung einfach die äufsere Maschinenoberfläche so grofs zu machen, dafs sie bei festgelegter Übertemperatur die gesamten Verluste ausstrahlt. Die ausstrahlende Aufsenfläche läfst sich z. B. in der aus Fig. 5[1]) ersichtlichen Weise durch Anbringung zahlreicher Rippen wie bei Heizkörpern wirksam vergröfsern. Um Wärmestauungen innerhalb der Maschine zu vermeiden, sollte durch Ventilationskanäle und Flügel dafür gesorgt werden, dafs sich die Luft im Motor dauernd bewegt und vermischt. Für die Normierung der Kapselmotoren besonders ungünstig, aber nicht

Fig. 5.

ganz unberechtigt, ist die Vorschrift der Verbandsnormalien, die Feldspulentemperatur aus der Widerstandszunahme zu messen. Bei offenen Motoren kann sich die Aufsenfläche der Feldspulen leicht auf niedrigerer Temperatur wie der Anker halten, bei Kapselmotoren teilt sich jedoch die Ankertemperatur der Aufsenfläche der Feldspulen mit und so mufs die Innentemperatur solcher Spulen höher wie die übrigen thermometrischen Werte der ganzen Maschine werden und die Leistungsgrenze bestimmen.

[1]) Rippenmotor der Braunschweigischen Maschinenfabrik. Sowohl bei Maschinen als bei Transformatoren und Apparaten ist eine innen und aufsen gewellte Oberfläche zweckentsprechender wie eine mit aufgesetzten Rippen versehene Fläche.

Die vollständige Kapselung ist jedoch sehr oft, selbst in Hütten- und Grubenbetrieben, gar nicht erforderlich. Bei solider Herstellung und glasharter Lackierung der Wicklungen genügt fast ausschliefslich eine luftige Abdeckung durch perforiertes Blech oder Gaze[1]), manchmal auch ein Blechmantel über die ganze Maschine, über den Kühlwasser fliefsen kann, oder ein Regendach über den Kollektor. Es werden neuerdings

Fig. 6.
Ventiliert-gekapselter Gleichstrommotor der D. E.-W. Aachen.

mit Recht sog. ventiliert gekapselte Motoren auf den Markt gebracht, denen die Luft durch labyrinthartige Rohrstutzen zugeführt wird (Fig. 6 und 7 der Deutschen Elektrizitätswerke Aachen, D. R.-P.), so dafs sie Regen- und Spritzwasser ausgesetzt werden können, trotzdem ist ihre Leistung 10 bis 20 % höher als bei völliger Kapselung. Im Innern sollte man zur Erzielung einer kräftigen Zugwirkung Ventilationsflügel vorsehen und die Luftlöcher sind möglichst grofs im Querschnitt zu halten.

[1]) Gegen den ganz offenen Motor wird allerdings auch dadurch die Leistung um einiges reduziert. In den Vereinigten Staaten werden vielfach für Krane die ganz normalen Lagerschild- oder Grundplatten-Typen verwendet.

§ 7. Künstliche Kühlung. Ein bis jetzt für Maschinen noch wenig benutzter Ausweg aus dem Dilemma der teuren Kapselmaschinen für Dauerbetrieb ist die bei gröſseren Transformatoren allgemein übliche künstliche Kühlung, und zwar sind drei Methoden üblich: Luftzug, stehendes oder zirkulierendes Öl, Öl mit Wasserkühlschlangen. Bei einem Gasmotor jedweder Gröſse läſst man es sich selbstverständlicherweise gefallen, daſs er eine Menge Kühlwasser verbraucht, warum soll man nicht ähnliches in gewissen Fällen bei elektrischen Maschinen zulassen? Eine Wasserkühlschlange im Rücken eines

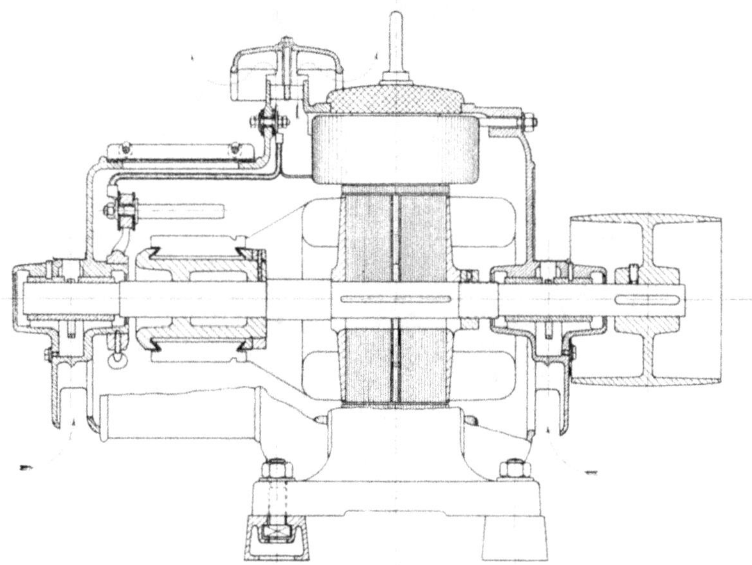

Fig. 7.
Ventiliert-gekapselter Motor der D. E.-W. Aachen

Motors einzubauen, ist gar nicht so kompliziert; das Tropfwasser in Bergwerken ist das geschaffene Kühlmittel von Kapselmotoren, die dadurch billiger und besser werden, besser namentlich bei Gleichstrom bezüglich Funkenbildung, wie wir später sehen werden. Einen Punkt bezüglich künstlicher Kühlung möchte ich hier besonders erwähnen, nämlich den, daſs sich die Übertemperatur gekapselter und besonders künstlich gekühlter Maschinen viel leichter im voraus berechnen läſst als die offener Typen, und bei ersteren läſst sich das Glück auch nachträglich noch eher etwas korrigieren; nämlich falls die Temperatur nicht niedrig genug ausfällt, läſst sich durch geringe Steigerung des Druckes leicht mehr Luft, Öl oder Wasser durchpressen, und zwar ohne erhebliche Kosten.

Die allgemeine, experimentelle Bestimmung von Koeffizienten für Übertemperaturen offener Maschinen gibt oft hoffnungslose Resultate. Ob man einfach die Mantelfläche, freie Wickeloberfläche eingeschlossen oder nicht, oder ob man genau alle Oberflächen, nach Fig. 8 (Gleichstrommaschine) und Fig. 9 (Drehstrommotor) unter Berücksichtigung der zugehörigen Umfangsgeschwindigkeiten $v$ durch den Faktor $(1 + 0{,}1\,v)$ einsetzt, man bekommt bei verschiedenen Maschinen Werte für $C$ in der Formel § 8. Berechnung der Übertemperatur von Maschinen.

$$T = C\,\frac{A}{O\,(1 + 0{,}1\,v)} \quad \ldots\ldots\ldots \quad (1)$$

($T$ Übertemperatur, $A$ Wattverlust, $O$ Gesamtoberfläche), die von 200 bis 1400 variieren. Es ist demnach etwas gewagt, mit einem Mittelwert von 500 zu rechnen; die Abkühlung hängt eben zu sehr von den tatsächlichen Luftgeschwindigkeiten, den kühlenden Luftmengen, der Führung der Luft längs der erhitzten Flächen u. a. ab.

In Fig. 8 sind die Oberfläche der Mantelflächen, die freie Wickeloberfläche, die freien Seitenflächen samt Kanälen und die Innenfläche voll

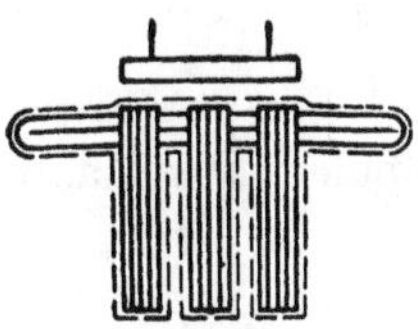

Fig. 8.

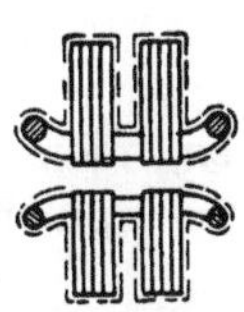

Fig. 9.

und gemäfs ihrer Geschwindigkeit, und zwar mit dem Faktor $(1 + 0{,}1\,v)$, entsprechend der gestrichelten Umrahmung, berücksichtigt. In Fig. 9 sind die Mantelflächen des kleinen Luftspaltes halber, der keinen Luftzug zuläfst, nicht gerechnet.

Bezüglich der Ankererwärmung legt sich meist der Elektriker für seine Typen bestimmte Eisen- und Stromdichten zurecht, die für seine entsprechend ventilierten Maschinen passen. Ich kenne allerdings Fälle aus meiner Praxis, wo von zwei Maschinen gleicher Leistung und Tourenzahl und annähernd gleichem Anker- und Kollektordurchmesser die eine, nicht ventilierte, bei Stromdichten[1]) von 2 im Ankerkupfer und bei einer Ankerinduktion $B_a = 8000$ und einer Zahnsättigung $B_z = 16000$ und 30 Watt/qdm am Kollektor $+ 55^0$ am Anker und Kollektor zeigte, während eine modern ventilierte Maschine bei einer Stromdichte von 4,5, $B_a = 11000$, $B_z = 22000$ und 90 Watt/qdm am Kollektor noch nicht $+ 35^0$ ergab. Es ist heutzutage möglich, wenn nicht Vorschriften bez. des Wirkungsgrades es verbieten, Maschinen über 100 KW noch mit Stromdichten von 4 bis $4^1/_2$ im Ankerkupfer und bei 25 Perioden mit $B_a = 12000$ zu

---

[1]) Auf qmm bezogen.

beanspruchen, bei Maschinen von 50 KW und kleiner kann man mit der Stromdichte bis auf 6 gehen.[1])

Für Kollektoren ist die Unsicherheit in der Berechnung der Erwärmung dann grofs, wenn die Maschine Neigung zur Funkenbildung hat, oder mechanisch nicht einwandsfrei ist, sonst gibt[2])

$$T = 300 \frac{A}{O\,(1 + 0{,}1\,v)} \quad \ldots\ldots\ldots \quad (2)$$

sichere, eher zu hohe Werte, falls $O$ die Mantelfläche und $A$ die mit Rücksicht auf Stromdichte[3]) genau berechneten gesamten Kollektorverluste sind, d. h. wenn je nach der Kollektorgeschwindigkeit für Kohlenbürsten 0,15 bis 0,25 Ohm pro qcm Bürstenfläche und für den Reibungskoeffizienten der tatsächliche Wert (ca. 0,1 bis 0,2) benutzt wird. Setzt man einfach 0,3 Ohm pro qcm Bürstenfläche und den Reibungskoeffizienten = 0,2, so mufs man bei üblichen Maschinen 300 durch etwa 150 ersetzen.

Auch bei Erregerspulen ist die Unsicherheit nicht so grofs wie bei Ankern. Die Übertemperatur $T_a$ an der äufseren Oberfläche ist bei freiliegenden Spulen

$$T_a = 300 \frac{A}{O} \quad \ldots\ldots\ldots \quad (4)$$

($O$ bei cylindrischen, nicht zu kurzen Spulen nur Mantelfläche) und bei ziemlich abgedeckten Spulen

$$T_a = 500 \frac{A}{O} \quad \ldots\ldots\ldots \quad (5)$$

Die mittlere Innentemperatur $T_i$, wie sie sich durch Widerstandsmessungen ergibt, ist etwa

$$T_i = (1 + 0{,}15\,s)\;T_a \quad \ldots\ldots\ldots \quad (6)$$

Dabei ist $s$ die Wickeltiefe in Centimeter. Die maximale Innentemperatur kann noch 10 bis 50% gröfser sein.

Bei rotierenden Feldwicklungen kann

$$T_a = 300 \frac{A}{O\,(1 + 0{,}1\,v)} \quad \ldots\ldots\ldots \quad (7)$$

---

[1]) Bei anderen Periodenzahlen $n_x$ kann man die maximal zulässige Ankerinduktion $B_x$ berechnen aus

$$n_x : 25 = \sqrt[1{,}8]{B_{25}} : \sqrt[1{,}8]{B_x}\,, \quad \ldots\ldots\ldots \quad (3)$$

wobei $B_{25} = 12\,000$. In rotierenden Sechsphasenumformern kann man mit der scheinbaren Stromdichte auf 7 und mehr gehen.

[2]) Die Stromdichten sollten bei Kohle $< 7$ Amp/qcm, bei Reihenwicklungen noch kleiner sein.

[3]) Widerstand pro qcm Bürstenfläche bei Kohle $= \frac{0{,}46}{\sqrt{i}} - 0{,}035$ (nach Dettmar, $i$ = Stromdichte).

gesetzt werden. Nur bei sehr grofsen Wickeltiefen wird es ökonomisch, die Feldspulen, und zwar in Richtung der Polachse zu unterteilen. Diese Unterteilung wird aber nur bei kräftigem Luftzug durch die Kanäle voll wirksam.[1])

Bei nicht besonders gekühlten Transformatoren ist die Ermittlung der Übertemperatur, so einfach es auch scheint, nicht sehr zuverläfsig zu ermitteln, da die Berechnung der tatsächlichen (!) ausstrahlenden Oberfläche meist nicht einwandsfrei möglich ist, weshalb man in der Praxis meist für die laufenden Typen die zulässigen Stromdichten (0,8 bis 1,5) und die Eisendichten (4000 bis 7000 bei 50 Per.) ausprobiert. Nimmt man nur die wirklich freien Eisen- und Wicklungsoberflächen, so ist $C$ in $T = C \frac{A}{O}$ für das Eisen etwa 600 bis 800 und für das Kupfer 900 bis 2000. Ich will hier nicht unerwähnt lassen, dafs von einer nennenswerten sog. Schornsteinwirkung, von der bei stehenden, selbstkühlenden Transformatoren oft vieles erhofft wird, wie Versuche bestätigen, kaum die Rede sein kann.

§ 9. Erwärmung von Apparaten.

Für Bremsmagnet- und andere Hilfsspulen kann man die Formeln für die Feldspulen und Transformatoren benutzen, bei intermittierendem Betrieb können solche Spulen mehr beansprucht werden. Die Erwärmung (Übertemperatur $< 25$—$50^0$) von Schalter- und Anlasserkontakten hängt sehr von der Solidität der Ausführung, dem Anpressungsdruck und dem augenblicklichen Zustand (verbrannt oder nicht) ab; als Dauerbeanspruchung kommen für Kupferkontakte 10 bis 200 Amp pro qcm (bei guter Ausführung in der Regel 50 bis 100 Amp/qcm), als vorübergehende Beanspruchungen etwa zwei- bis dreimal gröfsere Werte in Frage, die höheren Werte für kleinere Ströme und kleine Kontaktflächen.[2]) Besonders den

[1]) Man mufs immer beachten, dafs alle Ventilationskanäle entweder die mittlere Windungslänge oder die Pollänge vergröfsern. Bringt man an Feldspulen Kanäle an, so ist $O$ dementsprechend gröfser in Formel 4 bis 7 einzusetzen; keinesfalls sollte man bei nicht forcierter Kühlung diese Kanaloberflächen voll rechnen. — Eine wirklich wirksame Feldkühlung ist meines Erachtens dadurch möglich, dafs man in den Polen in der Richtung der Polachse Kanäle vorsieht, welche den Ankerkanälen gegenüberstehen. Die vom Anker herausgeschleuderte Luft müfste sich dann seitlich durch die senkrecht zur Polachse unterteilten Feldspulen verzweigen.

[2]) R. Hellmund behandelt in der Z. f. E. Wien 1902, S. 497 ff. die Erwärmung von Kontaktflächen in folgender Weise. Die zulässige Stromdichte $i$ pro qmm in der Kontaktfläche $q$ ist

$$i = \sqrt{\frac{T c_1 c_2}{c_3}}$$

wobei $T$ die zulässige Übertemperatur (50 ° C), $c_1$ das Verhältnis des tatsächlich aufliegenden Querschnittes zu $q$ (schwankt zwischen 0,05 und 0,95), $c_2$ ein Abkühlungskoeffizient, $c_3$ der Übergangswiderstand pro qmm ist. $c_3$ hängt von den Materialien ab, von der Stromdichte (bei 5 Amp/qmm z. B. 0,0058 $\Omega$, bei 1 Amp/qmm 0,0098 $\Omega$), und besonders stark vom Druck, mit dem die Flächen aufeinander

Lötstellen ist grofse Sorgfalt zuzuwenden; die Kontakt- und Lötquerschnitte müssen wesentlich gröfser sein als die Leitungsquerschnitte. Während für Maschinen und Schalter die Übertemperaturen festgelegt sind — Schalter jedenfalls weniger als + 50° C —, sind die Ansichten über die zulässige Temperatur vom Widerstandsmaterial sehr verschieden. 150 bis 180° sollte man nicht überschreiten; in den meisten Fällen bleiben zweckmäfsig die absoluten Temperaturen unter 100°, direkt am Widerstandsmaterial gemessen. In Uppenborns Kalender finden sich Maximalbelastungen für Nickelin (bei 0,5 mm $\phi$ etwa 32 Amp/qmm, bei $2\frac{1}{2}$ mm $\phi$ etwa 9 Amp/qmm), welche die Widerstände gerade nicht zum Glühen kommen lassen. Man sollte nur ausnahmsweise so hohe Beanspruchungen zulassen.

Bei Widerständen, die aus Nickelinspiralen bestehen, hängen die zulässige Stromdichte sowie die zulässigen Watt pro qdm ausstrahlende Oberfläche[1]) pro 1° C Übertemperatur sehr von der Oberfläche des Drahtes, von der Ganghöhe der Spiralen, von der Zahl der zusammengebauten Spiralen, von dem Abstand der einzelnen Spiralen, deren Länge und Lage[2]) ab. Im Mittel wird man 2 bis 3 Amp pro qmm für Dauereinschaltung und 5 bis 15 Amp pro qmm für vorübergehende Belastung setzen können[3]),

---

geprefst werden. Bei variablem Druck schwankte $c_3$ zwischen 0,0045 und 0,07 $\Omega$. $c_2$ wird durch die Abkühlungsfähigkeit des Materials (Messing besser als Kupfer), durch die Oberflächenbeschaffenheit (rauh, Farbe) und durch die an der Abkühlung teilnehmenden einzelnen Teile des Apparates bedingt und variiert von 0,00006 bis 0,004. Daraus ergibt sich $i = 0{,}1$ bis 5 Amp/qmm. Auch für stromleitende Schraubenverbindungen berechnet Hellmund die Erwärmung

$$T = C\frac{J^2}{d^4}$$

wobei $J$ der Gesamtstrom und $d$ der Schraubendurchmesser, $C$ eine Konstante ist, die von der Konstruktion und dem Material abhängt und zwischen 3 und 60 schwankt. Daraus folgt

$$d = c\sqrt{J}$$

$c = 1{,}0$ bis 1,4. Es sind dabei Verbindungen vorausgesetzt, bei denen der Strom vom Schraubenbolzen zu einem Kabelschuh o. ä. übergehen mufs. Zwei durch Schrauben aufeinander geprefste Flächen kann man mit 0,4 Amp/qmm belasten.

[1]) Oberfläche $= l \cdot u$ (Länge mal Umfang in Dezimeter).

[2]) Ob vertikal oder horizontal gespannt etc. Es fehlen noch eingehende Veröffentlichungen auf diesem Gebiete; alle Untersuchungen sollten darauf hinauslaufen, die zulässigen Watt pro qdm und pro 1° C Übertemperatur zu bestimmen, da die Stromdichte zu sehr von den Abmessungen abhängt. Uppenborn gibt in seinem Kalender 1903 S. 60 für Konstantanbänder folgende empirische Beziehung für den Querschnitt $q$

$$q = 0{,}016\, J^{1{,}55} \text{ oder } J = 14{,}4\, q^{0{,}65},$$

wobei die Bänder durch den Strom $J$ in unruhiger Luft gelb werden.

[3]) Für Kruppin ist etwa die Hälfte der Stromdichten zulässig.

und entsprechend[1]) etwa 20 bis 100 Watt/qdm bezw. 100 bis 1000 Watt/qdm, + 100 bis 150° C vorausgesetzt. Auf Eisenröhren aufgewickelte Nickelindrähte und -bänder von 0,01 bis 3 qmm Querschnitt kann man bei gleicher Übertemperatur mit 20 bis 5 Amp/qmm dauernd beanspruchen. Nimmt man die innere und äufsere Röhrenfläche als ausstrahlend an, so kann man bei vertikal stehenden Röhren für Dauerbeanspruchung 10 (bis 25) Watt/qdm (für horizontale ca. 30% weniger), für Anlasser in entsprechender Abstufung[2]) etwa 50 bis 180 Watt/qdm (bei + 100 bis 150° C) annehmen, das sind im ersten Fall 0,07 (bis 0,25) Watt/qdm / + 1° C, im zweiten 0,3 bis 1,8 Watt/qdm / + 1° C. Für Paketwiderstände aus Nickelinband kann man 1 bis 2 Watt/qdm / + 1° C bei Dauereinschaltung (3 bis 5 Amp/qmm) und bis 20 Watt/qdm / + 1° C (10 bis 15 Amp/qmm) für Anlasserzwecke rechnen. Gufsspiralen lassen, falls mit Rücksicht auf die Umgebung Rotglut (500° C) statthaft ist, 5 bis 7 Amp/qmm für Anlasser zu, bei Dauereinschaltung und + 100° C nur 1 bis 2 Amp/qmm, das sind einmal beiläufig 150 Watt/qdm und dann 10 Watt/qdm. Die äufsere Oberfläche von Ölanlassern strahlt etwa 200 bis 300 Watt/qdm aus, falls man bei nicht allzu häufigem Anlassen + 50 bis 70° zuläfst, das sind 3 bis 6 Watt/qdm / + 1° C.

§ 10. Übertemperatur von Kapselmotoren.

Zuverlässiger als bei offenen Maschinen ist die Ermittlung der Übertemperatur von Kapselmotoren. Man rechnet die gesamte Motoroberfläche $O$, die immer mit derselben Farbe gestrichen sein soll, und die Gesamtwattverluste, und man wird finden, dafs die Konstante $C$, in der Beziehung

$$T = C\frac{A}{O},$$

falls für einen genügenden Wärmeausgleich gesorgt ist, praktisch genügend genau eine Konstante von etwa 600 bis 900 ist. Genau dasselbe gilt von selbstkühlenden Transformatoren, die in einem Gefäfs mit Luft oder Öl abgeschlossen sind. Öl hat allerdings die Eigenschaft, die Wärme sehr träg weiter zu leiten, weshalb $C$ gewöhnlich gröfser ist, nämlich 1200 bis 1600, wobei unter $T$ immer noch nicht die innere Wicklungsübertemperatur, sondern nur die Ölübertemperatur zu verstehen ist, welche überdies oben und unten im Gefäfse auch verschieden ist.[3])

---

[1]) Die zulässigen Watt/qdm / 1° C sind

$$= 25\,\delta^2\,\sigma\,d \text{ oder } = 100\,\delta^2\,\sigma\,\frac{q}{u}. \qquad (8)$$

($\delta$ = Stromdichte pro qmm, $\sigma$ Widerstandskoeffizient auf m Länge und qmm Querschnitt bezogen, $q$ Querschnitt in qmm, $u$ = Umfang in mm, $d$ Durchmesser in mm.)

[2]) Die länger eingeschalteten Stufen sind geringer zu beanspruchen wie die kurzzeitig eingeschalteten.

[3]) Öl hält wohl die Isolation geschmeidig und schützt die Wicklungen vor Feuchtigkeit bei hohen Spannungen, besonders für kleine Typen ist Öl unerläfslich, aber Reparaturen sind viel schwieriger als ohne Öl und das Öl ist feuergefährlich, was allerdings für Druckluft als Kühlmittel bei hoher Spannung noch mehr der Fall ist.

§ 11. Übertemperatur bei künstlicher Kühlung. Gerade so einfach wie bei Kapselung ist die Wärmeberechnung bei künstlicher Kühlung, wobei ebenfalls Vorbedingung ist, dafs alle erhitzten Teile möglichst innig mit dem Kühlmittel in Berührung kommen: Man habe $A_s$ Wattsekunden $= 0{,}24\, A_s$ Grammkalorien Verluste und wolle $T^0$ Übertemperatur zulassen; das zirkulierende Kühlwasser soll, um ein genügendes Wärmegefälle zu haben, nur $c'\, T^0$ Übertemperatur ($c' = {}^1/_2 - {}^3/_4$) annehmen, dann hat man $X$ Liter Wasser pro Sekunde nötig, wobei $X$ folgt aus:

$$c'\, X\, T\, 1000 = 0{,}24\, A_s \quad \ldots\ldots\ldots \quad (9)$$

Für künstlich zirkulierendes Öl (spez. Wärme 0,4 und spez. Gewicht 0,9) gilt in Liter/Sek.

$$c'\, T\, \frac{0{,}4\, X}{0{,}9}\, 1000 = 0{,}24\, A_s \quad \ldots\ldots \quad (10)$$

Bei Luft wird die Beziehung, wenn man $X$ cbm/Min. zuführt,

$$c'\, T\, 0{,}24\, \frac{X}{60}\, 1{,}29 \cdot 1000 = 0{,}24\, A_s \quad \ldots\ldots \quad (11)$$

Tatsächlich wird man gut tun, etwas mehr als die berechnete Kühlflüssigkeit vorzusehen. Die Pressung bezw. Geschwindigkeit der Luft und des zirkulierenden Öles sollten nicht grofs, also die Querschnitte nicht klein sein, um störende Saugwirkungen u. ä. zu vermeiden.

§ 12. Temperatur bei beschränkten Raumverhältnissen (Bahnen). Bei entsprechenden Ventilationsverhältnissen, die auch bei direkt künstlicher Kühlung den Wirkungsgrad und Preis besonders gröfserer Typen nicht nennenswert ändern, ist also in der Erwärmung keine Begrenzung der Ausführbarkeit zu finden, solange nicht eine bestimmte Raumbeschränkung vorliegt, wie dies bei Strafsen- und Vollbahnmotoren der Fall ist. Die Erfahrung lehrt, dafs wir betriebsfähige Schmalspurlokomotiven mit Gleichstrommotoren von 15 PS bei 300 mm Spur, bei 700 mm Spur noch für 90 PS[1]) bauen können; ferner wissen wir, dafs es Gleichstrommotoren von 10 bis 60 PS für eine Spurweite von 900 bis 1000 mm gibt, die alle Anforderungen der Strafsenbahnen erfüllen, die also namentlich bei oftmaligem Anfahren und bei Steigungen die Gesamtverluste auszustrahlen vermögen. Es handelt sich bei Strafsenbahnmotoren in der Regel um ca. 30 bis 50 Watt/qdm Aufsenfläche bei + 70° Übertemperatur pro Stunde. Vergleichende Berechnungen ergeben ferner, dafs es nicht schwierig ist, Drehstrommotoren von 100 bis 300 PS-Normal- und 300 bis 900 PS-Maximalleistung bei 500 bis 1000 Touren mit genügender Ausstrahlungsfläche für Vollbahnzwecke mit normaler Spur zu bauen, wobei ein Anfahren und Anhalten nur in längeren Perioden erfolgt. Eingehende Untersuchungen ergeben aber, dafs der Drehstrominduktionsmotor infolge Raummangels und demzufolge ganz unzulässiger Erwärmung für schwierige Strafsenbahn-,

[1]) Ich gehe dabei speziell von Erfahrungen der Union E.-G. aus. Die Normierung der PS-Zahlen basiert entweder auf einer 1- oder $^1/_2$ stündigen Probe bei 70° Übertemperatur.

Hochbahn- und Vorortbetriebe mit zahlreichen schweren Wagen[1]) und wo der ganze Betrieb fast nur in Anfahren und Auslaufen besteht, sehr ungünstig ausfällt, falls der Raum für die Wagenmotoren beschränkt ist. Schon bei Gleichstrommotoren von 100 bis 300 PS für Hochbahnzwecke hat man in den Vereinigten Staaten des Raummangels wegen dazu greifen müssen, sämtliche Isolationsmaterialien für Wicklungen aus Glimmer herzustellen, um Übertemperaturen bis 150° zulassen zu können, was sich offenbar sehr gut bewährt hat, aber bei Drehstrom liegen die Verhältnisse ungünstiger, wie ein Beispiel zeigen soll. Betrachtet man einen 200 PS-Motor einmal für Gleichstrom und dann für Drehstrom während der Anfahrperiode, so ergibt sich ein ganz beachtenswerter Unterschied.

Die elektrischen Wirkungsgrade beider Motoren seien bei 200 PS ca. 94% (bei Drehstrom meist kleiner), die Verluste seien: § 13. Anfahrverluste von Bahnmotoren.

| | I. Gleichstrom | | | II. Drehstrom ohne Umschaltung | | | III. Drehstrom mit $\sqrt{3}$ facher Anfahrspannung[2]) | | |
|---|---|---|---|---|---|---|---|---|---|
| | Normales Moment bei Lauf | 3 faches Moment bei Fahrt | 3 faches Anzugs-Moment | Normales Moment bei Lauf | 3 faches Moment bei Fahrt | 3 faches Anzugs-moment | Normales Moment bei Lauf | 3 faches Moment bei Fahrt | 3 faches Anzugs-moment |
| | PS | PS | PS | PS | PS | PS | PS | PS | PS |
| Erregerkupfer (Stator) | $3^1/_2$ | 22 | 22 | $3^1/_2$ | 43 | 43 | $1^1/_2$ | 13 | 13 |
| Ankerkupfer (Rotor) | $3^1/_2$ | 22 | 22 | $3^1/_2$ | 32 | 32 | $1^1/_2$ | 11 | 11 |
| Eisenverlust[3]) | 5 | 2 | 0 | 5 | 6 | 6 | 14 | 14 | 18 |
| Summa | 12 | 46 | 44 | 12 | 81 | 81 | 17 | 38 | 42 |

Bei Gleichstrom ist $2^1/_2$ facher Strom für das dreifache Moment vorausgesetzt, für Drehstrom das $3^1/_2$ fache. Die angegebenen Eisenverluste, besonders für die erhöhte Drehstromspannung, sind tatsächlichen Messungen an Induktionsmotoren unter diesen Verhältnissen entnommen. — Der Magnetisierungsstrom bei der erhöhten Anlaufspannung ist 4 mal so grofs und der Kurzschlufsstrom 2 mal so grofs vorausgesetzt wie der normale. Es werde nun angenommen, dafs die Motoren in 60 Sekunden vollständig beschleunigt seien und dann der Strom abgestellt werde. Beim Gleichstrommotor wird 15 Sek. mit dreifachem Moment gefahren, dann läuft er auf der Motorcharakteristik allmählich auf normales Moment über, siehe

[1]) Die Hochbahnzüge in New York, Chicago u. a. sind schwerer und besetzter als bei uns, sie beschleunigen auch wesentlich rascher.

[2]) Hierauf hat Herr Ziehl mich hingewiesen, siehe E. T. Z. 1902 S. 645.

[3]) Tatsächlich sind die Verhältnisse bezüglich der Eisenverluste für Drehstrom ungünstiger, sie fallen des Raummangels halber gröfser aus als bei Gleichstrom. Siehe den cit. Aufzug von E. J. Berg (nächste Seite).

Fig. 10 nach E. J. Berg.[1]) Der Drehstrommotor arbeitet dagegen 45 Sek. mit dreifachem Moment und geht dann direkt auf das einfache über. Damit ergibt sich ein gesamter Anfahrverlust in PS-Sek.:

| | |
|---|---|
| Gleichstrom . . . . . . . . | $45 \times 15 + 20 \times 45 = 1575$ PS-Sek., |
| Drehstrom . . . . . . . . . | $81 \times 45 + 12 \times 15 = 3830$ » |
| Drehstrom erhöhte Spannung . | $40 \times 45 + 17 \times 15 = 2055$ » |

Hierin ist für das dreifache Moment das Mittel aus Anzug und Fahrt, für den Gleichstrommotor ein mittleres Auslaufsmoment von 20 PS (siehe Fig. 10) benutzt.

Da es nun schon bei Gleichstrom bei öfterem Anfahren und obengenannten Verhältnissen schwer wird, die Wärme los zu werden, so geht dies, bei Drehstrom, besonders bei der gewöhnlichen Anordnung ohne Umschaltung, noch schwieriger. Es ist dazu mindestens eine ganz energische künstliche Kühlung erforderlich, die bis jetzt praktisch noch nicht erprobt[2]) ist. Überdies ist das Anfahren mit Drehstrom mit wesentlich gröfseren Gesamtverlusten verknüpft, so dafs die zahlreichen Hoch- und Stadtbahnen mit 25 periodiger Drehstromübertragung, rotierenden Umformern und Gleichstrommotoren, wie sie nach amerikanischem Vorgang auch in England bezw. in Europa im allgemeinen ausgeführt worden sind, vollauf berechtigt sind.[3]) Für Fernbahnen, Bergbahnen, ja schon für interurbanen Verkehr soll aber trotzdem dem Dreh- bezw., was noch wahrscheinlicher ist, dem Einphasenstrom die Zukunft voll und ganz zugesprochen werden, wovon später unter Anlafs- und Regulierapparaten die Rede sein wird.[4])

Beim Anfahren in verketteter Schaltung, wobei die Motoren zweier Drehstrommotoren in Serie liegen, sind die Verhältnisse noch schlechter wie oben unter II.; E. J. Berg findet bei günstigsten Verhältnissen für eine übliche Stadtbahn, dafs das Drehstromsystem 26% mehr Effekt und 2,2 mal soviel Voltampere verzehrt wie ein erprobtes Gleichstromsystem. Die Anfahrverluste beim Gleichstromserien-Parallelsystem sind in den Motoren ungefähr dieselben wie unter I. in der Tabelle, die Anfahrökonomie der SP-Schaltung liegt in der Ersparnis von Widerständen und der Reduktion der Verluste in denselben auf die Hälfte. In dieser (SP-)Sparschaltung zeigt der Gleichstrommotor eventuell etwas höhere Stromspitzen als der Drehstrommotor,

[1]) Street Ry Journal 1901 oder El. World 1901.

[2]) Ich bin jedoch überzeugt, dafs man für Bahnen noch mehr Gebrauch von künstlicher Kühlung machen wird.

[3]) Die zwei grofsen amerikanischen Elektrizitätsfirmen haben gegen 400000 KW in rotierenden Einankerumformern mit Hochspannungsdrehstromübertragung meist für Bahnen installiert.

[4]) Der Drehstrominduktionsmotor verdient nur in Betracht gezogen zu werden, wenn es sich wie bei Bergbahnen um ausgiebige Rückgewinnung von Energie handelt; der Einphasenkommutatormotor mit seinen modernen Verbesserungen ist ihm jedoch in jeder Hinsicht überlegen.

an und für sich können jedoch die Anfahrspitzen bei Gleichstrom für gleiche Beschleunigung eher kleiner gehalten werden als bei Drehstrom, da keine Phasenverschiebung vorhanden ist.[1]) Ebenso ist die verbreitete Ansicht falsch, als ob der Drehstrommotor rascher beschleunigen könnte als der Gleichstrommotor. Wenn dies bei Vergleichen von tatsächlichen Ausführungen der Fall zu sein scheint, so kommt es daher, dafs bei Gleichstrom der Serienmotor nach Abschalten der Widerstände auf der Motorcharakteristik weiter beschleunigt wird, was bei Drehstrom ausgeschlossen, aber sehr ökonomisch ist.[2])

Ich fasse mein Urteil über den Drehstrominduktionsmotor für Bahnen noch einmal zusammen: Bei sonst gleichen Verhältnissen erwärmt er sich mehr als der Gleichstromserienmotor, sein maximales Drehmoment bei Stillstand und Fahrt ist kleiner, der Gesamtwirkungsgrad geringer, die Stromspitzen, überhaupt der Stromverbrauch für gleiches Drehmoment und gleiche Beschleunigung sind wesentlich gröfser. Die Zuleitungen sind komplizierter.

Das äufserst beachtenswerte, von der Westinghouse Co. (Lamme) herrührende Einphasenbahnsystem[3]), wobei

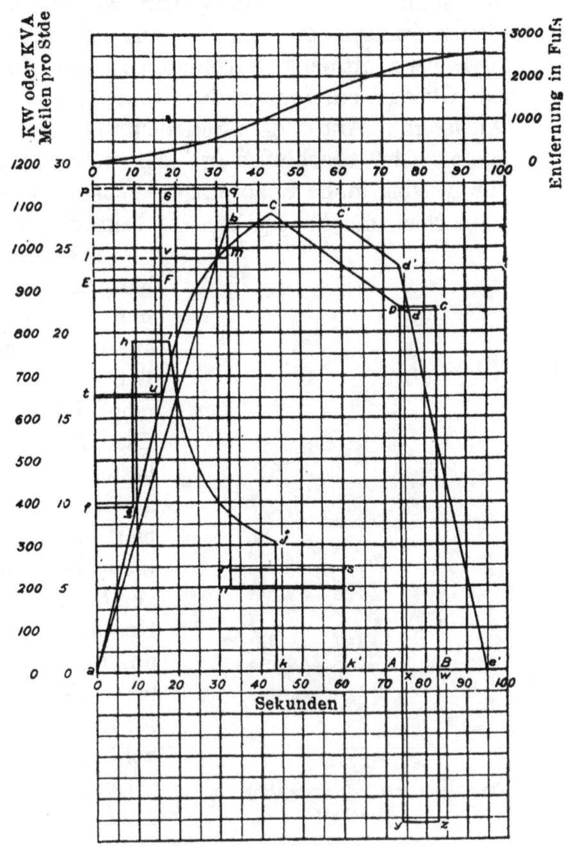


Fig. 10.

*a c d e* = Geschw.-Zeit Gleichstrom.
*a b c′ d′ e* = Geschw.-Zeit Drehstrom.
*a f g h i j k* = Zugeführter Gleichstromeffekt.
*a l m n o k′* = Drehstromeffekt, Widerstandschaltung.
*a p q r s k′* = K. V. A., Widerstandschaltung, Drehstrom.
*a t u v m n o k′* — *w x y z* = Drehstromeffekt, verkettete Schaltung.
*a* E F G *q r s k′* + A B C D = K. V. A. Drehstrom, verkettete Schaltung.

[1]) Bei Gleichstrom ist überdies die Rückwirkung aufs Netz und der dort bedingte Spannungabfall geringer.

[2]) Bei einem Aufzug, der einmal mit Drehstrom, dann mit Gleichstrom betrieben wurde, stellten sich die maximalen Verbrauchsspitzen für Gleichstrom auf nur 15 KW, bei Drehstrom aber auf über 25 KW, siehe Trans. Am. Inst. El. Eng. April 1902 S. 377.

[3]) El. World 8. Oktober 1902. Die Periodenzahl ist allerdings sehr gering.

Serienkommutatormotoren mit etwa 3 facher synchroner Tourenzahl und 16 Perioden verwendet werden und alles Anlassen und Regulieren durch Spannungsregulierung ohne direkte Widerstandsverluste geschieht, ist dem gewöhnlichen Drehstromsystem wesentlich überlegen und kommt dem Gleichstromsystem ziemlich nahe; trotzdem sind die Erwärmungsverhältnisse beim oftmaligen Anfahren für die Motoren ebenfalls etwas höher als bei Gleichstrom, auch das Gewicht pro PS wird höher sein (siehe bei Anlassern). Aufser dem Serieneinphasenmotor ist der Einphasenrepulsionsmotor sehr beachtenswert, der neben anderen Vorteilen ohne weiteres für beliebig hohe Spannungen gebaut werden kann, da der Kommutator vom Netz unabhängig ist, was beim Serienmotor nicht der Fall ist.

Fig. 11.
Ölanlasser mit Primärschalter von Schuckert.

Die genannten beschränkten Raumverhältnisse sind der Grund, weshalb Bahnmotoren mit besonderer Geschicklichkeit ausgelegt werden müssen, um bei voller Betriebssicherheit dem gegebenen Raum möglichst viele Pferdestärken abzuringen. Es empfiehlt sich deshalb die Verwendung bester magnetischer Materialien und ausgezeichneter Isolation, die wenig Platz absorbiert und hohe Temperaturen aushält. In dieser Beziehung ist auch das D. R.-P. 131 299 von Siemens & Halske interessant, worin der Kommutator aufserhalb der Räder gelegt ist, um Platz für den Anker zu gewinnen; in einer Drehstrommotoranordnung derselben Firma sind zum selben Zwecke zwei Sätze Schleifringe, die unter die Wicklung hinunter gebaut sind, links und rechts vorgesehen. Auch dadurch, dafs man die Lager soweit als möglich unter die Wicklung in den Ankerkörper hineinbaut, schafft man Raum für aktives Material; man darf dabei jedoch die Gufsschwierigkeiten nicht zu weit treiben und mufs die Wicklungen von Öl freihalten. Wichtig ist es auch, gute, aber betriebssichere Ventilationsverhältnisse zu schaffen.

§ 14. Künstlich gekühlte Widerstände.

Auch bei grofsen Anlassern und Tourenregulierwiderständen werden die Abmessungen derart voluminös, dafs zu künstlicher Kühlung überzugehen ist, falls man nicht zu sog. Anlafsmaschinen oder Batteriegruppenschaltern greift. Das Nächstliegende ist es, das Widerstandsmaterial in Gefäfse mit einer Flüssigkeit, z. B. Wasser, oder, was viel besser ist, in Öl zu setzen, wie das aufser anderen Firmen namentlich die Firma Schuckert (Fig. 11) in ausgedehntem Mafse tut.

Das Öl kann man überdies bei grofsen Apparaten zur Kühlung zirkulieren lassen oder durch Wasserschlangen abkühlen. Eine wirksame und sehr reinliche Kühlung läßt sich dadurch erzielen, daß man die Widerstände luftdicht abschließt und durch einen Ventilator mittels gepreßter Luft kühlt. Die abgeschlossenen Ölanlasser kann man durch außen darüberfließendes Wasser noch leistungsfähiger machen, namentlich bei forciertem Betriebe; das Öl hat an sich die Eigenschaft, große Wärmemengen rasch zu absorbieren, strahlt sie aber nur träge aus, d. h. man kann ihm große vorübergehende Überlastungen zumuten. Noch aufnahmsfähiger sind Kühlmaterialien, die bei Erwärmung vom festen in den flüssigen Aggregatzustand übergehen, da hierbei die ganze Schmelzwärme absorbiert wird.[1]) Zur Vergrößerung der Oberfläche und der Absorptionsfähigkeit steckt man das Widerstandsmaterial wohl auch in Sand. — Die Berechnung der Übertemperatur für Dauerbetrieb geschieht wie bei den Maschinen: $T = C\frac{A}{O}$, wobei $O$ die Oberfläche des Ölanlassers, $A$ die vernichteten Watt und $C$ = 400—600 ist. Für Anlasser, die nicht oft eingeschaltet werden, kann $C$ vielmal größer sein (10—20 mal).

## 4. Maximalspannungen. Isolation.

In der Regel lassen sich langsamlaufende Typen bei gleicher Leistung für höhere Spannungen bauen als raschlaufende, da mit steigender Spannung mehr und mehr Platz für Isolation notwendig wird und raschlaufende Maschinen im allgemeinen wegen der Zentrifugalkraft gedrückter gebaut werden müssen als langsamlaufende, bei Gleichstrom tritt überdies die Funkengrenze für raschlaufende Maschinen früher ein. Die meisten Firmen liefern Gleichstrommaschinen nicht für über 1000 Volt. Thury ist es durch verschiedene sinnreiche Einzelheiten in der Ausführung, z. B. Reduktion der Spannung zwischen Stäben derselben Nut auf $^1/_3$ der Klemmenspannung, gelungen, pro Maschine bis auf 3000 bis 4000 Volt zu gehen. Darüber

§ 15. Maximale Gleichspannungen.

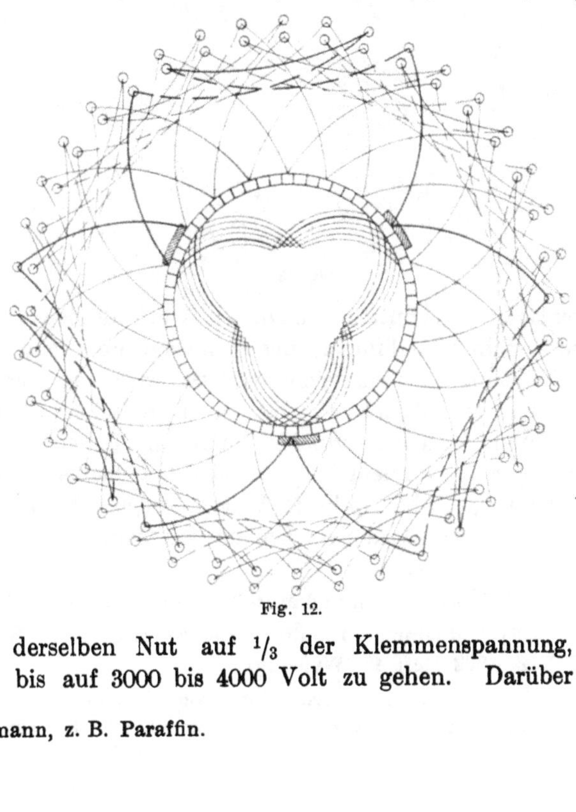

Fig. 12.

[1]) Nach Dr. Fleischmann, z. B. Paraffin.

dürfte eine einwandfreie Stromabnahme von einem Gleichstromkollektor und event. auch eine genügend dauerhafte Isolation eines rotierenden Ankers mit Kollektor kaum möglich sein. Derartige Wickelschemen von Thury sind in Fig. 12 und 13 gezeichnet[1]), Fig. 13 für 80 Leiter (20 Spulen à 2 Windungen), 20 × 3 Lamellen, 6 polig, und Fig. 12 für 40 Spulen à 1 Windung und 20 × 3 Lamellen. Von dieser Wicklung wird unter Funkenbildung nochmals die Rede sein. Fig. 14 zeigt die Zentrale St. Maurice bei Lausanne, wo fünf Sätze Thury-Doppelmaschinen aufgestellt sind. Jeder Satz besteht aus zwei Maschinen zu 2 × 2300 Volt 150 Amp und 300 Touren (Totalspannung 5 × 2 × 2300 = 23000 Volt, konstanter Strom).[2]) Bei gegebener Leistung muſs für solch hohe Spannungen die Tourenzahl mäſsig gehalten werden.

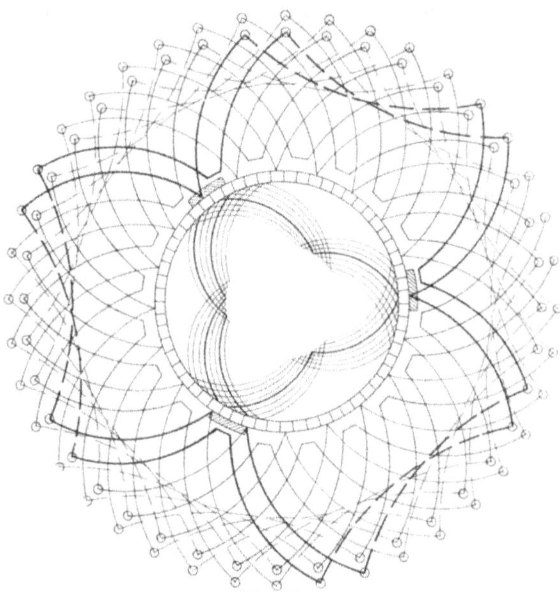

Fig. 13.

Es ist allerdings viel leichter, die Stäbe mit voller Spannung gegeneinander und gegen Eisen sowohl in der Nut wie in den Stirnverbindungen zu isolieren, falls man genügend und gutes Isolationsmaterial verwendet und allen Biegungen und Kanten groſse Sorgfalt zuwendet; schwieriger ist es, den Kommutator auf die Dauer vor Überschlägen zu schützen. Dazu ist es erforderlich, besten gepreſsten, widerstandsfähigen Glimmer, der genügend über alle Metallteile vorsteht und beim Zusammenbau nicht verletzt wird, zu verwenden. Alle scharfen Kanten am Kollektor, die ein Durchscheuern der Isolation bedingen könnten, sind zu vermeiden, und alle Ecken, in denen sich Staub und Schmutz ansammeln kann, sind durch lackierte Bandagen auszumerzen.[3]) Spannungen über 15 bis 20 Volt pro Segment (Mittelwert, maximal $1^1/_2$ mal mehr) und allzuhohe Umlaufsgeschwindigkeiten sind zu vermeiden.

---

[1]) Diese Skizzen und Mitteilungen verdanke ich Hrn. Ingenieur J. B. Krantz.

[2]) Niethammer, Handb. d. Elektrotechn. Bd. IX S. 69 und Fig. 77—77c, siehe E.-T. Z. 1902 Heft 46 (Wyſsling).

[3]) Eine innige Verbindung von Glimmer- und Kupfersegment zur Vermeidung von einzelnvorstehenden Lamellen ist äuſserst wesentlich.

Es liegt jedoch gar kein Grund vor, mit der Gleichstromspannung nicht auf 1000 bis 2000 Volt zu gehen[1]); eine Londoner Bahn wird bekanntlich mit letzterer Spannung im Dreileitersystem (2 × 1000 Volt) seit langem betrieben.

Thury hat neuerdings eine Gleichstrommaschine für 25000 Volt und 1 Amp gebaut, wobei Anker und Kommutator feststehen, während die Bürsten

Fig. 14.
Centrale St. Maurice-Lausanne.

und das Feld rotieren; pro Segment hat diese Maschine eine Spannungsdifferenz von 500 Volt. Die Funkenbildung wird durch einen kräftigen Luftstrahl unschädlich gemacht. Die Maschine wird zu Isolationsprüfungen

[1]) Durch Verwendung von zwei oder mehr Kommutatoren lassen sich ebenfalls höhere Spannungen erreichen.

an Serienübertragungen System Thury verwendet. Fig. 15 zeigt die ganze Maschine, vorne mit dem Luftkompressor, Fig. 16 das rotierende Feld mit seinen Schleifringen.

§ 16. Maximale Wechselspannungen.

Bei gröfseren Drehstrommaschinen mit stationärer Hochspannungswicklung ist man bis auf ca. 15000 Volt gegangen, und dies dürfte nach dem augenblicklichen Stand des Isolationsmaterials die obere Grenze sein. Maschinen unter 200 KW wird man wegen Platzmangels für ausreichende Isolation, besonders auch der Stirnverbindungen, kaum für mehr als 5000 Volt ausführen. Ein betriebssicherer Drehstrommotor für 10 PS und 2000 Volt, von 30 PS für 5000 Volt ist bereits eine seltene Erscheinung. Je gröfser der Durchmesser der Maschine wird und je mehr Spulen bezw. Spulengruppen pro Phase, d. h. indirekt, je mehr Pole vorhanden sind, desto höher kann man bei gleicher Sicherheit die Maschinenspannung treiben.

Fig. 15.
Gleichstrommaschine von Thury für 25000 Volt.

Als Nutisolation für Hochspannungs-Drehstrommaschinen verwendet man bei geschlossenen Nuten mechanisch widerstandsfähige, gut geprefste Glimmerhülsen[1]), die nicht aufblättern dürfen und genügend weit aus dem Eisen vorstehen.[2]) Bei offenen Nuten lassen sich die Spulen auf der Form präzis herstellen, in Lack tauchen, gut trocknen und mit zahlreichen Lagen geöltem Baumwollband umwickeln oder, was noch besser ist, mit Glimmer nahtlos umpressen. Bandisolation hat gegenüber harter Glimmerisolation stets den Nachteil, dafs sie leichter

Fig. 16.
Feld der Hochspannungsmaschine von Thury.

[1]) Von allen Glimmersurrogaten ist abzuraten.

[2]) Die vorstehenden Hülsenenden versehe man mit einer kräftigen Schnurbandage.

durchstochen wird, falls man nicht entsprechende hartwerdende Lacküberzüge anbringt. Beim Wickeln durch den Schlitz der Nut, was billig in der Herstellung ist, ist für einen guten Abschlufs durch Überlappung und festgeprefsten Keil zu sorgen (Fig. 17 und 18[1]), dann ist diese Wicklung bis 5000 Volt ganz einwandfrei. Die Stirnverbindungen müssen sauber und luftig und ohne scharfe Knicke ausgeführt werden, so dafs sich weder Spulen und Eisen noch verschiedene Spulen unter sich berühren, noch Drähte derselben Spule mit hoher Spannungsdifferenz zusammenkommen; dies läfst sich allerdings bei Maschinenwicklung am ehesten erreichen. Durch einen glasartigen Lacküberzug, der periodisch zu erneuern ist, sind diese Spulenköpfe besonders zu schützen.[2]) Rotierende Wicklungen sind vor Ausbauchungen und daraus folgendem Durchscheuern der Isolation wirksam zu schützen.[3]) Die Wickelköpfe von

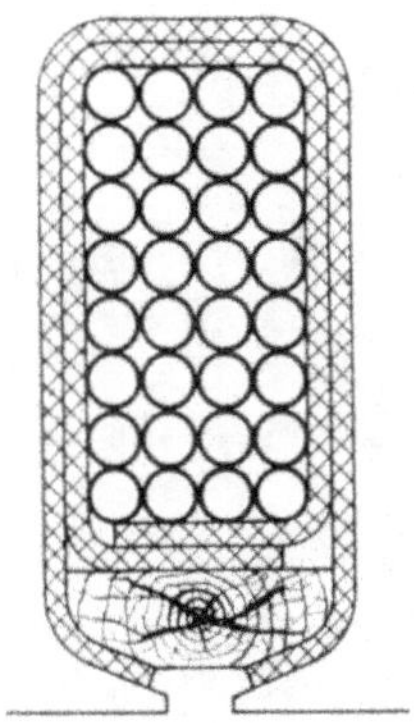

Fig. 17.

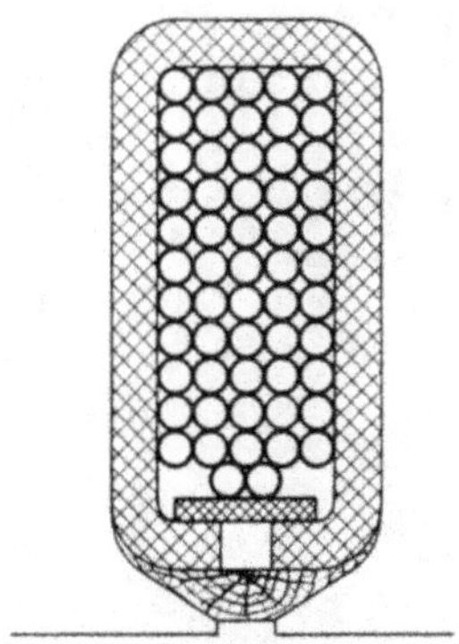

Fig. 18.

Hochspannungsmaschinen sind gewöhnlich noch Beanspruchungen durch statische Entladungen ausgesetzt.

Unter 1 PS werden sowohl Drehstrom- als Gleichstrommotoren mit Rücksicht auf die grofse Zahl dünner Drähte selten über 250 Volt ausgeführt.

Auch bei Transformatoren, die in Typen von einigen hundert Kilowatt pro Einheit für regelrechten Betrieb bereits bis 80000 Volt[4]) und für Versuchszwecke bis 200000 Volt (E.-T. Z. 1898 S. 555) ausgeführt wurden, § 17. Maximalspannungen bei Transformatoren.

[1]) Fig. 17 und 18 entsprechen Ausführungen der Union E.-G. Berlin.

[2]) Man kann auch die ganze Wicklung samt aktivem Eisen in Lack tauchen, es mufs aber für ein gutes, in die Tiefe dringendes Trocknen des Lacküberzugs gesorgt werden.

[3]) Siehe D. R.-P. 127214 (Siemens & Halske), ferner Niethammer, Hdbch. d. Elektrotechnik Bd. IX (S. Hirzel) Fig. 206, 230, 267.

[4]) El. World, 14. Juni 1902. Der Transformator von 330 KW hat 97½ % Wirkungsgrad und 4½ % max. Spannungsabfall (Kurzschlufsmessung); Ausführung der General Electric Co.

sollte man sich mit abnehmender Kilowattzahl eine Beschränkuog in der Höhe der Spannung auferlegen. Ein 10 KW-Transformator ist z. B. für 10000 Volt für einen regelrechten Dauerbetrieb in einem Netz schwer betriebssicher herzustellen. Ich glaube, dafs manchen Zentralen Betriebsenttäuschungen erspart blieben, wenn sie die Spannungen besonders für kleine Transformatoren nicht zu hoch treiben würden.

Transformatoren für besonders hohe Spannungen sind kaum anders als in Öl betriebssicher herzustellen. Besondere Sorgfalt ist der Isolation von Ecken und Kanten sowie den Stellen, wo Wicklung und Eisen zusammenstofsen, zuzuwenden, es ist für reichlich überstehende Isolations-

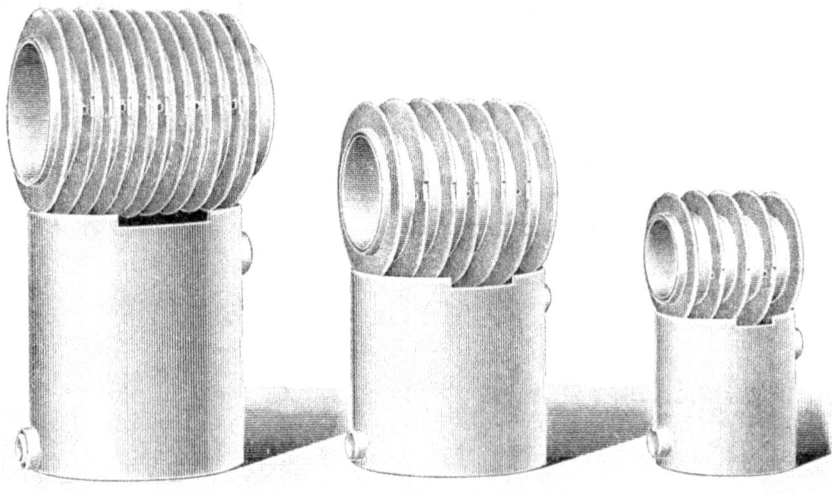

Fig. 19.
Mefsstromformator von Siemens & Halske.

stücke zu sorgen. Der Ausführung zu den Klemmen ist bei allen Hochspannungs-Maschinen und -Transformatoren die gröfste Aufmerksamkeit zu widmen; hierfür sind gut isolierte Kabel, die kein Öl ansaugen, die straff und unbeweglich gespannt sind, sowie solide Kontakte und widerstandsfähige Durchführungshülsen sehr wichtig. Besonders schwierig wird die Aufgabe bei kleinen Strom- und Spannungstransformatoren für 10000 Volt und mehr, weshalb Siemens & Halske diese Typen ganz in Porzellan bettet (Fig. 19 und 20) und sie überdies in Öl legt. Jedenfalls ist das Überschlagen durch zahlreiche Kriechflächen und strammes Festlegen der Drähte zu verhindern.

Die Grenze der auszuführenden Spannung ist im allgemeinen eine Preisfrage bezw. eine Frage des Wirkungsgrades, da es bei Verwendung von genügend grofsen Modellen und genügender Menge und Qualität von

Isolationsmaterial sowie von luftigen Wicklungen möglich ist, fast allen praktischen Anforderungen zu entsprechen. In allen Fällen ist es geboten, mit wachsender Spannung gröſsere Modelle zu wählen.

Der gröſste Feind der Hochspannungsapparate sind die atmosphärischen Entladungen, wofür es überhaupt keine allgemeinen Abwehrmittel gibt. Man kann nur die folgende Forderung aufstellen: Die Isolation aller Apparate einer Hochspannungsanlage muſs etwa $1^1/_2$ fache Normalspannung gegen Erde anstandslos aushalten; bei dieser Spannung müssen aber auch die Blitzableiter funktionieren. Zu dieser Kategorie von Schwierigkeiten gehören auch die durch Resonanz oder durch Ein- und Ausschalten bedingten Strom- und Spannungserhöhungen, welche ebenfalls die Isolation gefährden. Durch Anbringung entsprechender Drosselspulen und Kondensatoren[1]) sowie durch Verwendung zweckmäſsiger Schalter, z. B. Ölschalter, lassen sich diese Erscheinungen mildern. Eine gewisse Garantie dafür, daſs Hochspannungsapparate betriebssicher gebaut sind, läſst sich in der Fabrik durch eine rigorose Prüfung mit Überspannung gegen Gestell und der Wicklungen unter sich in warmem Zustand[2]) erzielen. Bei Spannungen über 5000 Volt sind die Vorschriften des Verbands Deutscher Elektrotechiker (Maschinennormalien) scharf genug, aber bei Niederspannung sollte man, wie dies in Amerika üblich ist, wesentlich schärfer prüfen, z. B. alle Wicklungen unter 500 Volt mit 2000 bis 3000 Volt kalt 1 Minute, auch Kommutatoren und Schleifringe. Wegen der bei Hochspannung auftretenden statischen Entladungen muſs man bei Werten über 5000 Volt mit der Überspannung in mäſsigen Grenzen bleiben. Ich halte folgende Isolationsprüfung für zweckmäſsig:

§ 18. Anforderungen an die Isolation.

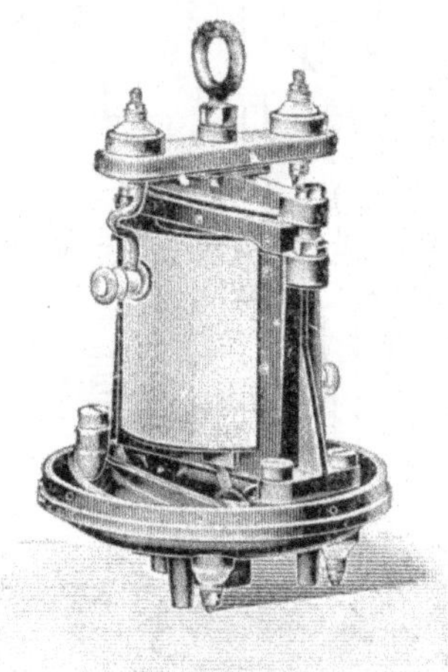

Fig. 20.
Meſsstromformator v. Siemens & Halske.

bis zu 3000 Volt das $2^1/_2$ fache der Betriebsspannung, mindestens aber 2000 Volt,
bis zu 6000 Volt das Doppelte der Betriebsspannung,
bis 12000 Volt 6000 Volt Überspannung,
darüber das $1^1/_2$ fache der Betriebsspannung.
Zeitdauer allgemein 1 Minute.

Hochspannungsmaschinen sind vor Inbetriebsetzung peinlich zu trocknen (mit Kurzschluſsstrom) und dauernd trocken und sauber zu halten.

---

[1]) El. World 22. Febr. 1902.

[2]) Kalt ist die Isolation in der Regel wesentlich höher und es empfiehlt sich, die kalte Maschine mit etwas höherer Spannung 1 Minute zu prüfen.

# 5. Spannungsänderung (Regulierung).

§ 19. Konstanthaltung von Gleichspannungen.

Ich gehe nun über zu der Frage: Wie ändert sich bei ungeänderter Erregung die Spannung von Leerlauf bis Vollast oder umgekehrt? Diese Änderung soll in der Regel möglichst klein sein, nur bei Verwendung von Pufferbatterien wird man in der Regel Werte von 10 bis 25 % direkt verlangen. Will man trotz dieser für die Batterie erforderlichen Spannungsschwankung konstante Netzspannung erzielen, so verwendet man eine Hilfsdynamo *B*, etwa in der Schaltung Fig. 21 (Ausführung der Cie. de l'Ind. El. Genf). Diese durch einen Elektromotor *A* mit annähernd konstanter Tourenzahl betriebene Maschine *B* wird einmal durch eine Nebenschlufswicklung und differentiell dazu durch den Batterie- oder Netzstrom erregt; bei der Hälfte der mittleren Netzbelastung heben sich die beiden Erregungen auf, bei Vollast wird eine Spannung erzeugt, die sich zu der Batteriespannung addiert, so dafs die Batterie sich kräftig entlädt; bei Leerlauf wird in gleichem Betrag eine umgekehrte Zusatzspannung induziert, die eine Ladung der Batterie bedingt[1]), so dafs die Belastung der Hauptdynamo annähernd konstant bleibt. In Fig. 21 ist aufserdem im Nebenschlufs noch ein automatischer Thuryregulator *CEF* vorgesehen, der die Spannung scharf konstant hält (siehe später und Fig. 22).

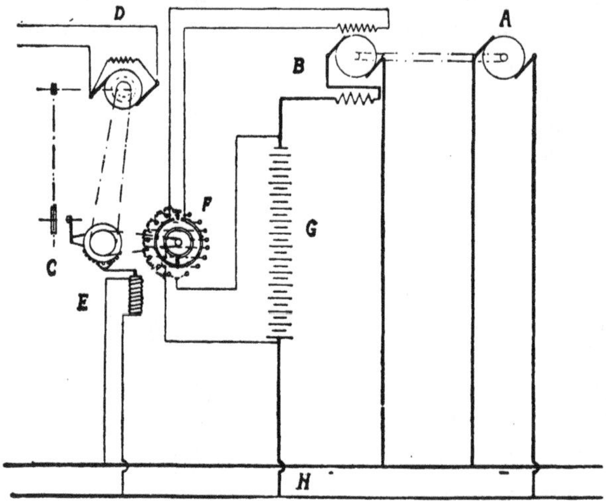


Fig. 21.

Batterieschaltung der Cie. de l'Industrie Electrique Genf.

Bei Gleichstrom bietet die Aufgabe, geringen Abfall zu erzeugen, keine Schwierigkeit, sobald man compoundiert, wobei es unschwer ist, die Spannung selbst bei etwas abfallender Tourenzahl für alle Belastungen innerhalb 1 bis 2 % konstant zu halten. Bei Nebenschlufsmaschinen ist es um so schwieriger, einen geringen Spannungsabfall bezw. bei Motoren

[1]) Erregt man die Hilfsmaschine nur durch den Netzstrom, d. h. erzeugt man nur Zusatzspannungen in einem Sinn, so wird die Hilfsmaschine gröfser; die Charakteristik von *B* mufs möglichst geradlinig sein, siehe auch El. World, 22. Juni 1901 und Niethammer, Hebezeuge Fig. 47 und 48.

einen geringen Tourenabfall zu erhalten, je langsamer bei gegebener Leistung die Maschine läuft. Durch Vergröſserung der Feldwicklung und des Luftspaltes[1]) kann man natürlich stets verhältnismäſsig kleine Werte erreichen. 8 bis 25 % sind übliche Werte (Spannungserhöhung von voll auf leer). Bei stufenweiser Änderung der Belastung um 25 % ist die Spannungsänderung pro Stufe 3 bis 10 % (bei kleinen Maschinen der gröſsere Wert) Bei einer Schiffsmaschine von 10 KW und 300 Touren ist es z. B. schon schwer unter 4 % pro Stufe zu bleiben, wenn auch $1^1/_2$ % pro Stufe bei entsprechender Verteuerung der Maschine möglich ist, was an einer

Fig. 22.
Thuryregulator.

110 voltigen Dynamo der Union E.-G. und zwar bei Kohlenbürsten, wo es besonders schwierig ist, erreicht wurde. Statt der Compoundierung kann man auch eine mit Serienerregung versehene Zusatzmaschine in die Netzleitung legen (Fernleitungsdynamo), die, falls sie niedrig gesättigt ist, proportional[2]) dem Strom die Spannung erhöht. Erfolgen die Belastungs-

[1]) Ein billiger, aber etwas riskanter Weg zur Erreichung geringen Abfalls besteht in der Verwendung hoher Pol- und Jochsättigungen. In solchem Falle sollte man aber in der Konstruktion gewisse Sicherheitsventile, z. B. leicht ausfüllbare Löcher im Pol oder Joch oder rasch einschiebbare Bleche zur Verringerung des Luftspaltes vorsehen.

[2]) Nicht genau proportional, es ist zweckmäſsig, einen Regulierwiderstand parallel zur Serienerregung zu legen.

schwankungen nicht allzu rasch, so können zur Konstanthaltung der Spannung auch selbsttätige Regulatoren benutzt werden, von denen aber zu verlangen ist, dafs sie präzis rasch und ohne Pendelungen regulieren. Eine der besten Konstruktionen, die sehr rasch und präcis funktioniert, ist der Apparat Fig. 22 von Thury: 2 Klinken schalten dauernd aber leer über einem Klinkenrad, das mit dem Schalthebel fest verbunden ist; bei Spannungsänderung wird elektrisch eine der beiden Klinken zum Eingriff gebracht und entweder Widerstand zu- oder abgeschaltet.[1])

Für die Beleuchtung elektrisch betriebener Bahnwagen ist es notwendig, trotz der grofsen Belastungsstöfse die Spannungsvariation auf

Fig. 23.
Zugsbeleuchtung nach Böhm.

ein für unser Auge erträgliches Mafs zu reduzieren. Das kann man mittels besonderer Batterie oder nach dem U. S. P. 688382 (10. Dez. 1901) von Böhm durch Antrieb von der Wagenachse aus erreichen, wobei zwischen Lichtdynamo und Wagenachse ein Zwischenapparat eingeschaltet ist, der automatisch und momenten die variable Tourenzahl in eine konstante

[1]) Es steht zu erwarten, dafs die Konstruktion der automatischen Regulatoren noch viel vervollkommnet wird, speziell für Drehstrom ist das wünschenswert, es müssen jedoch prinzipielle Verbesserungen vorgesehen werden, die Regulierung mufs gleichzeitig mit der Tendenz zur Spannungsänderung, nicht zeitlich nachher erfolgen, siehe den Tirrilregulator, El. World, den 6. Februar 1903. Es ist auch prinzipiell richtiger, wenn der Regulator gleich auf Stromschwankungen, nicht erst auf Spannungsschwankungen, die er ja vermeiden soll, reagiert.

umwandelt (Fig 23).[1]) Es geschieht dies durch eine Rolle, die ein Spannungstopfmagnet um so kürzer anprefst, je höher die Antriebstourenzahl ist. Für Stillstand ist noch eine Batterie erforderlich. Alioth verwendet für

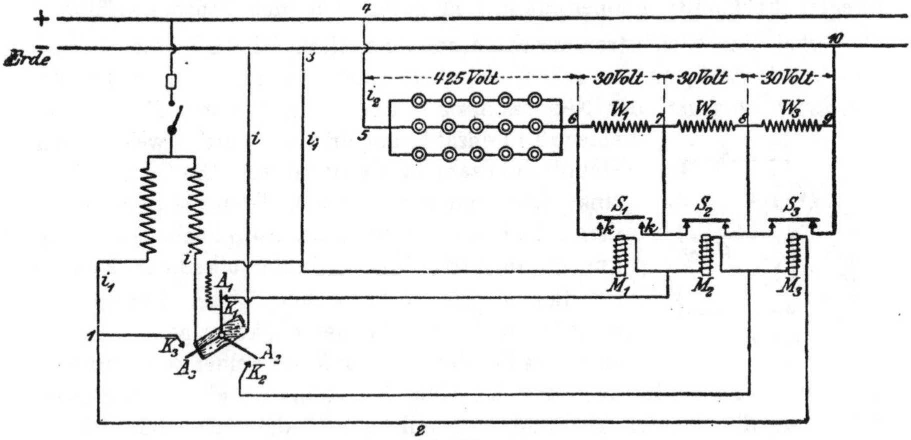

Fig. 24.
Wagenbeleuchtung von Alioth.

ähnlichen Zweck die Schaltung[2]) Fig. 24: Die Lampen sind für 425 Volt bestimmt, während die Netzspannung von 410 bis 530 Volt schwankt. Jeweils bei einer Schwankung von 30 Volt öffnet oder schliefst das Relais $A_1$ $A_2$ $A_3$ (ein empfindlicher Deprezzeiger) einen Widerstand vor den Lampen, der 30 Volt abdrosselt.

Um bei plötzlicher Entlastung von Nebenschlufsmaschinen eine gefährliche Erhöhung der Spannung zu vermeiden, verwendet die Union E.-G. die Vorrichtung D. R.-P. 124458 Fig 25: Durch die Öffnungsbewegung des selbsttätigen Maximalausschalters wird der im Nebenschlufskreis *f* liegende, vorher kurzgeschlossene Wiederstand *w* eingeschaltet.

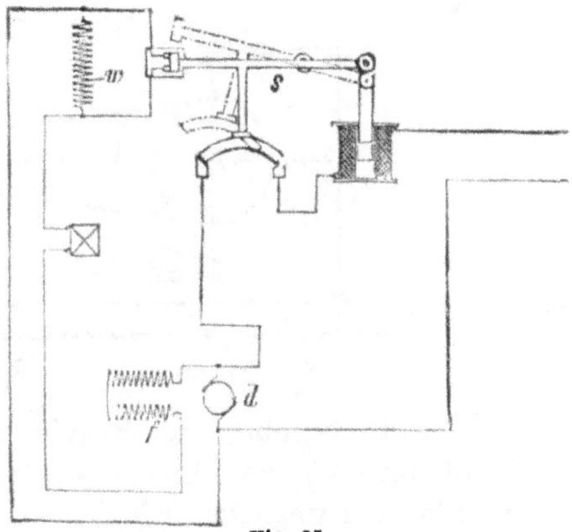

Fig. 25.
Automat der Union E. G.

In Dreileiternetzen wird verlangt, dafs die Spannungen in den beiden Zweigen sich bei verschiedener Belastung der Zweige gleich bleiben. Doppelkollektormaschinen, Akkumulatoren und verschiedene andere Spannungsteiler erfüllen diese Forderung nur bis zu einer Verschiedenheit von

[1]) El. World 6. Sept. 1902. Es gibt noch zahllose andere Zugsbeleuchtungssysteme, die denselben Zweck anstreben.

[2]) E.-T. Z. 1902 S. 291.

etwa 25 % in annehmbarer Weise; Ausgleichsdoppelmaschinen mit gekreuzten Feldern (Fig. 26) oder gar gekreuzten Serienspulen oder Serienerregung vom Mittelleiter aus, dann Maschinen mit dritter Bürste und über Kreuz erregten Feldspulen können diese Bedingung eventuell beliebig erfüllen.[1])

Soll eine Gleichstrommaschine auch bei stark schwankender Tourenzahl konstante Spannung geben, so schaltet man nach Fig. 27 in den Erregerkreis entgegen der Netzspannung eine kleine Dynamo $E$, die mit einer Tourenzahl angetrieben wird, welche der Haupttourenzahl proportional ist. Die Gegen-EMK. sinkt dann mit abnehmender Tourenzahl, während damit die Erregung zunimmt. Auf plötzliche Schwankungen reagiert die Anordnung allerdings kaum.[2])

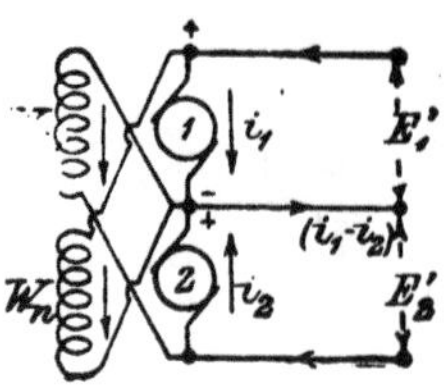

Fig. 26.

Bei Maschinen mit sehr guten Funkenkonstanten, d. h. sehr kleiner Reaktanzspannung, die also ohne Zuhilfenahme äufserer Felder kommutieren, kann man konstante Spannung bei allen Belastungen dadurch erreichen, dafs man die Bürsten rückwärts verschiebt und die Ankerrückwirkung verstärkend wirken läfst. Dies ist besonders bei dem später zu behandelnden kompensierten Maschinensystem von Ryan und von Déri möglich.

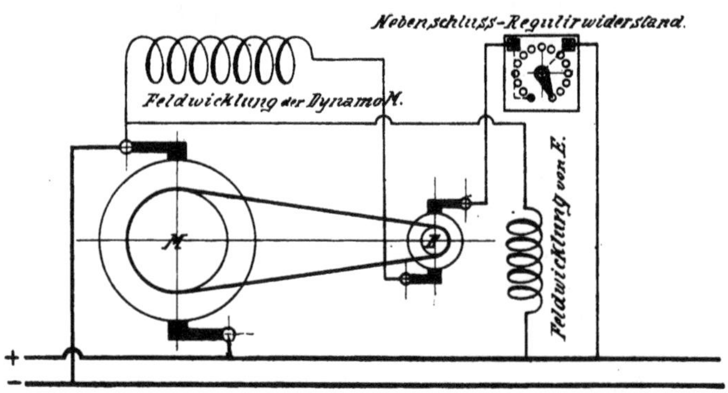


Fig. 27.

§ 20. Berechnung der Gleichstromregulierung.

Die Berechnung der Regulierung z. B. der Spannungserhöhung geschieht nach Fig. 28: Strecke $AB$ ist gleich den $AW$ pro Pol für Luft und Anker bei der fraglichen EMK = (Klemmenspannung + Gesamt-Ohmschen Abfall). Senkrecht dazu liegt $BC$, die Anker $AW$ pro Pol[3]) $= \frac{JZ}{8\,ap}$. Die zu den Feld $AW = AC$ gehörenden Streulinien werden nun aus den Streu-

[1]) E.-T. Z. 1898 S. 825.

[2]) Siehe Ecl. El. 8. Nov. 1902 S. 185.

[3]) $J$ = Gesamtstrom, $Z$ = gesamte, effektive Leiterzahl, $2a$ parallele Kreise, $2p$ Pole, $AW$ = Amperewindungen; in den Ohmschen Abfall ist auch der Spannungsverlust an den Bürsten einzuschliefsen.

pfaden berechnet und zum Ankerflux geschlagen, um den Flux im Pol und Joch zu ermitteln, so dafs anschliefsend die *AW* für Pol und Joch gefunden werden können, die man als Strecke *CD* zu *AC* schlägt. Bei Leerlauf sei für Luft und Anker an *AW* erforderlich *AK*, für Pol und Joch *KG*. Den $AW = AG$ entspreche in der Charakteristik die normale Spannung *GH*, dann gehört bei Entlastung auf Null zu $AD = AE$ die Klemmenspannung *EF*. Die Differenz $EF - GH = JF$ ist die Spannungserhöhung.

Die genaue Ermittlung der AW für den Luftspalt von Gleich- und Drehstrommaschinen macht namentlich bei Nutenankern noch einige Schwierigkeit, wenn man nicht ziemlich komplizierte Formeln anwenden will. Es hat das seine Ursache in den schwer bestimmbaren Kraftlinien, die von den Polrändern ausgehen und denjenigen, die in den Nuten verlaufen. Bei nahezugeschlossenen Nuten hat man für Generatoren gewöhnlich den Polrandquerschnitt mit 0,7 bis 0,9 zu multiplizieren, um den effektiven Luftquerschnitt zu erhalten, bei offenen Nuten gibt für kleinen Luftspalt das Mittel aus Polrand- und Zahnkronenquerschnitt auf den Polbogen + 2 Zähne bezogen gute Werte, bei grofsen Luftspalten der Polrandquerschnitt selbst. Für Drehstrommotoren mit nahezu geschlossenen Nuten kann man einfach den totalen Luftquerschnitt ohne alle Abzüge einsetzen, bei offenen Nuten das Mittel aus den Zahnkronenquerschnitten pro Polteilung. Nach El. World 1901 vom 30. Nov. berechnet man die Luft-AW für Generatoren allgemein aus[1]):

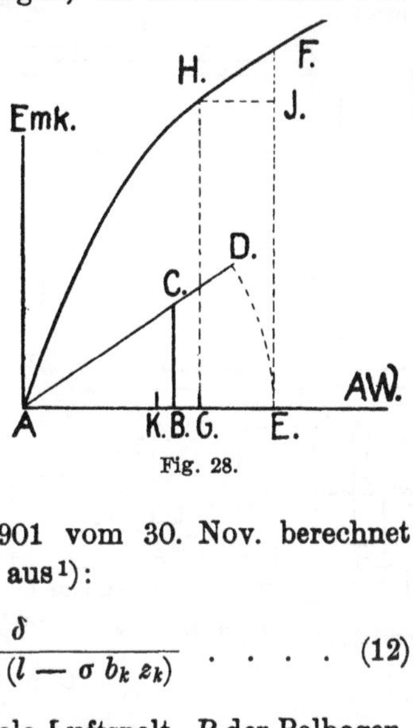

Fig. 28.

$$AW_l = \frac{0{,}8 \cdot K \cdot \delta}{(P + \lambda\delta - \sigma b_n z_n)(l - \sigma b_k z_k)} \quad \ldots \quad (12)$$

Dabei ist $K$ der Flux pro Pol, $\delta$ der radiale Luftspalt, $P$ der Polbogen, $b_n$ die Nutbreite, $z_n$ die Nutzahl auf $P + \lambda\delta$, $l$ die axiale Ankerlänge, $z_k$ die Zahl der Ventilationskanäle, $b_k$ deren einfache Breite; $\lambda$ und $\sigma$ sind folgende Konstante ($2c$ Polspitzenabstand):

| $c/\delta$ | $\lambda$ |
|---|---|
| 2 | 1,3 |
| 5 | 2,5 |
| 10 | 3,4 |
| 14 | 3,8 |

$$\sigma = \frac{1}{90} \, arctg \left(\frac{b_n}{2\,\delta}\right) - 1{,}47 \, \frac{\delta}{b_n} \, log_{10} \left(1 + \frac{1}{4} \, \frac{b_n^2}{\delta^2}\right) \quad (13)$$

[1]) $\lambda\delta$ entspricht der im Englischen »fringing« genannten Feldschattierung. Man beachte übrigens auch Arnold, Die Gleichstrommaschine, I. Bd. S. 205 ff.

Setzt man für den Luftquerschnitt einfach $Pl$, so mufs man $\delta$ ersetzen durch ($\tau_z$ Zahnteilung)

$$\frac{\delta}{1 - \frac{\sigma\, b_n}{\tau_z}} \qquad (14)$$

§ 21. Spannungsregulierung von Drehstromdynamos.

Bei Drehstromdynamos ist die Frage der Spannungsregulierung bis jetzt noch weniger glücklich gelöst. Für Typen über 100 KW und mittlerer oder hoher Tourenzahl, besonders auch für Schwungradmaschinen, die im allgemeinen sehr gut regulieren, sind 5 bis 8 % normal und bei ent-

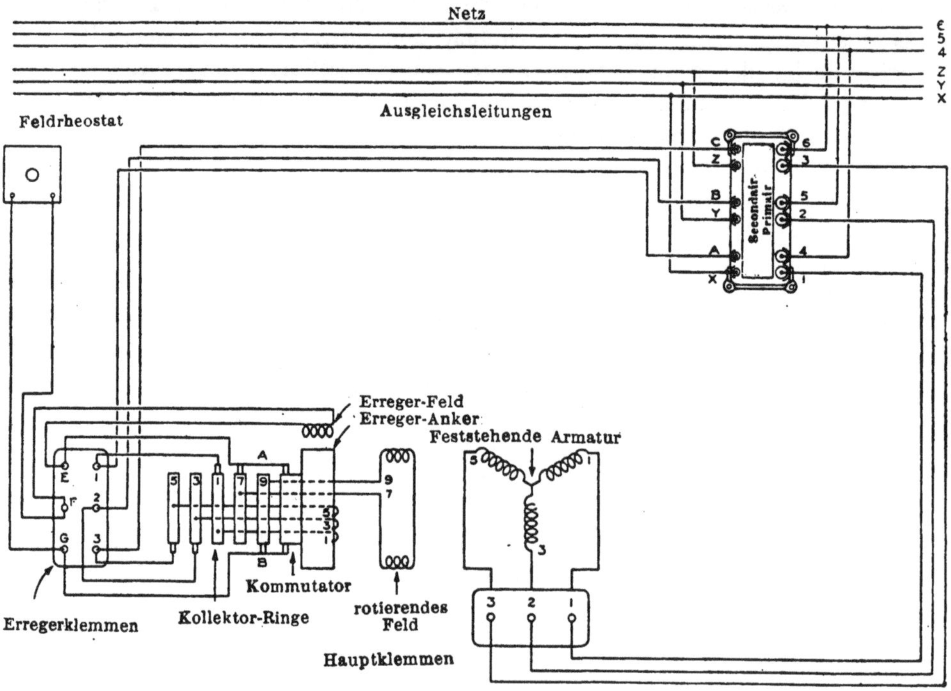


Fig. 29.
Compoundierter Drehstrommotor der General Electric Compauy Schenectady.

sprechend teuerer Ausführung erreicht man $1^1/_2$ bis 4 % Spannungserhöhung je für $\cos\varphi = 1$ und bei $\cos\varphi = 0{,}7$ bis 0,8 entsprechend 15 bis 20 % bezw. 4 bis 12 %. Drehstromgeneratoren von 5 bis 30 KW kann man nur schwierig mit weniger als 10 % Regulierung für $\cos\varphi = 1$ bauen, da gewöhnlich der Platz für die Erregung, besonders bei der allgemeinen üblichen Innenpoltype kaum zu einer besseren Regulierung ausreicht. Bei sehr langsamlaufenden und grofsen Maschinen — beispielsweise seien die direkt gekuppelten Turbinengeneratoren von Brown, Boveri & Cie. für Olten-Aarburg für 200 KW und $28^1/_2$ Touren (mit 168 Polen) genannt — wird es aus gleichen Gründen kostspielig, gute Regulierung zu erzielen. Die letzte Maschine hat bei cos $\varphi = 1$ eine Regulierung von 14 %, bei cos $\varphi = 0{,}85$ das Doppelte; der elektrische Wirkungsgrad ist 88 %.

Die compoundierten Drehstromgeneratoren, die allerdings nicht eine gleich genaue Konstanthaltung der Spannung gestatten wie die compoundierten Gleichstrommaschinen, und auch nicht so einfach, betriebssicher und billig herzustellen sind wie die letzteren, haben in den Vereinigten Staaten § 22. Compoundierte Drehstromgeneratoren.

Fig. 30.
Compoundierter Drehstromgenerator der General Electric Co. (U. S. A.)

für Einzelanlagen mit stark variabler Belastung, d. h. schlechtem Ausgleich der Belastung bereits eine gewisse Verbreitung gefunden, bei uns zu Lande sind sie allerdings nur aus Büchern und Zeitschriften bekannt. Ein nach dem Schema[1]) Fig. 29 arbeitender compoundierter Generator der General Electric Company Schenectady ist in Fig. 30 abgebildet: Die Erregermaschine, die in das Generatorgehäuse eingebaut ist, hat ein drehbares Polgestell mit gleicher Polzahl wie die Hauptmaschine, sofern man nicht den Erreger getrennt oder mit Übersetzung betreibt, wobei man die Polzahl entsprechend

[1]) E. J. Berg, El. World 27. April 1901.

der erhöhten Tourenzahl reduzieren kann. All diese Compoundierungen, benutzen den Netzstrom zur Beeinflussung einer Erregermaschine in der Art, dafs durch negativ wirkende Ankerrückwirkung mit wachsendem Strom und noch mehr mit wachsender Phasenverschiebung die Erregerspannung erhöht wird.[1]) Im Gegensatz dazu brauchen die kompensierten (Asynchron-) Generatoren von Latour und von Heyland keine besondere Erregermaschine, sondern einen Kommutator an der Rotorwicklung, welcher den vom Stator entnommenen Erregerstrom von hoher Periodenzahl in solchen von niedriger Frequenz oder in Gleichstrom umwandelt, letzteres bei synchroner Rotation des Rotors.[2]) Schon ohne besondere Compoundierung haben diese Maschinen einen etwas geringeren Spannungsabfall wie die gewöhn-

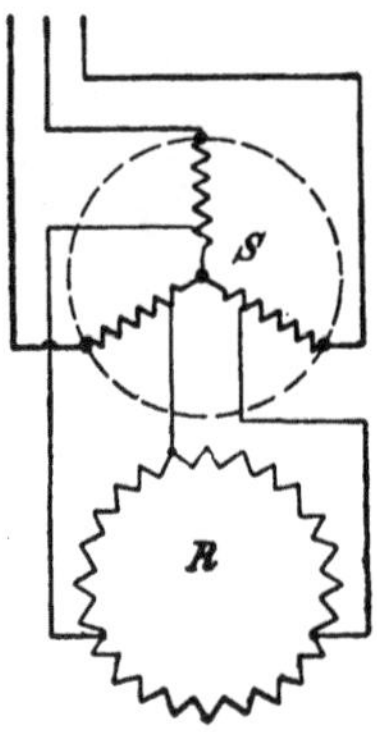


Fig. 31.

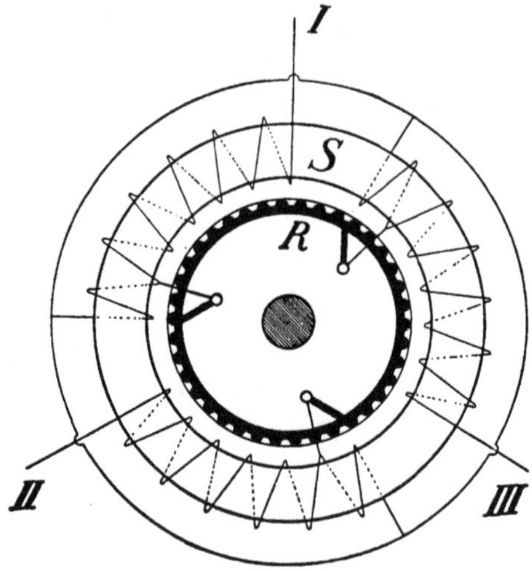


Fig. 32.

lichen Synchrongeneratoren, da die Ankerrückwirkung bei induktionsfreier Belastung durch die Induktionsströme völlig kompensiert wird und nur Ohmscher und Selbstinduktions- (Streuungs-)Abfall übrig bleiben.

Der Stromerzeuger von Latour[3]) besteht aus einem gewöhnlichen Drehstromstator $S$ (Fig. 31) und einem induzierend wirkenden Rotor $R$,

---

[1]) Siehe Niethammer, Handbuch der Elektrotechnik Band IV S. 137 ff.: Compoundierung der General Electric Co. (s. a. D. R. P. 113 220), von Danielson und von Leblanc, ferner von Boucherot Industrie Electr. 25. Juli 1900, Union E. G. (Dr. Fleischmann D. R.-P. 106 897), Baum, El. World 1902 und schliefslich D. R.-P. 115 707 und 122 707.

[2]) Ich betone hier besonders, dafs die Aufgabe des Kommutators bei diesen Wechsel- und Drehstrommaschinen **nicht** wie bei Gleichstrommaschinen darin besteht, den Strom der Ankerspulen jeweils von einem positiven in einen negativen Wert umzukehren; es ist z. B. ohne weiteres möglich, dafs die Spulen ohne jegliche nennenswerte Änderung ihres Stromes unter den Bürsten passieren.

[3]) E.-T. Z. 1901.

welcher, ähnlich wie beim Görgesmotor, als Gleichstromdynamo-Anker ausgebildet ist, und in welchen $p'$-phasige Mehrphasenströme, die den sonst für Asynchrongeneratoren erforderlichen wattlosen Strom ersetzen, durch $p'$-Bürsten eingeleitet werden, deren Stellungen (in dem besonderen Falle, wo der Rotor zweipolig ist) um $\frac{360^0}{p'}$ auf dem Kollektor verschoben sind. Die Wechselzahl der abgegebenen Ströme dieses durch Nebenschlufs sich selbst erregenden Alternators ist gleichzeitig von der induktiven und der induktionsfreien Belastung des Stators und von der Bürsteneinstellung auf dem Kollektor des Rotors abhängig. Da die dem synchronen Gang des Rotors entsprechende Wechselzahl die beste Kommutierung sichert und die Erzeugung von remanentem Magnetismus für die nachfolgenden Selbsterregungen zuläfst, so reguliert Latour für gewöhnlich die Bürsteneinstellung,

*a*

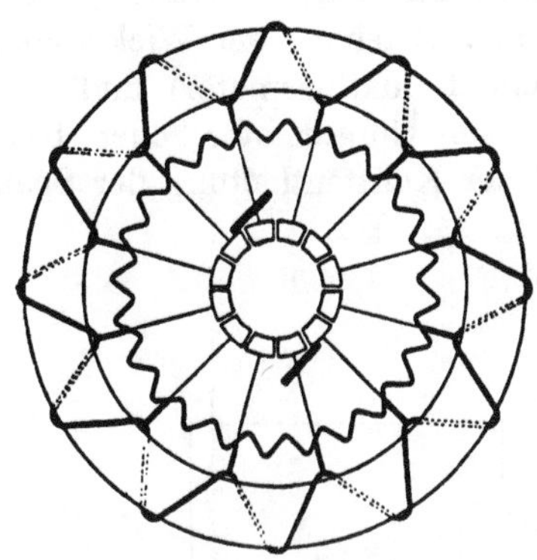

Fig. 33.

*b*

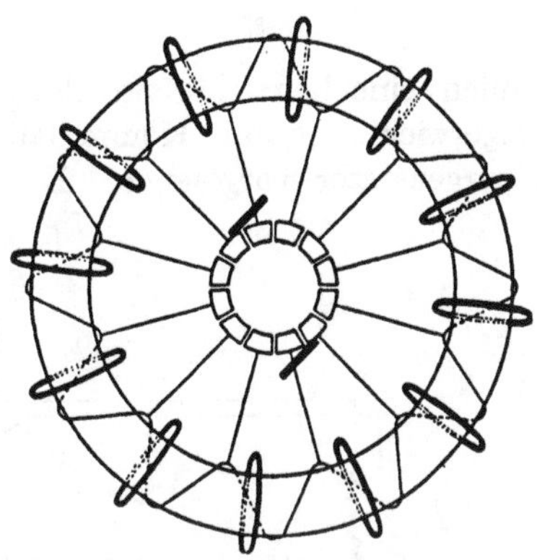

Fig. 34.

bei jeder Belastung derart, dafs die Schlüpfung Null wird und nach jeder Belastungsänderung dieselbe Wechselzahl der ans Netz abgegebenen Ströme wieder hergestellt wird. Wird diese Regulierung nicht sehr genau vorgenommen, so wird eine positive oder n e g a t i v e Schlüpfung auftreten, bedeutend genug, um aufserdem in der Erregerwicklung des Rotors $R$ Ströme zu erzeugen, welche vermittelst der $p'$-Bürsten geschlossen werden und sich in den wenigen angeschlossenen Windungen des Stators $S$, deren Selbstinduktion und Widerstand gegenüber denjenigen der Rotorwicklung fast gleich Null sind, über die Erregerströme lagern.

Der Hauptvorteil der Heylandschen[1]) Anordnung, Fig. 32—34, welche die verschiedenen Rotoranordnungen zeigen, liegt darin, dafs die eben erwähnten, bei Nichtsynchronismus induzierten Rotorströme sich nicht durch die Bürsten nach aufsen schliefsen müssen, sondern durch Widerstände, die parallel zur Rotorwicklung innerhalb des Motors liegen. Das

[1]) E.-T. Z. 1901 Heft 50, 1902 Heft 26, 1903 Heft 4 ff.

bedeutet einen wesentlich kleineren Kommutator, der nur die kleinen Erregerströme führt, mit wesentlich weniger Lamellen bei gleicher Funkenfreiheit.[1]) Heyland läfst deshalb auch seinen Generator nicht synchron, sondern etwas übersynchron (mit einigen Prozenten) Schlüpfung laufen. Allerdings wird durch die Widerstände auch der Wirkungsgrad etwas verschlechtert. Fig. 32 entspricht dem praktisch nicht ausführbaren Fall, dafs einem Kurzschlufsrotor durch den Kurzschlufsring direkt der Erregerstrom zugeführt wird; in der nächsten Figur sind die Widerstände parallel zu den Kommutatorlamellen ersichtlich, und in Fig. 34 sind zwei Wicklungen, nämlich eine Kurzschlufswicklung (wie beim Induktionsmotor) und eine Erregerwicklung mit Kommutator wie beim Görgesmotor oder beim Latourgenerator vorgesehen. Heyland hat zur Konstanthaltung der Span-

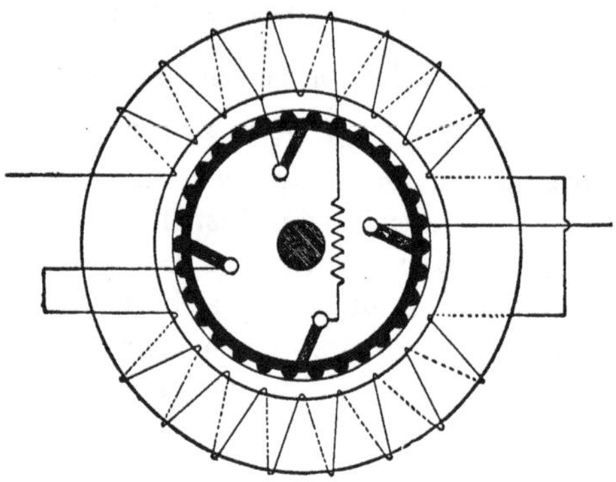

Fig. 35.

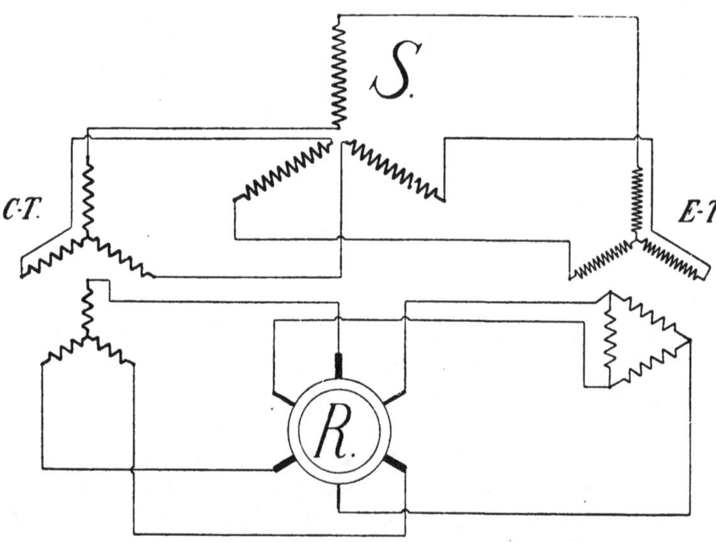


Fig. 36.

nung, d. h. zur Aufhebung des durch die wattlosen Ströme erzeugten Abfalls, noch eine Serienerregung des mit Kommutator versehenen Rotors durch ein zweites Bürstensystem angeordnet, wie dies aus Fig. 35 für einen Einphasengenerator ersichtlich ist: zwei Bürsten führen den normalen er-

[1]) Die Widerstände wirken überdies noch an sich funkenmildernd.

regenden Kompensationsstrom, der von der Primärwicklung abgezweigt ist, und zwei andere, den Hauptstrom, der die primären AW kompensiert. Man kann auch nur die wattlose Komponente dem Rotor zuführen. In Fig. 36 ist die Schaltung eines compoundierten Dreiphasengenerators gezeichnet: *S* ist der Stator, der Transformator *E T* liefert dem Rotor *R* den Erregerstrom, der Transformator *C T* einen dem Hauptstrom proportionalen Strom. Die Compoundierung läſst sich durch Veränderung der Bürstenstellung, der beiden Erregerströme (bezw. Erregerspannung) sowie durch die Schlüpfung beeinflussen.

Osnos[1]) hat in Anlehnung an Heyland die Schwierigkeit, daſs bei der Anordnung von Görges und Latour die gesamten Ströme (Arbeits- und Erregerströme) die Bürsten passieren müssen, dadurch umgangen, daſs er Fig. 37 die Sekundärwicklung $s_2$ von einem, an der Primärwicklung $s_1$ liegenden Kommutator *k* mit niedriger Periodenzahl speist und auſserdem die Sekundärwicklung durch einen mehrphasigen Leiterwiderstand schlieſst, in dem die induzierten Arbeitsströme verlaufen, welche bei Latour[2]) sich nach auſsen schlieſsen müssen und bei Heyland durch die Widerstände parallel zu den Lamellen. Rotiert der primäre Teil, so sind die sekundären Anschlüsse alle feststehend, rotiert der sekundäre Teil, so sind mehrere Schleifringe erforderlich und die Kommutatorbürsten rotieren. Will man nachträglich im Betrieb befindliche Induktionsgeneratoren oder -motoren kompensieren, so kann man nach Osnos eine kleine Erregermaschine mit einem Primärteil wie Fig. 37 aufstellen, welche den mit drei weiteren Schleifringen versehenen Rotor mit Erregerstrom versieht. — Eine sehr einfache Anordnung, wobei der Anker mit Kommutator gar nicht am Netz liegt, rührt von Gratzmüller her.[3]) Er schlieſst einfach den Anker auf variable Selbstinduktion (Generator) oder Kapazität (Motor).

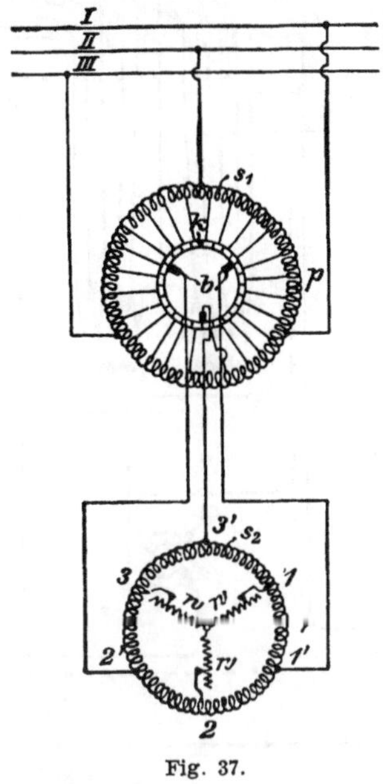

Fig. 37.

In Drehstromnetzen können die selbsttätigen Regulatoren[4]) statt auf Widerstände zu wirken, einzelne Spulen von Transformatoren abschalten: Fig. 38 der Westinghouse Co. (Stillwellregulator); die Bewegung von Stufe zu Stufe muſs eine schnappende sein. Auch Potentialregulatoren in § 23. Hilfsvorrichtungen für konstante Wechselspannungen.

[1]) E.-T. Z. 1902 S. 920.

[2]) Latour will zur Ablenkung eines Teils der induzierten Ströme massives Rotoreisen verwenden.

[3]) Ind. El. 1902, Oktober.

[4]) Siehe den Tirrilregulator, El. World 6. Februar 1903.

der Form der Drehstrommotoren ausgeführt, können benützt werden und finden in Amerika ausgedehnte Anwendung (siehe Einankerumformer). Um beispielsweise Glühlampen in Netzen mit schwankender Frequenz mit konstantem Strom zu speisen, kann man die Schaltung Fig. 39 benutzen, wobei vor die Lampen Drosselspulen *L* gelegt werden, die mit abnehmender Periodenzahl weniger Spannung abdrosseln..

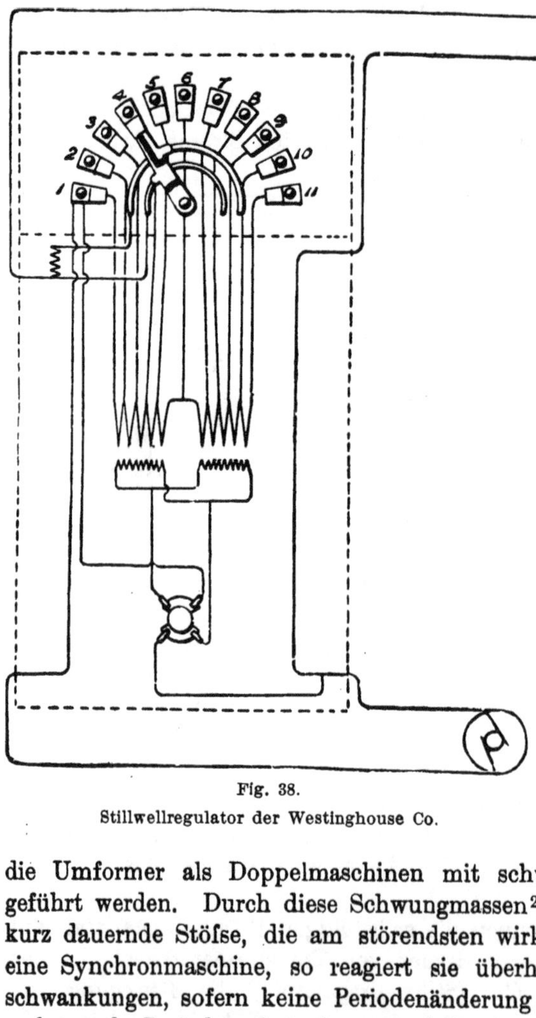


Fig. 38.
Stillwellregulator der Westinghouse Co.

Nach Art der bei Gleichstrom bekannten Fernleitungs-Serienmaschinen (Zusatzmaschinen) kann man sich bei Wechsel- und Drehstrom automatisch dadurch Zusatzspannungen proportional dem Netzstrom verschaffen, dafs man einen Asynchronmotor in die Fernleitung schaltet und ihn mit konstanter Tourenzahl betreibt. Die Zusatzspannung ist, solange man keinen Kommutator für justierbare Erregung anordnet, stets in Phase mit dem Strom.[1]) In gewissen Fällen lassen sich Spannungsschwankungen auch dadurch mildern, dafs man für Licht und Kraft getrennte Netze auslegt oder das Licht durch Umformer vom Kraftnetz aus speist. Dabei sollten die Umformer als Doppelmaschinen mit schweren Schwungmassen ausgeführt werden. Durch diese Schwungmassen[2]) vermeidet man besonders kurz dauernde Stöfse, die am störendsten wirken. Ist der Antriebsmotor eine Synchronmaschine, so reagiert sie überhaupt nicht auf Spannungsschwankungen, sofern keine Periodenänderung damit verknüpft ist. Lang andauernde Periodenschwankungen sind schwer auszumerzen. Auch poly-

---

[1]) Niethammer, Handb. d. Elektrot. Bd. IV S. 193 und Bd. IX S. 114. Zweckmässig kompensiert man solche Asynchrongeneratoren nach Fig. 35.

[2]) Siehe auch später unter Anlasser die Ausführungen über Puffermaschinen.

cyklische Verteilungen können zu genanntem Zwecke in Frage kommen[1]), wobei Ströme verschiedener Frequenz für verschiedene Stromverbraucher unabhängig voneinander übereinander gelagert werden. Meines Erachtens ist für gröſsere Komplexe eine elektrische Verteilung mit 25 Perioden oder weniger bei genügend hoher Spannung, direkte Speisung aller Motoren für konstante Tourenzahl und Umformung in Gleichstrom für Beleuchtung und Motoren[2]) mit variabler Tourenzahl die beste Lösung; letzteres kann in Einanker- oder Doppelmaschinen geschehen je nach den gestellten Regulierungsbedingungen.

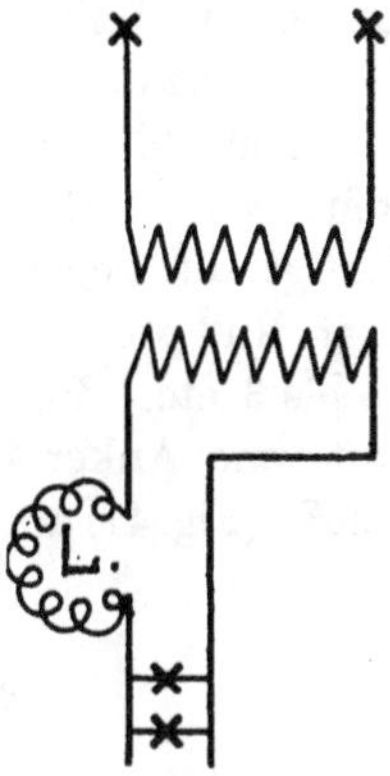


Fig. 39.

§. 24 Berechnung der Regulierung von Drehstrommaschinen.

Die Ermittlung der Regulierung von Drehstromgeneratoren geschieht genau folgendermassen:

Man zeichnet sich zuerst (Fig. 40) die Sättigungskurven für Luft und Anker sowie für Leerlauf auf (Kurve I und III) und berechnet sich die Feldstreuung und die zugehörige Streuspannung $E_s$ für verschiedene Punkte der Kurve III und trägt letztere von dem jeweilig entsprechenden Punkte der Kurve I senkrecht auf. Man erhält auf diese Weise die Kurve II.

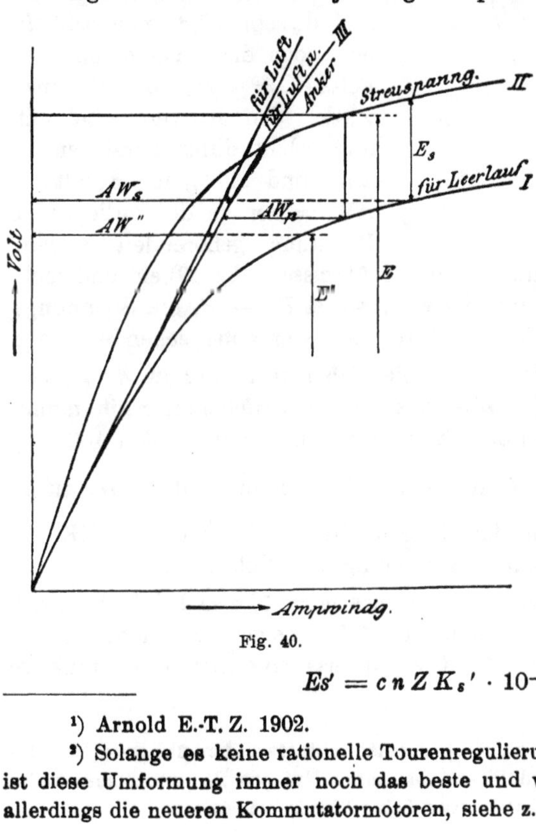


Fig. 40.

Das Diagramm (Fig. 41) entsteht nun auf folgende Weise. Man zeichnet sich die Phasenspannung $E_k$ auf und unter dem gegebenen Winkel $\varphi$ den Phasenstrom $J$, setzt an $E_k$ den Ohmschen Abfall $J \cdot W$ parallel zu $J$ an und erhält die EMK. $E'$. Senkrecht zu $E'$ trägt man den diesem entsprechenden Flux in Volt auf $= E'$, zieht die Ankerstreulinien $Es'$ parallel zu $J$ und bekommt so $E'' =$ dem gesamten Ankerfeld. $Es'$, die Ankerstreuspannung, findet man aus

$$Es' = c\,n\,Z\,K_s' \cdot 10^{-8} \quad \ldots \ldots \quad (15)$$

[1]) Arnold E.-T. Z. 1902.

[2]) Solange es keine rationelle Tourenregulierung für Drehstrommotoren gibt, ist diese Umformung immer noch das beste und wirtschaftlichste; man beachte allerdings die neueren Kommutatormotoren, siehe z. B. Winter, Z. f. E., Wien 1903.

$$K_s' = 2{,}5\,\frac{J\,Z}{p}\left[\frac{l}{q}\left\{\frac{h}{3\,b}+\frac{e}{s}+\frac{\delta}{s+1{,}6\,\delta}\right\}(1+k)+\frac{0{,}3\,\tau}{q}\,(1+k')+0{,}5\,h\right]. \quad (16)$$

oder einer ähnlichen Formel (E.-T. Z. 1902 S. 444). Dabei ist $c = 2$ bis 2,5, $Z$ = Leiterzahl pro Phase, $K_s'$ = Streufeld, $2\,p$ = Polzahl, $l$ = Ankerlänge, $q$ = Nutzahl pro Pol und Phase, $h$ = Nuttiefe, $e$ = mittlere Nutschlitzbreite, $s$ = Nutschlitztiefe, $\delta$ = Luftspalt, $\tau$ = Polteilung. $1 + k$ berücksichtigt die gegenseitige Induktion, ebenso $1 + k'$, beide Werte sind bei einer Nut pro Pol und Phase 1; bei zwei Nuten 1,4 bis 2; bei drei Nuten 1,5 bis 3 etc. Für die Spannung $E''$ sucht man sich nun die zugehörigen Luft- und Anker-AW = $AW''$ in den Kurven (Fig. 40) auf und trägt diese auf $E''$ (Fig. 41) ab, setzt daran die Ankerrückwirkung $AW_a = C\sqrt{2}\cdot J\cdot Z : 4\,p$ parallel zu $J$ an und erhält $AW_s$ ($C = \sim 1{,}5$). Die diesem entsprechende primäre Streuspannung $E_s$, die man aus den Kurven abliest, wird parallel $AW_s$ an $E''$ angetragen; die Verbindungslinie mit dem Endpunkte ergibt $E$. Auf diesem trägt man schliefslich noch die $E$ entsprechenden Pol-$AW$ = $AW_p$ ab, die man wieder den Kurven entnimmt, und erhält durch Parallelen zu $AW_s$ und $AW_p$ als Resultante $AW_f$ = den zu der vorliegenden Belastung gehörenden Feldampèrewindungen. Geht man mit $AW_f$ in die Abscissen (Fig. 40) ein und sucht die zugehörige Ordinate $E_x$ auf Kurve $I$, so ist $E_x - E_k$ die Spannungserhöhung beim Ausschalten des betr. Stromes $J$ vom entsprechenden cos $\varphi$.

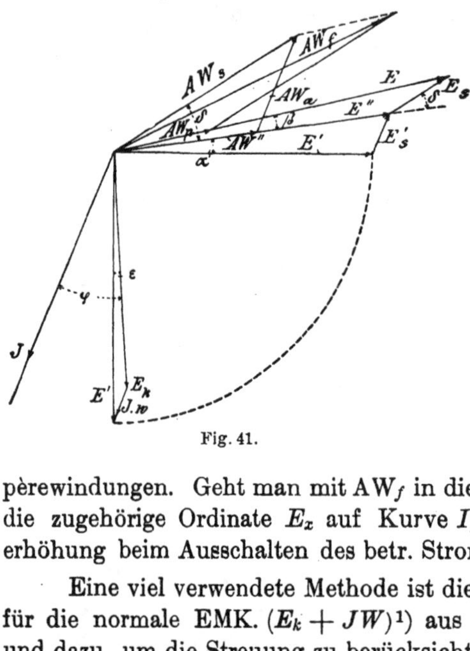

Fig. 41.

Eine viel verwendete Methode ist die, dafs man Fig. 42 die $AW_r$ (Feld) für die normale EMK. $(E_k + JW)$[1]) aus der Leerlaufcharakteristik nimmt und dazu, um die Streuung zu berücksichtigen, unter dem Winkel $100 + \varphi$ schlägt[2]): $AW_a = C\,\frac{J\,Z}{4\,p}\,\sqrt{2}$ ($C$ aus Kurzschlufsmessung), um $AW_f$ zu erhalten. Zu $AW_f$ gehört in der Leerlaufcharakteristik eine EMK $E_r$. Es ist dann $E_r - E$ die Spannungserhöhung von Voll auf Leer.

§ 25. Spannungsabfall von Transformatoren. Transformatoren zu bauen, die bei cos $\varphi = 1$, also bei Lichtbetrieb Spannungsabfälle für Vollast von 0,8 bis 1,5 % zeigen, ist nicht schwer; es ist aber möglich, von 7 bis 10 KW aufwärts eine maximale induktive

1) Geometrisch addiert.

2) Der Zuschlag von 10° zu 90 + $\varphi$ entspricht etwa den üblichen Verhältnissen bei 2 Nuten pro Pol und Phase, bei einer Nut pro Pol und Phase sollte man 20° und bei mehr als 2 Nuten etwa 5 bis 7° zuschlagen.

Spannungsregulierung von 2 bis 3 % zu erzielen (entsprechend der Kurzschlufsspannung bei normalem Strom), d. h. bei einem cos $\varphi$ von 0,5 bis 0,8, vorausgesetzt, dafs die Hochspannung nicht aufserordentlich hoch ist. Es werden allerdings noch viele Transformatoren mit 5 % und mehr Spannungsabfall bei Motorbetrieb gebaut, was für die Motoren und namentlich

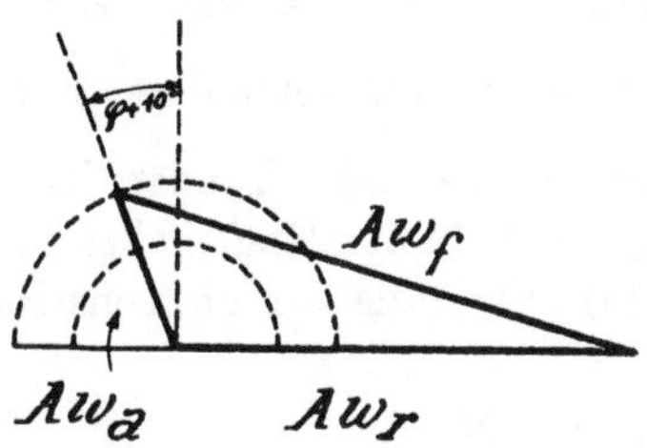


Fig. 42.

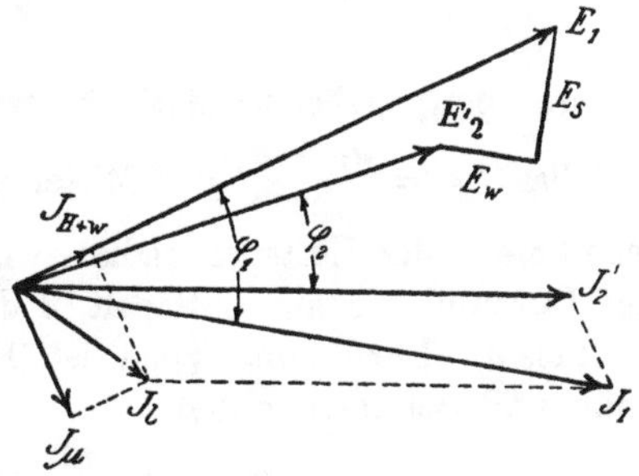


Fig. 43.

für andere spannungsempfindliche Stromverbraucher sehr nachteilig ist. Bei gröfseren Typen sind sogar maximale induktive Abfälle von nur $1^1/_2$ % möglich, ohne dafs der Transformator besonders verteuert wird; künstliche Kühlung und die dadurch bedingten kleinen Abmessungen sind besonders günstig. Für einen 30 KW-Transformator der Union E. G. (3000 Volt,

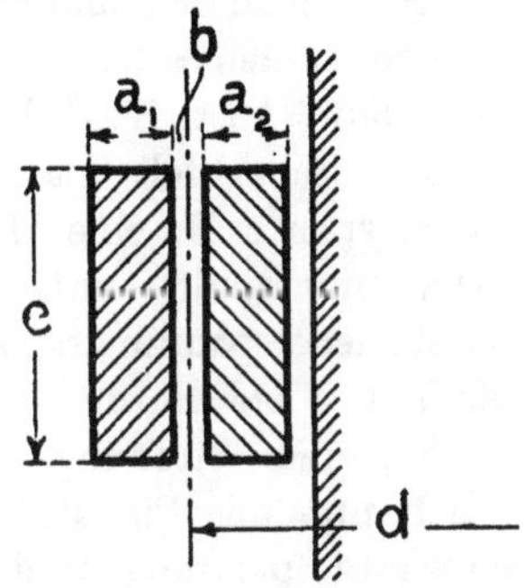


Fig. 44.

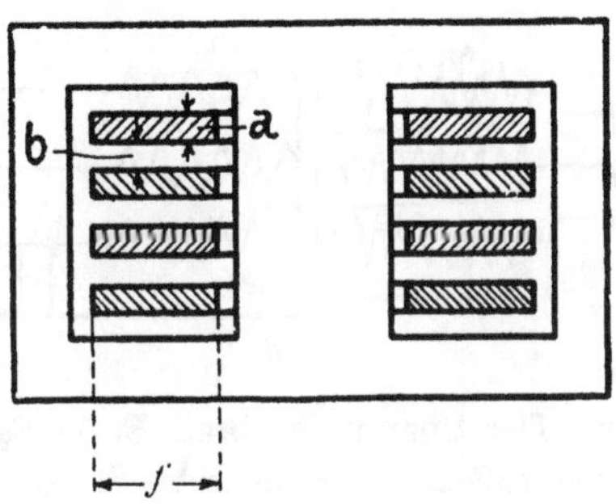


Fig. 45.

50 Perioden) ist der Ohmsche Abfall in der Hochspannung 0,53 %, in der Niederspannung 0,50 %, zusammen 1,03 %, die Reaktanz ist 1,08 %, so dafs sich ein maximaler Abfall durch die Impedanz von 1,5 % ergibt und zwar bei cos $\varphi = 0{,}7$.

Die Berechnung des Abfalles geschieht nach dem Diagramm Fig. 43: Es wird alles auf Primärgröfsen reduziert[1]), der Gesamtwiderstand $W$ und daraus der Ohmsche Spannungsverlust $E_w$ ermittelt, ferner die Reaktanz-

---

[1]) d. h. auf das Übersetzungsverhältnis 1, siehe Niethammer, Elektrotechnisches Praktikum S. 312.

spannung $E_s = 4 c\, n\, z_1\, (K_s' + K_s'')\, 10^{-8}$ wobei[1]) $c = 1{,}0$ bis $1{,}2$, $z_1$ die primäre Windungszahl, $K_s' + K_s''$ die Summe der primären und sekundären Streufelder ist. Die Streufelder haben die Gröſse (Fig. 44)

$$K_s' + K_s'' = c' \, \frac{AW_1 + AW_2}{2} \left( \frac{b}{2} + \frac{a}{3} \right) \frac{\pi d}{l} \quad . \; . \; . \quad (17)$$

für Kerntypen; dabei ist $AW_1$ die primäre, $AW_2$ die sekundäre AW-Zahl bei Vollast, $a = \frac{a_1 + a_2}{2}$ das Mittel aus primärer und sekundärer radialer Wickeltiefe, $b$ der Luftspalt radial zwischen Primär- und Sekundärwicklung, $d$ der Durchmesser am Luftspalt, $l$ die gesamte Spulenlänge, alles in cm $c' = 2$ bis 3. Für Manteltypen ist (Fig. 45) pro Spule bei abwechselnden Primär- und Sekundärspulen

$$K_s = c'' \, \frac{AW}{2} \left( b + \frac{a}{3} \right) \frac{m}{f}, \quad . \; . \; . \; . \; . \; . \; . \quad (18)$$

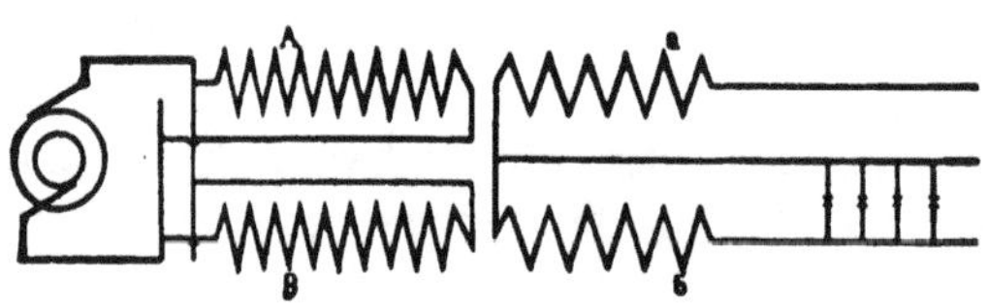

Fig. 46.

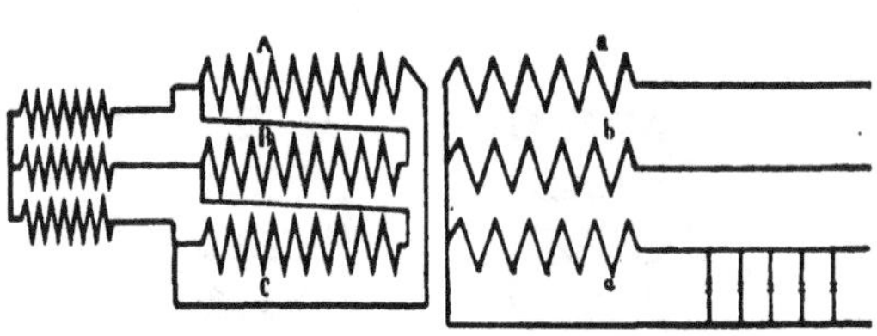

Fig. 47.

worin $AW$ die AW-Zahl der Spule, $b$ der Abstand zweier Spulen, $a$ die Dicke einer Spule, $f$ die Wickeltiefe und $m$ die mittlere Windungslänge alles in cm, und $c''$ für innere Spulen $= 0{,}5$, für die äuſseren $= 1$ ist. $K_s' + K_s'' = \Sigma K_s$. Schachtelt man bei Kerntypen z. B. eine Hochspannungsspule zwischen zwei Niederspannungsspulen, so gilt obige Formel nicht mehr, die Streuung wird kleiner. Der Spannungsabfall $E_1 - E_2'$ ergibt sich nun aus Fig. 43. Die Sekundärgröſsen $J_2'$ (reduzierter Strom), $E_2'$ (reduzierte Spannung) und der Zwischenwinkel $\varphi_2$ sind bekannt; $J_2'$ setzt man mit dem Leerstrom $J_l$ (der aus der Wattkomponente $J_{H+W}$ für Eisenverluste und aus der Magnetisierungskomponente $J_\mu$ besteht, zu dem Primärstrom $J_1$ zusammen. $E_W = JW \parallel J_1$ und $E_s = \omega J_1 \perp J_1$ ergibt mit $E_2'$ zusammen die Primärspannung $E_1$. Rechnerisch ist angenähert

$$E_1 = \sqrt{(E'_2 + J_1 W \cos \varphi_1 + \omega J_1 \sin \varphi_1)^2 + (\omega J_1 \cos \varphi_1 - J_1 W \sin \varphi_1)^2}. \quad (19)$$

Der maximale Abfall ist $\sqrt{E_W^2 + E_s^2}$.

[1]) $c$ hängt von der Form der Spannungskurve ab, bei Sinusform ist $c = 1{,}11$.

Falls man den maximalen Abfall $\sqrt{E_W^2 + E_s^2} = E_x$ setzt, ist

$$E_2' = \sqrt{E_1^2 + E_x^2 - 2\,E_2\,E_x \sin(\varphi_1 + \varepsilon)} \quad . \quad . \quad . \quad . \quad (20)$$

$$\text{wobei } tg\,\varepsilon = \frac{W}{\omega}.$$

Dreileitertransformatoren sollen bei verschiedener Belastung in den zwei Zweigen möglichst gleiche Spannung behalten. Das läfst sich nach einem D. R.-P. der Union derart erreichen, dafs man die Sekundärwicklung des zweischenkligen Transformators abwechselnd auf beide Schenkel verteilt, d. h. jeder Zweig hat je eine Spule auf beiden Schenkeln in Serie, oder aber man schaltet nach Dobrowolsky einfach die Primärspulen des Transformators auf beiden Schenkeln parallel (Fig. 46). Bei Drehstrom läfst sich ein Spannungsausgleich in den drei Zweigen dadurch erreichen, dafs man die Primärwicklungen in Dreieck, die Sekundärwicklungen in Stern (Fig. 47) schaltet (gemischte Schaltung).[1])

## 6. Gleichstrommaschinen.

Für Gleichstromdynamos ist funkenloser Gang eine der wichtigsten Forderungen. Über diesen Punkt ist in letzter Zeit viel geschrieben worden; in der Tat ist dieses Problem für den in der Praxis stehenden Theoretiker vielleicht das schwierigste. Funkenfreier Lauf ist vor allem gar kein mathematischer Begriff, wie Wirkungsgrad, cos $\varphi$ u. a. Funkenbildung entsteht dann, wenn an den Bürsten derartige Stromdichten auftreten, dafs dieselben zum Glühen kommen und eventuell sogar Lichtbogenbildung[2]) eintritt. Wäre in der kurzgeschlossenen Spule keine EMK der Selbstinduktion vorhanden, so würden in derselben in der neutralen Zone bei genügender Bürstenfläche an sich niemals derartige hohe Stromdichten auftreten, da mit abnehmender Auflagefläche auch der Widerstand der Bürste gröfser und damit der Strom kleiner wird. Für funkenfreien Gang ist also unerläfsliche Bedingung, dafs die Reaktanzspannung der kurzgeschlossenen Spule mäfsig ist, je geringer sie ist, desto eher wird die Maschine auch bei verschiedenen Belastungen ohne Bürstenverschiebung arbeiten, und bei ganz geringer Reaktanzspannung können die Bürsten in der neutralen Zonne stehen bleiben, da eine ganz kleine, von aufsen induzierte EMK, d. h. eine kleine Induktion genügt, um die Reaktanz-EMK zu neutralisieren, ja es ist eine von äufseren Feldern unabhängige Kommutierung möglich. Alle anderen Gesichtspunkte, wie Ankerrückwirkung, Polrandinduktion, Zahninduktion, Formgebung der Polschuhe, Spannung

§ 26. Allgemeines über Funkenbildung

[1]) Siehe E.-T. Z. 1901, 21. März, Dobrowolsky.

[2]) Diese Lichtbogenbildung kann auch durch Abschleudern der Bürsten hervorgerufen werden.

pro Segment, Widerstand des kurzgeschlossenen Kreises, sind nur von sekundärer Bedeutung, sie können die Funkengrenze ziemlich hinausschieben, die Bürstenverstellung reduzieren und sind zur Stabilität des Ganzen vielleicht unerläſslich, können aber nicht eine Maschine mit groſser Reaktanz zu einer funkenfreien Maschine machen.[1])

Ich will diese Behauptung noch damit belegen, daſs es nach zahlreichen Versuchen möglich ist, daſs Gleichstrommaschinen mit guter Reaktanz im direkten Kurzschluſs, also fast ohne Feld-AW, d. h. nur mit so vielen, als zur Erzeugung einer EMK = dem Ohmschen Abfall nötig ist, in der Neutralstellung noch 70 bis 130 % des Stromes[2]) kommutieren, den sie bei einem Verhältnis

$$\frac{AW_{\text{Luft + Zähne}}}{AW_{\text{Anker unter Pol}}} = 1{,}5$$

einwandsfrei kommutieren. Es ist dies besonders für die neuerdings sehr in den Vordergrund getretene Anlaſsschaltung für groſse Motoren, die in der Verwendung einer variablen Gegen-EMK besteht, äuſserst wichtig.

Fig. 48.
Groſser Gleichstromanker der General Electric Co.

§ 27. Wellen- und Schleifenwicklung.

Hier ist der Ort, zunächst noch auf den Einfluſs der Wicklungsart hinzuweisen. In den Vereinigten Staaten verwendet man meist, und für gröſsere Leistungen ausschlieſslich, Schleifenwicklung, in Deutschland dagegen findet man noch vielfach die ein- und mehrfache Reihenwicklung

---

[1]) Für raschlaufende Maschinen ist beinahe so wichtig als die elektrische Disposition die zuverlässige Herstellung des Kommutators und der Bürstenhalter. Der Kommutator muſs absolut rund laufen und namentlich keine einzeln erhöhten Glimmer- oder Kupfersegmente zeigen.

[2]) Siehe Dr. Behn in Schweiz. Bauz. 1902 (Bd. 40, Oktober); in der Maschinenfabrik Örlikon wird darnach als Kriterium der Versuch benutzt: Vollaststrom im Kurzschluſs und Bürsten in der Neutralen.

und zwar wird auf beiden Seiten das Vorgehen damit begründet, daſs die andere Wicklungsart zu Funkenbildung Veranlassung geben soll. Tatsache ist, daſs beide Wicklungen ihre Unanehmlichkeiten haben: bei Schleifenwicklungen treten bei Unsymmetrie in den einzelnen Polpaaren, also z. B. bei verschiedenem Luftspalt über dem Umfang an den einzelnen gleichnamigen Bürstenzapfen verschiedene Spannungen auf, die zu starken Ausgleichströmen und damit zu Funkenbildung Veranlassung geben. Bei einigermaſsen gut zentrierten Maschinen und genügend groſsem Luftspalt ist dies jedoch keineswegs von groſsem Belang, und in jedem Falle kann man die Ausgleichsströme durch Ausgleichsringe (equalizer) unschädlich machen. Es sind dies nach Fig. 48, einem 14 poligen Anker der General Electric Co., Ringe, die man beliebig vielphasig anordnen kann, und die z. B. bei einer 10-poligen Maschine von 240 Stäben als 8-phasiger Equalizer so ausgeführt werden, daſs man mit einem Ring den 1., 49., 97. . . . . . Stab, mit dem zweiten Ring den 7., 55., 103. . . . . ., mit dem achten Ring den 43., 91. . . . . . Stab verbindet. Die Stabzahl muſs durch die Pol- und Phasenzahl teilbar sein. Letztere ist nicht zu klein zu wählen.

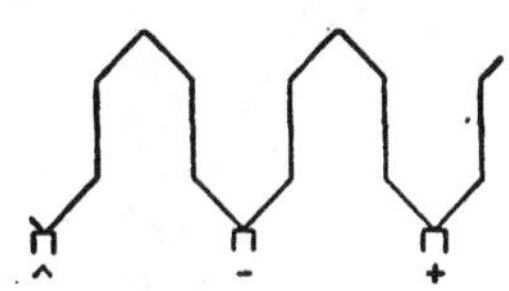

Fig. 49.

Eine viel schlimmere Eigenschaft haben die Wellenwicklungen, die nicht aus in sich abgeschlossenen, sondern aus durch die Bürsten verketteten Stromkreisen (Fig. 49) bestehen, weswegen sich die Gesamtstromstärke auf die einzelnen Bürstenspindeln entsprechend dem reziproken Werte der Widerstände der einzelnen Bürstensätze verteilt. Ist also ein Bürstensatz schlecht eingelaufen, so nimmt er weniger Strom ab als der benachbarte gut eingelaufene. Steinmetz nennt das selektive Kommutation. Es wird das bei schlechtem Zustande des Kollektors, bei grosser Tourenzahl und bei Kohlenbürsten sehr verhängnisvoll, und neuerdings hat man trüber Erfahrungen halber auch bei Wellenwicklung sich genötigt gesehen, neben reichlich bemessenen Bürsten (geringe Stromdichte) sogenannte Äquipotentialverbindungen (Professor Arnold, Lahmeyer & Co.) anzubringen, d. h. man verbindet Stab 1 unter Pol 1 mit dem Stab unter Pol 3, der das gleiche Potential wie 1 hat und ebenso Stab 2, 3 u. s. w. Man kann dabei auch einzelne Stäbe auslassen, ja man kann auch Stab 1 unter Pol 1 nur mit dem entsprechenden Stab von Pol 5 verbinden. Diese Äquipotential-(Mordey-)Verbindungen sind, namentlich wenn sie in den Kommutator eingebaut werden, meines Erachtens komplizierter und betriebsunsicherer wie Ausgleichsringe bei Schleifenwicklung. Es sind übrigens auch Ausgleichsringe bei Wellenwicklungen mit gutem Erfolge verwendet worden. Wellenwicklungen sind jedoch wegen der ihnen meist anhaftenden Unsymmetrie für Äquipotentialverbindungen direkt ungeeignet, und unsymmetrische Punkte zu verbinden ist meiner Erfahrung nach sehr riskiert. Arnold hat diese Unsymmetrie durch Einfügung einer Schleife Fig. 50 (D. R.-P. 126872) in die Wicklung umgangen. Bei Reihenparallelschaltung, besonders bei völlig getrennten Kreisen, tritt als weiterer Nachteil hinzu, daſs die einzelnen Wicklungen durch Verschmieren der Lamellen leicht unter sich Schluſs bekommen und dann feuern. Ist das Verhältniſs Lamellenzahl $k$ : halbe Zahl $a$ paralleler Kreise sowie das Verhältnis Polpaarzahl $p$ : halbe Zahl $a$ paralleler Kreise keine ganze Zahl, so wird die Reihenparallelwicklung in unsymmetrische Zweige[1]) zerlegt, so daſs die induzierten EM-Kräfte in den verschiedenen Abteilungen variieren, was zu Funkenbildung Veranlassung gibt. Überdies ist die Spannung pro Segment

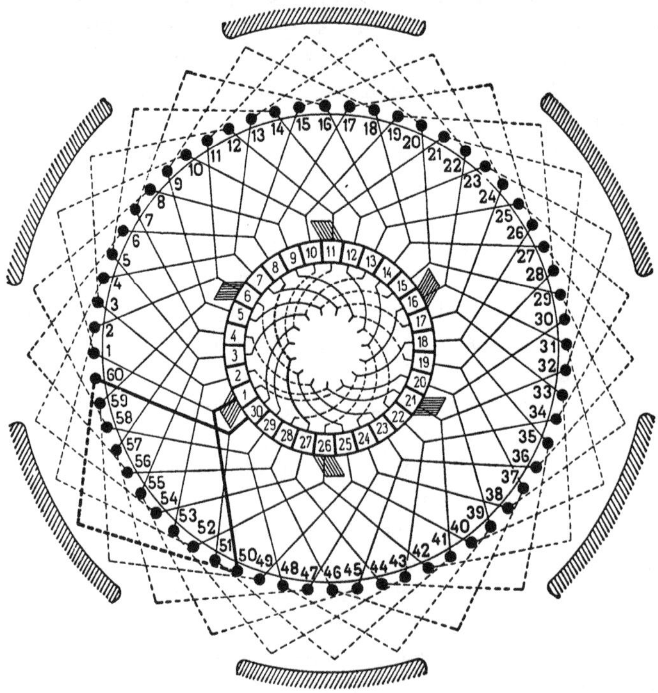

Fig. 50.
Äquipotentialverbindung nach Arnold.

solcher unsymmetrischer Wicklungen über den Kommutatorumfang sehr unregelmäſsig verteilt, wie Fig. 51[2]) nach Arnold für eine Maschine mit $p/a = 5/2$ zeigt. Die Spannung pro Segment ist dann nicht maximal $1{,}5 \times \frac{\text{Klemmenspannung}}{\text{Segmente zwischen 2 Spindeln}}$, sondern an manchen Stellen viel gröſser; besonders gefährlich sind diese Zacken in der Nähe der neutralen Zone,

[1]) Arnold, Die Gleichstrommaschine. Bd. I.

[2]) In Fig. 51 sind nur die positiven Spannungswerte eingezeichnet. Der Maximalwert in Fig. 51 ist etwa 17,5 Volt; siehe Genaueres Arnold, die Gleichstrommaschine, Bd. I Fig. 77 und 78.

da von der Kommutierung leicht Lichtbögen bestehen bleiben. Solche Maschinen zeigen häufig einen Feuerregen über den ganzen Kommutator. Ein wunder Punkt der Reihenparallelschaltung, der mit dem eben Gesagten zusammenhängt, ist noch der, daſs der Wickelschritt fast immer kleiner oder gröſser als die Polteilung ist; deswegen kommen die gleichzeitig kommutierten Stäbe in verschieden starke Felder, was besonders bei groſsem Polbogen unbedingt zu Funkenbildung führt. Kleiner Polbogen ist auch wegen Vermeidung der Zacken in der neutralen Zone (Fig. 51) günstig.

Als einziger Vorteil der Reihenparallelschaltung bleibt dann, daſs man unter Benutzung fast gleicher Nuten-, Lamellen- und Polzahl sich verschiedene Spannungen erzeugen kann, daſs man bezüglich der Zahl der parallelen Kreise und der Polzahl weniger gebunden ist[1]), als bei der Schleifenwicklung, wogegen allerdings gleich einzuwenden ist, daſs die Schleifenwicklung in sehr vernünftiger Weise bei hoher Spannung zu wenig Polen, wobei weniger ein (flash over) Überschlagen zu fürchten ist, und bei niedriger Spannung zu viel Polen mit vielen Bürstenspindeln führt. Anker und Kollektor können deswegen für Schleifenwicklung bei allen Spannungen in ihren Hauptmassen bestehen bleiben, nur das Polgehäuse[2]) ändert sich. Die Reihenparallelschaltung empfiehlt sich aus Preisrücksichten für Maschinen mittlerer Leistung und kleiner Tourenzahl, z. B. 100 KW 125—200 Touren bis 600 KW 100—150 Touren, je 400—750 Volt, wo sie sich auch gut bewährt; ferner für Gleichstromschwungradmaschinen mit hoher Polzahl und verhältnismäſsig kleiner Leistung, dabei sind aber Ausgleichsverbindungen sehr ratsam. Wie später noch erläutert wird, ist für langsamlaufende Typen sehr hoher Polzahl nur Reihen- oder Reihenparallelschaltung angängig.

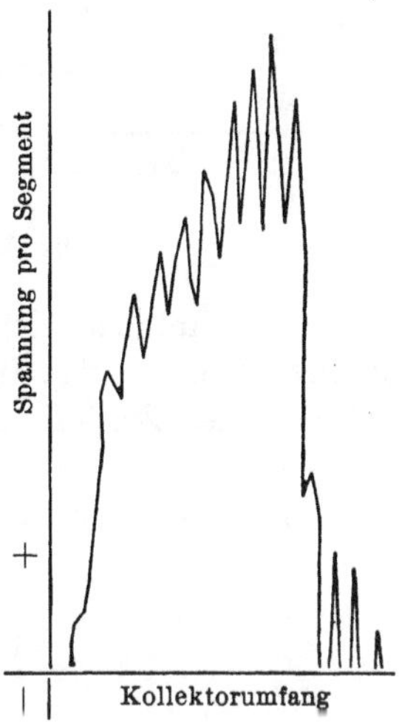

Fig. 51.

Nun aber zum Kernpunkt der Berechnung der Reaktanzspannung $e_R$; ich will mich dabei kurz fassen. Es ist § 28. Reaktanzspannung.

$$e_R = L_s \frac{di}{dt} \quad \ldots\ldots\ldots\ldots \quad (21)$$

und bei geradlinigem Übergang (hypothetisch) von $+J$ auf $-J$ (Fig. 52)

$$e_R = L_s \frac{2J}{T} = 4n L_s J, \quad \ldots\ldots\ldots \quad (22)$$

[1]) Man kann sich also bei Reihenparallelschaltung den Strom pro Zweig nach Belieben wählen und damit günstigere Abmessungen für die Kupferleiter, die Nuten und den Kommutator erzielen.

[2]) Siehe verschiedene Veröffentlichungen von Hobart, E.-T. Z. 1901 ff.

wobei $J$ der Strom pro Ankerkreis und $n$ die Frequenz der Kommutierung ist[1]). Dabei ist $e_R$ über die Kommutierungszeit $T$ konstant vorausgesetzt (Fig. 52). Ich will nun ohne allzuviel Erläuterung die Werte für $L_s$, $n$ und $J$ anschreiben:

$$L_s = 10^{-8} \frac{Z^2}{4 k^2} \left\{ [\lambda_n + \lambda_b + \lambda_x] (1 + c) + \lambda_f (1 + c') \right\}, \quad . \quad (23)$$

$Z$ totale, effektive Leiterzahl, $k$ Lamellenzahl, $\lambda_n$ magnetische Leitfähigkeit der Nute, $\lambda_b$ Leitfähigkeit der Bandagen, $\lambda_f$ Leitfähigkeit der freien Wickelenden, $\lambda_x$ Leitfähigkeit durch das Polgehäuse (Fig. 53), $1 + c$ und $1 + c'$ berücksichtigen die Tatsache, dafs neben der betrachteten Spule noch andere

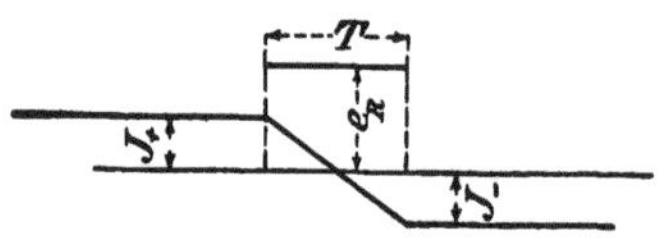

Fig. 52.

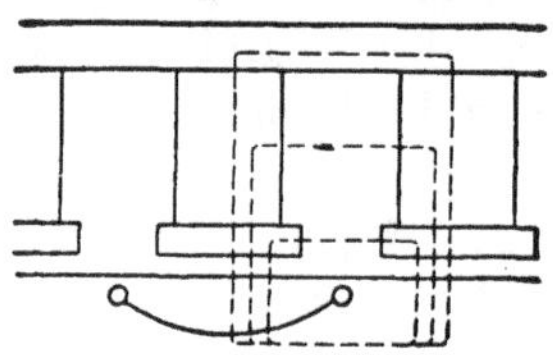

Fig. 53.

mehr oder minder gleichzeitig kurzgeschlossen werden und die Spule induzieren (gegenseitige Induktion), siehe Fig. 54. In der Spule selbst wird $e_1$ während der Zeit $T$ selbst induziert, die Spule links davon wird schon

---

[1]) Es gibt bekanntlich einwandfreiere Beweise hierfür, nämlich:

$$e_R = w J \left. \frac{e^{\frac{w T}{L_s}} + 1}{e^{\frac{w T}{L_s}} - 1} \right|_{w = 0} = 2 L_s \frac{1}{T} J,$$

wobei $w$ der Widerstand des kurzgeschlossenen Kreises ist. Von verschiedener Seite ist

$$e_R = 2 \pi n L_s J$$

gesetzt worden, wobei für $e_R$ sinusförmiger Verlauf vorausgesetzt ist. Auch der bekanntlich von Arnold entwickelte und von mir verwendete Ausdruck $a w \frac{T}{p L_s}$ läfst sich einigermafsen auf $e_R$ bezw. $\frac{1}{e_R}$ zurückführen, wenn man für $w$ stets die gleiche Stromdichte voraussetzt; dann ist $J$ proportional

$$\frac{1}{w} \text{ und } a w \frac{T}{p L_s} = \infty \frac{T}{J L_s} = \infty \frac{1}{e_R}.$$

Tatsache ist, dafs der Widerstand der Bürsten innerhalb weiter Grenzen die Kommutierung nicht sehr beeinflufst. In der Regel läuft eine Maschine mit mehr Bürsten und Spindeln bei sonst gleichen Verhältnissen besser als mit wenigen, schon aus mechanischen Gründen. Auch die Stromdichte ist innerhalb 2—7 Amp/c² für die Kommutierung wenig von Belang, solange die Erwärmung in zulässigen Grenzen bleibt.

früher kurzgeschlossen und induziert die erste Spule mit $e_2$, aber (bei zwei überdeckten Segmenten) nur die halbe Zeit, die Spule rechts wird später kurzgeschlossen und induziert $e_3$ während $\frac{T}{2}$, man bildet die Summe von $e_1$, $e_2$ und $e_3$ über die entsprechende Zeit $T$.

Nach verschiedenen Versuchen schneiden ca. 90% der Kraftlinien einer Spule eine zweite Spule, welche in derselben Nute liegt, 40% eine zweite Spule in der nächsten und 20% in der übernächsten Nute, d. h. der gegenseitige Induktionskoeffizient ist bezw. 0,9 $L_s$, 0,4 $L_s$ und 0,2 $L_s$.

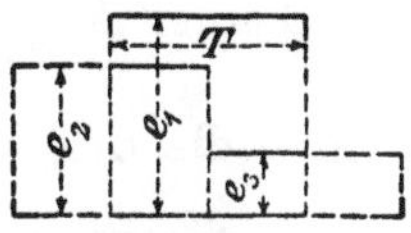

Fig. 54.

Es ist nun nach Fig. 55, falls $l$ die effektive Ankerlänge ohne Kanäle bezeichnet

$$\lambda_n = l\left[\left\{\frac{t}{b_n} + 2{,}5\,\frac{s}{b'_m} + 2{,}3\,\frac{b_z}{b_m + b_z}\right\}\right.$$

$$\left. + 0{,}9\,\nu\left\{0{,}5\,\frac{t}{b_n} + 2{,}5\,\frac{s}{b'_m} + 2{,}3\,\frac{b_z}{b_m + b_z}\right\}\right] \quad (24)$$

$b'_m$ ist die mittlere Schlitzbreite.

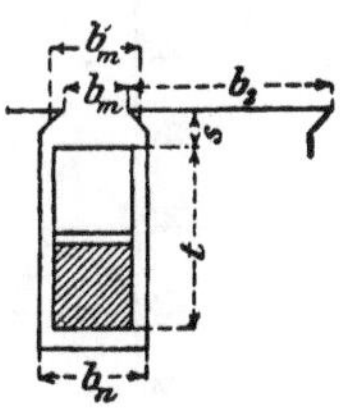

Fig. 55.

Die erste Klammer entspricht der Streulinienzahl um die Spule selbst, die zweite Klammer derjenigen der darüber bezw. darunter liegenden Spulenseiten (Fig. 55).

Ist der Wickelschritt genau gleich der Polteilung, so ist $\nu = 1$ und es wird

$$\lambda_n = l\left(1{,}5\,\frac{t}{b_n} + 4{,}7\,\frac{s}{b'_m} + 4{,}4\,\frac{b_z}{b_m + b_z}\right) \quad . \quad . \quad . \quad . \quad (25)$$

Hat aber die Wicklung verkürzten Schritt[1]), so werden die mit der betrachteten Spule in gleicher Nute liegenden Spulen nicht genau gleichzeitig kurzgeschlossen, sondern etwas verschoben, ihre induzierende Wirkung ist also geringer. Es ist

$$\nu = 1 - \frac{k - (y_1 - 1)\,p}{2\,p\,f} \quad . \quad . \quad . \quad . \quad . \quad . \quad . \quad . \quad (26)$$

$2\,p$ Polzahl, $f$ von einer Bürste überdeckte Segmente $= \frac{\text{Bürstenstärke } s_b}{\text{Segmentstärke } s_s}$

$y_1$ Wickelschritt, bei Schleifenwicklung beliebig, bei Reihenparallelschaltung ist die Summe der beiden Wickelschritte vorn und hinten

$$y_1 + y_2 = \frac{Z \pm 2\,a}{p} \quad . \quad . \quad . \quad . \quad . \quad . \quad . \quad . \quad . \quad (27)$$

($Z$ totale effektive Leiterzahl, $2\,a$ parallele Kreise).

[1]) Bei der Ausarbeitung dieser Formeln hat mich Herr Ingenieur Krantz ganz wesentlich unterstützt, speziell die Form der Ausdrücke (26), (32—36) und rühren von ihm her (44).

$\lambda_b$ für Bandagen ist eigentlich von Fall zu Fall zu ermitteln, man kann setzen:

$$\lambda_b = \frac{2 + 1{,}8\,\nu}{\dfrac{1{,}6\left(h + \dfrac{\delta}{6}\right)}{b_b\, b_z} + \dfrac{(b_m + b_z)}{\mu \cdot \dfrac{\delta^2 \pi}{4}\, x}} \quad \ldots\ldots \quad (28)$$

($\delta$ Drahtstärke der Bandagen, $h$ Isolationsdicke zwischen Eisenkörper und Bandage, $b_m$ und $b_z$ aus Fig. 55, $b_b$ gesamte Bandagenbreite, also $b_b = x\,\delta$, $x$ Drahtzahl der Bandagen, $\mu$ Permeabilität der Bandagen = ca. 10).

Ferner ist

$$\lambda_f = 0{,}6\, l_f\,, \quad \ldots\ldots\ldots \quad (29)$$

wenn $l_f$ die freie Länge pro Spulengruppe ist; in der Regel ist $l_f = 2{,}5$

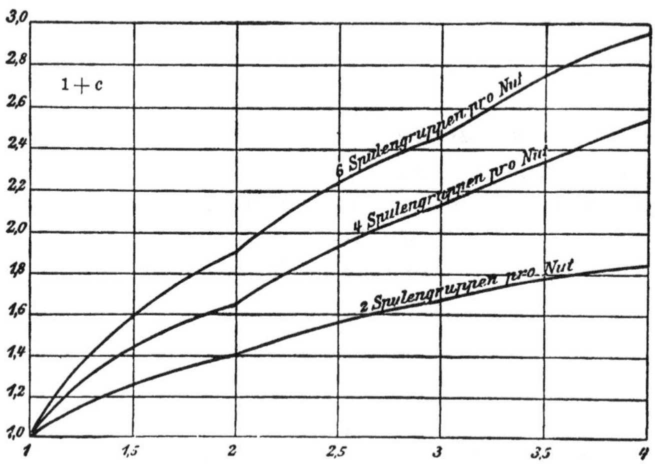


Fig. 56.
Überdeckte Segmente.

$\tau + 2$ (Länge $l_k$ der Kanäle und Isolationslänge $l_i = 0{,}1\, l$ zwischen den Blechen)
($\tau$ Polteilung am Ankerumfang), also

$$\lambda_f = [\tau + 0{,}8\,(l_k + 0{,}1\, l)].\, 1{,}5 \quad \ldots\ldots \quad (30)$$

$\lambda_x$ ist schwer zu ermitteln und für massive Polschuhe und Pole wegen der dämpfenden Wirkung derselben bei den hohen Frequenzen ($n$ = 300 bis 600) vernachlässigbar. Bei lamellierten Polschuhen ist (Fig. 53) ungefähr

$$\lambda_x = \frac{l_p}{0{,}8\left(\dfrac{\delta}{P} + \dfrac{\tau - P}{4\,g}\right)} \quad \ldots\ldots\ldots \quad (31)$$

($\delta$ Luftspalt, $P$ Polbogen, $g$ Polschuhdicke, $l_p$ axiale Polschuhlänge), bei lamellierten Polen noch entsprechend gröſser. $\lambda_b$ schwankt meist zwischen

5 und 30. Die Nutstreuung ist in praktischen Fällen 60 bis 80%, diejenige der freien Enden 10 bis 40% und die der Bandagen 0 bis 20% der Gesamtstreuung.

Der Einfluſs der gegenseitigen Induktion benachbarter Spulengruppen ist durch den Ausdruck $1 + c$ und $1 + c'$ in Fig. 56 dargestellt und zwar in Abhängigkeit der überdeckten Segmente für 2, 4 und 6 Spulengruppen pro Nut. Analytisch ist, falls $s_s$ = Segmentstärke, $s_b$ = Bürstenstärke gesetzt wird,

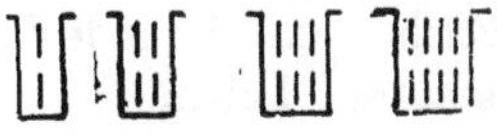

Fig. 57, 58, 59, 60.

für 2 Spulengruppen pro Nut (Fig. 57)

$$1 + c = 1 + 0{,}8 \frac{s_b - s_s}{s_b} + 0{,}4 \frac{s_b - 2 s_s}{s_b} + 0{,}2 \frac{s_b - 3 s_s}{s_b}, \qquad (32)$$

bei 4 Spulengruppen pro Nut (Fig. 58)

$$1 + c = 1 + 1{,}3 \frac{s_b - s_s}{s_b} + 0{,}8 \frac{s_b - 2 s_s}{s_b} + 0{,}6 \frac{s_b - 3 s_s}{s_b}, \qquad (33)$$

für 6 Spulengruppen pro Nut (Fig. 59)

$$1 + c = 1 + 1{,}8 \frac{s_b - s_s}{s_b} + 0{,}8 \frac{s_b - 2 s_s}{s_b} + 0{,}8 \frac{s_b - 3 s_s}{s_b}, \qquad (34)$$

für 8 Spulengruppen pro Nut (Fig. 60)

$$1 + c = 1 + 1{,}8 \frac{s_b - s_s}{s_b} + 1{,}3 \frac{s_b - 2 s_s}{s_b} + 0{,}8 \frac{s_b - 3 s_s}{s_b}, \qquad (35)$$

und schlieſslich für die Stirnverbindungen allgemein

$$1 + c' = 1 + 1{,}6 \frac{s_b - s_s}{s_b} + 1{,}2 \frac{s_b - 2 s_s}{s_b} + 0{,}8 \frac{s_b - 3 s_s}{s_b}. \qquad (36)$$

Obwohl es nicht ratsam sein dürfte, über 6 Spulengruppen hinauszugehen, da sonst das kommutierende Feld für die einzelnen Spulen zu verschieden wird, ist es doch interessant, zu konstatieren, daſs zahlreiche Ausführungen mit 10 Spulengruppen pro Nut besonders für Bahnmotoren vorliegen; der Vorteil, mehr als 2 Spulengruppen in eine Nut zu legen, besteht hauptsächlich in Isolationsersparnis und in der Möglichkeit, bei mechanisch starken Zähnen diese hoch zu sättigen und kräftig zu ventilieren.

Die Frequenz der Kommutierung für Schleifenwicklung ist

$$n = \frac{k}{f} \frac{u}{30} = \frac{v_k}{2 s_b} \quad \ldots\ldots\ldots \quad (37)$$

($v_k$ Kollektorgeschwindigkeit, $s_b$ Lamellendicke). Bei Reihenwicklungen gilt

$$n = \frac{v_k}{2 s_b \left(1 + \frac{p \mp a}{p} \frac{s_s}{s_b}\right)} \quad \ldots\ldots\ldots \quad (38)$$

Der Strom $J$ pro Zweig ist

$$J = \frac{J_t}{2_a} \quad \ldots\ldots\ldots \quad (39)$$

($J_t$ totaler Strom, $2_a$ parallele Zweige).

Damit ist $e_R$ bestimmt. Nach zahlreichen Versuchen (an Dynamos, Motoren und rotierenden Umformern jeder Gröſse) laufen Maschinen mit $e_R \leqq 4$ einwandfrei[1]), bei $e_R \leqq 2{,}5$ auch bei Neutralstellung der Bürsten, über 6 bis 8 zu gehen ist in der Regel nicht anzuraten. Bei Reihenwicklungen sind kleinere Werke zulässig wie bei Schleifenwicklung, wenigstens sofern keine Ausgleichsverbindungen vorgesehen werden. Rotierende Umformer mit Schleifenwicklung können etwas höhere Reaktanz haben.

Es ist nicht richtig, $e_R$ mit der in der kurzgeschlossenen Spule vom Auſsenfeld $B_p$ induzierten EMK

$$E_a = \frac{Z}{k} B_p\, l_p\, v \cdot 10^{-8} \quad \text{. . . . . . . . . .} \quad (40)$$

zu vergleichen ($B_p$ ist allerdings unbekannt und hängt von der Bürstenstellung ab, $B_p$ wird öfter gleich Polrandinduktion gesetzt, $l_p$ axiale Pollänge, $v$ Ankerumfangsgeschwindigkeit).

$\frac{E_a}{e_r}$ soll womöglich groſs sein, das Verhältnis ist jedoch nicht absolut maſsgebend. Versuche zeigen, daſs, wenn man die Windungszahl der kurzgeschlossenen Spule verdoppelt und $J$ halbiert, die Maschine bez. Funken schlechter ist als vorher, dabei ist wohl $e_R$ verdoppelt (ist maſsgebend), aber $\frac{E_a}{e_r}$ bleibt konstant.[2])

Interessant ist es aber, zu setzen

$$e_R = \frac{Z}{k} B_x\, l_p\, v \cdot 10^{-8}, \quad \text{. . . . . . . .} \quad (41)$$

$B_x$ die zur Kommutierung erforderliche Induktion (meist 900 bis 4000) auszuwerten, dann zu setzen

$$A\,W_{\text{Luft + Zähne}} - \frac{A\,W_{\text{Anker unter Pol}}}{2} = 0{,}8\, B_x\, \delta_x, \quad \text{. .} \quad (42)$$

woraus $\delta_x$ folgt, das meist 2- bis 3 mal gröſser ist als der Luftspalt $\delta$. Punga gibt[3]) als Kriterium für die Funkenbildung einen Ausdruck

$$F = \frac{e_R - E_a}{a\,w} \quad \text{. . . . . . . . . . .} \quad (43)$$

der möglichst klein ($< 25$ Volt) sein soll und der bei Leerlauf negativ und bei Vollast meist positiv ist. Dabei ist $e_R$ die oben berechnete Reaktanzspannung, $E_a$ die von auſsen in der kurzgeschlossenen Spule induzierte

---

[1]) Bei Bahnmotoren findet man in der Regel Werte, die doppelt so groſs wie an gewöhnlichen Maschinen sind, Serien- und Compoundmaschinen bezw. -motoren können höhere Reaktanz haben wie Nebenschluſstypen.

[2]) Im Gegensatz dazu siehe E.-T. Z. 1901 S. 1036.

[3]) Ztschr. f. Elektrot., Wien 1902, August.

EMK, w der Bürstenübergangswiderstand pro qcm (ca. 0,2 Ohm) und $\alpha$ eine Gröfse welche mit $\frac{s_b}{s_s}$, der Zahl überdeckter Segmente für Schleifenwicklungen, folgendermafsen zusammenhängt

| $s_b/s_s =$ | 1 | 2 | 3 | 4 | 5 |
|---|---|---|---|---|---|
| $\alpha =$ | 1 | 0,78 | 0,59 | 0,42 | 0,39 |

Bei Reihenparallelschaltung ist $\alpha$ auch noch von $a/p$ abhängig, angenähert das $a/p$fache obiger Werte. Hält man übrigens $e_R$ klein, so wird auch $F$ klein; für wirklich gute Maschinen ist $e_R$ das richtige Kriterium, nicht $F$, wo man noch von Aufseninduktion und Bürstenverschiebung abhängig ist.

Ich stelle jetzt noch einige Punkte zusammen, welche, wie an früherer Stelle erwähnt, für einwandsfreie Kommutierung förderlich, aber nicht notwendig sind; man kann diese zusätzlichen Anforderungen um so eher umgehen, je kleiner $e_R$ ist. Namentlich bei verkürztem Wickelschnitt ist zu untersuchen, ob nicht einzelne Stäbe zu stark unter den Pol kommen, d. h. man bestimmt den Ausdruck § 29. Sekundäreinflüsse auf die Kommutierung.

$$q = \frac{\frac{n_z}{2p}\left(1 - \frac{P}{\tau}\right)}{\frac{n_z}{2p} - y_n + h_1 + h_2} \quad \ldots\ldots\ldots \quad (44)$$

$n_z =$ Nutzahl, $y_n =$ Nutschritt und bei

| | 2 | 4 | 6 | 8 |
|---|---|---|---|---|
| | Spulengruppen pro Nut | | | |
| $h_1 =$ | 0 | 0,5 | 0,67 | 0,75 |
| $h_2 =$ | $f$ | $\frac{f}{2}$ | $\frac{f}{3}$ | $\frac{f}{4}$. |

Es sollte $q > 2$, jedenfalls möglichst nicht unter 1,5 sein, das bedingt, dafs $P:\tau$ (Polbogen zu Teilung) $< 0{,}78$ bis $0{,}80$, bei verkürztem Schritt in der Regel $< 0{,}72$ bis $0{,}75$ sein mufs. Besonders bei Serien- und noch mehr bei gewissen Serienparallel-Wicklungen ist aus diesem Grunde $P:\tau \leq 0{,}70$ zu halten.

Das Verhältnis

$$\frac{{}^{AW}\text{Luft} + \text{Zähne}}{{}^{AW}\text{Anker unter Pol}} \text{ sollte } > 1 - 1{,}5 \text{ sein und zwar}$$

bei Doppelspannungsmaschinen oder Motoren mit variabler Tourenzahl (Feldschwächung) auch bei der geringsten Felderregung. Gleichbedeutend damit ist die Forderung, die geschwächte Polrandinduktion ($B_p$ ungeschwächt)

$$B_p \frac{AW_{\text{Luft + Zähne}} - \frac{AW_{\text{Anker unter Pol}}}{2}}{AW_{\text{Luft + Zähne}}}$$

möglichst hoch zu halten, was künstlich dadurch zu erreichen ist, dafs man die Polschuhe entsprechend ausbildet z. B. nach Fig. 61 (Arnold)[1]: Durch einen Ausschnitt im gestanzten Pol und durch Abschneiden jedes zweiten Bleches wird die Feldverzerrung hintangehalten. Aufserdem ergibt die allmähliche Vergröfserung des Luftspaltes am Polrand und das spitzige Auslaufen der Polschuhe ein abgeflachtes günstiges Kommutierungsfeld.[2]) Die mittlere Spannung pro Segment sollte bei gröfseren Maschinen 12 bis 15 Volt, bei kleineren Motoren 20 Volt[3]) nicht überschreiten. Die maximalen Spannungen pro Segment sind 1,3 bis 1,5 mal grösser. Bei unsymmetrischen Reihenparallelwicklungen ist die Vorausbestimmung dieser Spannung etwas kompliziert. Um bei hoher Spannung pro Segment Überschläge und Feuerregen zu vermeiden, verwende man harte, nicht schmierende, nicht staubende und nicht bröckelnde Kohle und halte die Abstände *a* und *b* in Fig. 62 so grofs als angängig[4]). Günstig für die Kommutierung ist grofser Widerstand (hohe Beanspruchung) der Ankerwicklung[5]), der Verbindungen zum

Fig. 61.
Polschuh nach Arnold.

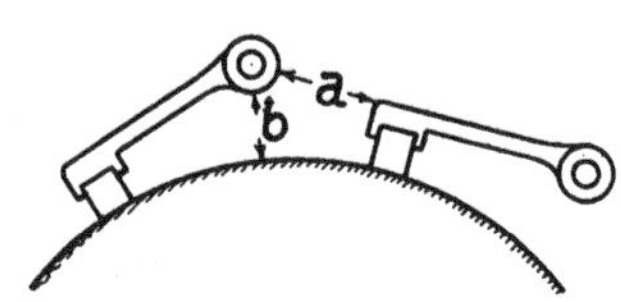


Fig. 62.

Kollektor und der Bürsten[6]), ferner hohe Zahnsättigungen von 20000 bis 25000[7]) (scheinbar); ungünstig wirken Folgepole wegen einseitiger Streuung, das Wegnehmen einzelner Bürstenspindeln bei Reihenschaltungen, da $e_R$ dann vergröfsert wird, dann tote (nicht angeschlossene) Spulen, ferner Verhältnisse $a/p$ und $k/a$ (Seite 48) die keine ganzen Zahlen sind. Bei Stillstand ($e_R = 0$) können Motoren wesentlich höhere Ströme aufnehmen als

[1]) Siehe Arnold, die Gleichstrommaschine I Fig. 178 und auch Niethammer, Elektrische Hebezeuge Fig. 36.

[2]) In radialer Richtung dünne Polschuhe aus Gufseisen sind in dieser Hinsicht auch günstig, ebenso auch schräge Polkanten (Schuckert).

[3]) Strafsenbahnmotoren haben häufig gröfsere Werte.

[4]) Es ist auch anzuraten, die Isolationsscheiben und -büchsen der Bürstenspindeln reichlich über die Metallteile vorstehen zu lassen.

[5]) Dieser Punkt wird in Deutschland noch nicht genügend gewürdigt.

[6]) Aus mechanischen Gründen läuft allerdings ein Kommutator, dem man eine Bürste mehr pro Spindel gibt, besser als vorher.

[7]) Die Reaktanz der kurzgeschlossenen Spule durch hohe Ankerkernsättigung zu reduzieren, ist bei Strafsenbahnmotoren öfters ausgeführt worden, es ist aber ein etwas rohes Vorgehen. Die Zähne sind beim Kurzschlufs ungesättigt.

bei Lauf, was für hohes Anzugsmoment äufserst wertvoll ist; ebenso ist die Kommutierung bei geringer Tourenzahl während des Anlassens günstiger ($e_R <$) als bei Vollast. Bei Serienmotoren sind deshalb die Kommutierungsverhältnisse äufserst günstig, weil sie mit $> J$ langsamer laufen, so dafs $e_R$ sich mit der Belastung nur langsam ändert; aufserdem wachsen mit den Anker-AW auch die Feld-AW, so dafs die Rückwirkung günstiger ist als beim Nebenschlufsmotor.

§ 30. Grenzen der Funkenfreiheit (raschlaufende Maschinen).

Ich komme nun wieder zurück auf die Gröfse, welche $e_R$ beeinflussen:

$e_R$ ist um so kleiner, je kleiner $\frac{Z}{k}$ (Minimum ist 2 bei einer Windung pro Segment), je kleiner der Strom $J$ pro Zweig, je kleiner die Umdrehungszahl und je kürzer die Maschine ist, das sind die wichtigsten Punkte. $J$ pro Zweig sollte bei Maschinen für höhere Spannungen kleiner wie 150 bis 200 sein, bei Niederspannung kommutiert man öfter noch bis 300 Amp und mehr. Mehr parallele Kreise als Pole ist nicht ratsam. Bei Reihenparallelschaltung hält man zweckmäfsig den maximalen Strom pro Zweig kleiner als bei Schleifenwicklung.

Es wird ferner $e_R$ keiner, je flacher[1]) die Nut ist, damit läfst sich im allgemeinen nicht viel erreichen, dann je weniger tief der Schlitz über der Nut und je breiter er ist — das ist wichtig —, ferner ist verkürzter Schritt vorteilhaft, dies ist aber, wie aus dem Ausdruck für $q$ hervorgeht, sehr beschränkt richtig.

Über ein gewisses Mafs der Nutenbreite kann man nicht hinausgehen, da man sonst Polschuhverluste und eventuell einen heulenden Anker bekommt. Schmale Nuten und breite Zähne geben kürzere Endverbindungen (also kleinere Reaktanz derselben), aber schlechtere Kühlung des Nutenkupfers als seichte Nuten.

Während bei Nutenankern im günstigsten Falle $\lambda_n = 4\,l$ sein dürfte, ist beim Grenzfall, dem glatten Anker mit 2 Spulengruppen übereinander $\lambda_n =$ ca. $3\,l$, dafür ist aber die gegenseitige Induktion viel gröfser, es sind für $1 + c$ eher noch gröfsere Werte einzusetzen, als oben für 8 Spulengruppen angegeben sind, etwa Werte nach Gl. (36), so dafs für den glatten Anker kein grofser Vorteil übrig bleibt. Legt man beim glatten Anker alle Spulen in e i n e r Lage nebeneinander, so wird die Reaktanz (Selbstinduktion und gegenseitige Induktion) kleiner, das kann man aber auch beim Nutenanker erreichen, wenn man pro Nute nur 1 Spulenpruppe vorsieht.

Die Vor- und Nachteile von mehr als 2 Spulengruppen pro Nut wiegen sich gröfstenteils auf, ebenso diejenigen von mehr oder weniger

[1]) Es ist interessant, dafs bei gleicher Funkenfreiheit einzelne Firmen für gleiche Typen Nuten bis 70 mm Tiefe, andere nur von 18 bis 25 mm Tiefe verwenden. Im ersten Falle ist allerdings die Stromdichte nur 2,0 bis 3, im zweiten aber 4 bis 6.

überdeckten Segmenten pro Bürste. Man geht allerdings zweckmäſsig nicht über 3, bei kleinem Polbogen wohl bis 4.[1]) Bei breiten Bürsten ist in der Regel die Bürstenverstellung kleiner, aber solche Bürsten glühen leicht und bröckeln an den Ecken ab. Lamellierte Polschuhe sind wegen des Streufluxes der kurzgeschlossenen Spule ungünstig, siehe den Ausdruck für $\lambda_x$, allerdings lassen lamellierte Polschuhe breitere Nuten[2]) zu, was zu kleinerem $\lambda_n$ führt. Zweckmäſsigen Ersatz bilden guſseiserne Polschuhe aus schlechtem Guſseisen mit grossem elektrischem Widerstand, der mehr als 10 mal gröſser als bei Stahl und Schmiedeisen sein kann. Aus genannten Gesichtspunkten und an Hand der Formel für $e_R$ ergiebt sich leicht die Grenze, von wo ab ein funkenfreier Gang mit gewöhnlichen Hilfsmitteln nicht mehr zu erzielen ist. Zu diesem Zwecke denken wir uns eine Dynamo für $A$ KW, $E$ Volt und $u$ Touren entworfen, so daſs $e_R$ gerade den oben angegebenen Grenzwert erreicht. Die Umfangsgeschwindigkeit des Ankers sei so groſs, daſs man den Anker noch genügend zentrieren und eben noch Bandagen aufbringen kann, welche der Zentrifugalkraft

$$\frac{m\,v^2}{r} = c\,G\,D\,u^2 \quad \text{. . . . . . . . .} \quad (45)$$

Stand halten. Der Flux und die Maschinenlänge ist so weit reduziert, daſs man so viel Segmente $k$ bekommt, als mechanisch zuläſsig sind, die Segmentdicke ist nämlich nach unten auf etwa 2 bis 4 mm und die Umfangsgeschwindigkeit $v$ des Kollektors an sich wegen der Zentrifugalkraft und des Abschleuderns der Bürsten beschränkt; letzteres wird auch wesentlich von der Bürstenhalterkonstruktion beeinfluſst (Plungerbürsten besser). Auch die Zahl der parallelen Kreise bezw. eventuell der Pole soll so groſs gewählt sein, daſs der Strom pro Zweig möglichst klein ist; pro Segment soll nur eine Windung vorgesehen sein. Nun soll bei gleicher Spannung und Tourenzahl eine Maschine für $c\,A$, z. B. $1^1/_2\,A$ KW entwickelt werden. Da bekanntlich die Leistung einer Maschine ungefähr ist

$$A = C\,D^2\,l\,u \quad \text{. . . . . . . . . .} \quad (46)$$

($D$ Ankerdurchmesser und $C$ eine Konstante), so muſs also, da, wie erwähnt, der Durchmesser schon das Äuſserste ist, was zuläſsig erscheint, die Maschine auf $1^1/_2\,l$ verbreitert werden; der Flux wird wohl dabei $1^1/_2$ mal gröſser, aber wir müssen, um wieder den gleichen Strom pro Zweig zu bekommen, der Maschine $1^1/_2$ mal so viel parallele Zweige geben, kommen also wieder auf genau die gleiche Leiterzahl wie bei $A$ KW. Der Wert für $e_R$ fällt demnach unbedingt $1^1/_2$ mal so groſs aus wie vorher, die Maschine muſs also funken, und da giebt es zunächst keinen Ausweg. Man kann

[1]) Über 3 zu gehen hat nur dann aus Preisrücksichten Zweck, wenn bei genügend hoher Stromdichte unter den Bürsten (5 bis 7 Amp pro qcm) die ausstrahlende Oberfläche am Kommutator noch zu reichlich ist; ferner bei raschlaufenden Maschinen, um eine sattere Bürstenauflage zu bekommen.

[2]) Über Polschuhverluste siehe später.

vielleicht noch daran denken, um den Durchmesser etwas vergröſsern zu können, statt Bandagen Keile in die Nuten einzuschlagen oder nahezu bezw. ganz geschlossene Nuten zu verwenden, aber dann wächst die Streuung durch den Nutenschlitz und auch die der freien Länge, mit $e_R$ wird man also auch dabei rasch am Ende sein. Es ist demnach im wesentlichen die Zentrifugalkraft der Ankerwicklung, namentlich auch der Seitenverbindungen und des Kollektors, sowie die minimale Segmentstärke und die Solidität der Kollektorausführung und der Bürsten, welche die Grenze des funkenlosen Arbeitens bilden. Dabei will ich noch darauf hinweisen, daſs bei groſsen Durchmessern an sich gröſsere Umfangsgeschwindigkeiten zulässig sind als bei kleinen. Es wächst allerdings bei gröſserem Durchmesser in der Regel auch das Wicklungsgewicht, während die Festigkeit der Bandage durch ihre Gesamtbreite, die kleiner als die Ankerbreite, und ihren Querschnitt, der wegen der Wirbelströme kaum gröſser als 2 mm sein darf, begrenzt ist. Bei groſsen Durchmessern sind überdies Bandagen schwer einwandfrei aufzuziehen. Bei einem Ankerdurchmesser von 500 mm ist die Zentrifugalkraft für $v = 30$ etwa 360 kg pro Kilogramm rotierender Masse, bei 8000 mm Durchmesser und gleichem $v$ nur etwa 22 kg!

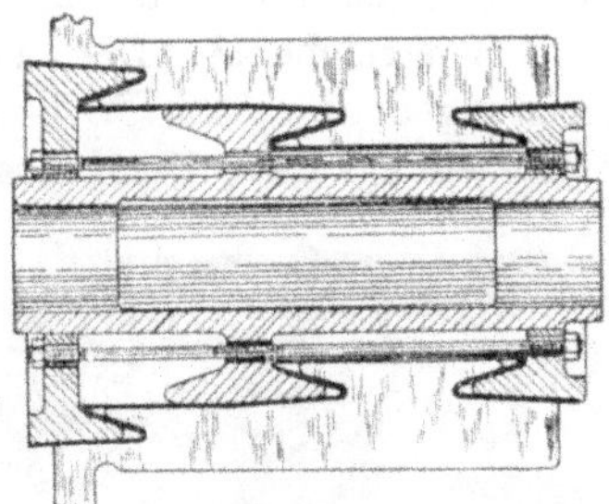

Fig. 63.

Niederspannungsmaschinen mit langen Kollektoren sind bezüglich Zentrifugalkraft ungünstiger als Hochspannungsmaschinen. Es gibt verschiedene Patente über Konstruktionen, die ein Aufbiegen der langen Kollektoren durch die Zentrifugalkraft verhindern sollen, z. B. Fig. 63[1]), aber auch deren Wirkungsweise ist beschränkt.[2])

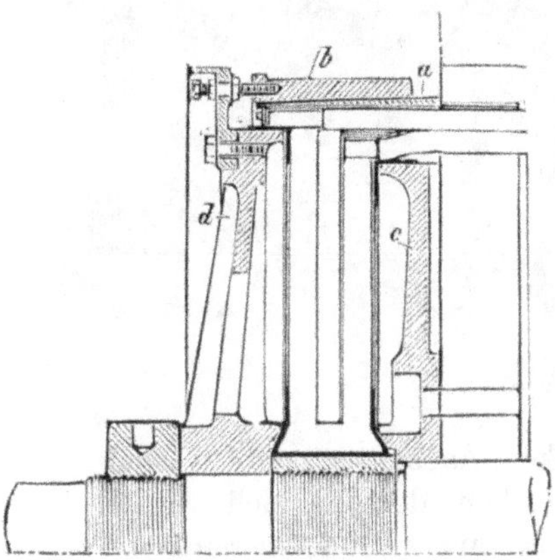


Fig. 64.

Eine solide Befestigung der Seitenverbindungen der Ankerwicklung ist Siemens & Halske durch D. R.-P. 127 214 geschützt (Fig. 64): Die konischen Ringsegmente *a* werden durch konische Vollringe *b* gegen die Wicklung und diese gegen die Wicklungsträger *c* und *d* gepreſst.

Praktisch liegt die Ausführungsgrenze gegenwärtig je nach dem Durchmesser beiläufig bei ungefähr 35 bis 65 m Ankerumfangsgeschwindigkeit

[1]) Nach El. World 20. Juli 1901 S. 102.

[2]) Die Firma Bergmann verwendet zu diesem Zwecke Segmente, die in radialer Richtung etwas geknickt sind.

und etwa 25 bis 35 m Kollektorgeschwindigkeit. Offene 500 Volt-Maschinen für 1500 Touren und mehr als 300 bis 400 KW, für 500 Touren mit mehr als 800 bis 1000 KW lassen sich mit der üblichen Konstruktion der Gleichstromdynamo schwer mehr bauen. Die bis jetzt bekannten Dampfturbinen benötigen wesentlich höhere Tourenzahlen, vielleicht gelingt es durch eine Reaktion der Elektrotechnik Dampfturbinen mit etwas geringerer Tourenzahl zu erreichen.[1]) Die Lavalturbinen, die allerdings meines Wissens auf Leistungen unter 300 PS beschränkt sind, laufen mit ganz annehmbaren Geschwindigkeiten, besonders wenn sie als Doppelmaschinen nach Art der

Fig. 65.
Lavalturbine mit Dynamo der D. E.-W. Aachen.

Fig. 65 von den Deutschen Elektrizitätswerken Aachen ausgeführt sind. Dabei ist aber eine Zahnradübersetzung vorgesehen, denn an sich würden Lavalturbinen sogar Tourenzahlen für Dynamos von etwa 10000 verlangen.[2])

Stellt man noch die Forderung, dafs die Leistungen bei Neutralstellung der Bürsten oder bei gleichzeitiger starker Entnahme von induktivem

---

[1]) Ein Ausweg besteht natürlich immer darin, die Gleichstrommaschine in 2 oder mehr Maschinen zu teilen oder auch mehrere Kommutatoren vorzusehen. Die Parsonsturbinen (E.-T. Z. 1903 S. 31) machen bei 200 bis 500 KW 3000 Umdr., bei 1500 KW 1200, siehe auch Z. V. D. I. 1903 S. 143.

[2]) Man beachte auch die Dampfturbinenpatente von Curtis D. R.-P. 104468, 119706, 123932, ferner die Konstruktion von Rateau (Örlikon) und namentlich Z. V. D. I. 1903 S. 268 ff. Stodola.

Drehstrom kommutiert werden, letzteres in sogenannten Doppelstromgeneratoren mit Kommutator und 3, 4 oder 6 Schleifringen, Maschinentypen, die für ausgedehnte Bahnnetze, Hütten- und Grubenanlagen noch manche Verbreitung zu erwarten haben, so bekommt man nur noch etwa die Hälfte der an gegebenen Kilowattzahlen als Grenzwerte und noch tiefer stellen sich dieselben, wenn auch noch bei ganz geschwächtem Aufsenfeld, wie dies für Doppelspannungsmaschinen und Zusatzmaschinen[1]), Motoren mit Tourenregulierung durch Feldschwächung und besonders für die bereits

Fig. 66. Dampfturbinendynamos von Parsons & Co.

[1]) Es ist eine bekannte Tatsache, dafs Maschinen für sehr variable Klemmenspannung viel Unannehmlichkeiten bezüglich Funkenbildung u. a. gegeben haben; bei genügend kleiner Reaktanz und genügend hohem Verhältnis

$$\frac{AW_{\text{Luft und Zähne}}}{AW_{\text{Anker unter Pol}}}$$

bei der kleinsten Spannung lassen sich indessen ganz gute Doppelspannungsmaschinen bauen, die zudem bei der niedrigen Spannung ganz gut mit einer Batterie puffern.

erwähnte Anlafsschaltung nötig ist, der volle Strom kommutiert werden soll. Ebenfalls reduziert werden die Grenzwerte bei höheren Spannungen und wenn die Maschinen z. B. als Motor gekapselt laufen müssen, da sie dann bei gegebenem Maximaldurchmesser der Erwärmung halber breiter gebaut werden müssen als offene Motoren. Schwer wird es z. B., gekapselte Motoren für 200 PS 1500 Touren, von 20 PS für regulierbare Touren von 1500 auf 3000 (im Nebenschlufs) je bei 500 Volt funkenfrei zu entwerfen; ein Kapselmotor für 80 PS von 1200 Touren, Fig. 4, wie er von der Union-Elektrizitäts-Gesellschaft kürzlich geliefert wurde, ist bereits kein alltäglicher Entwurf mehr. Man ersieht also darin eine erneute Begründung meiner Behauptung, bei gröfseren Typen in extremen Fällen nicht vor der Benutzung kräftiger künstlicher Kühlung zurückzuschrecken.

Trotzdem weise ich darauf hin, dafs neuerdings ganz hervorragende Leistungen im Bau raschlaufender Gleichstrommaschinen und solcher für hohe Spannungen zu verzeichnen sind, ohne irgendwelche besondere Hilfsmittel zu verwenden. Es laufen z. B. zwei mit einer Parsonsturbine gekuppelte Maschinen für Newcastle on Tyne bei einer Leistung von $2 \times 500$ KW (siehe Fig. 66) mit einer Tourenzahl von 1500 bei 500 Volt (gewöhnliche 4polige Ausführung[1]). Dabei mufs man allerdings auf Umfangsgeschwindigkeiten von 60 bis 80 m gehen und eventuell bei variabler Belastung nicht vor einer automatischen Bürstenverstellung[2]), wie sie von Thury seit langem nach Fig. 67 für seine Hochspannungsmotoren verwendet wird, zurückschrecken. Es liegt auch kein Grund vor, sich mit der Spannung mäfsigrasch laufender Maschinen auf 500 Volt maximal zu beschränken. Eine der Londoner Vorortsstrecken läuft seit längerer Zeit mit 2000 Volt Gleichstrom in Dreileiterschaltung ($= 2 \times 1000$ Volt), und Thury geht in der Maschineneinheit bis 3600 Volt. In Paris laufen 2 Generatoren von 1750 PS bei 4400 Volt und 70 Touren (12polig) seit einer Reihe von Jahren; die Generatoren haben 2 Kommutatoren, die zugehörigen Motoren sind für 2200 Volt, 200 Touren und 750 PS mit einem Kommutator gebaut.[3])

Die schon auf Seite 21 (Fig. 12) angedeutete Wicklung, wie sie von Thury für die Hochspannungsmaschinen verwendet wird (teilweise auch

---

[1]) Eine Beschreibung findet man in Electrician 1902. Eine andere Maschine leistet bei 3000 Touren und 100 Volt 32 KW (2polig), ferner sind 2 Gleichstromdynamos zu 100 KW hintereinander mit einer Parsonsturbine von über 2000 Touren zusammengebaut (2polig, je 200 Volt). Brown, Boveri & Cie. verwendet für die Gleichstrom-Turbodynamos meines Wissens die kompensierte Dériwicklung.

[2]) Siehe auch Niethammer, Hdb. d. Elektrot. Bd. IX. Fig. 77a.

[3]) Mit Hilfe der Thuryschen Hochspannungsmaschinen lassen sich ökonomische Übertragungen bis 800 km ausführen; die im Betriebe befindlichen Anlagen haben etwa 17000 PS. Obige Pariser Maschinen sind ebenfalls von Thury.

Fig. 67.
Serienmotor von Thury.

Ringwicklung), hat folgende Vorzüge (nach Angaben von Herrn Ingenieur Krantz):

1. Die Spannung der Stäbe gegeneinander in der Nut wird verringert.

2. Die mittlere Spannung pro Segment wird reduziert.

3. Die schlechte Eigenschaft der Wellenwicklung an den einzelnen Bürstenzapfen, je nach dem Bürstenwiderstand verschiedene Ströme abzugeben (selektive Kommutation), wird vermindert.

4. Es sind Stabzahlen pro Nut möglich, die sonst eine tote Spule bedingen würden.[1])

Ein Hauptnachteil ist die grofse Reaktanzspannung $e_R$, die mit dem Quadrat der Leiterzahl pro Segment steigt, allerdings ist $1 + c$ und $1 + c'$ etwa $p$ mal kleiner wie oben. Zur Verringerung der gegenseitigen Induktion ist die Fig. 13 entworfen worden.

Bei grofsen Kollektorgeschwindigkeiten, namentlich auch bei hochperiodigen Umformen, ist Grundbedingung für funkenfreien Gang eine

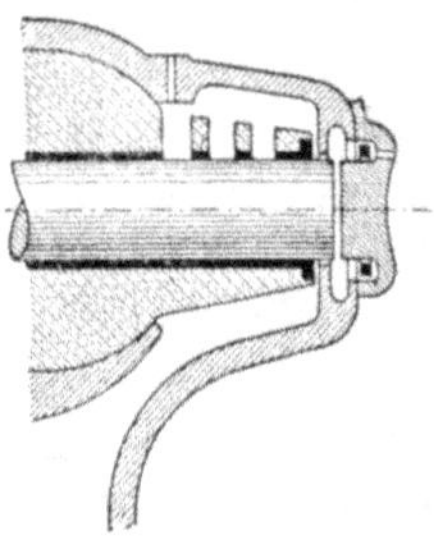

Fig. 68.

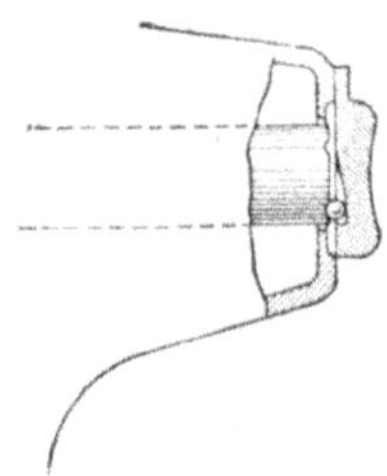

Fig. 69.

absolut runde, glattpolierte Kollektoroberfläche. Um diese dauernd in gutem Zustand zu erhalten, verwenden amerikanische Firmen sog. Wellenspiele, Fig. 68 und 69[2]), durch welche dem Anker eine periodische axiale

[1]) Bekanntlich sind bei der reinen Serienwicklung, wofür $y_1 + y_2 = \frac{Z \pm 2}{p}$ je nach der Polzahl nur eine bestimmte Anzahl von Elementen pro Nut möglich. Hobart hat diese Werte in Transmission und Traction 1902 ausgewertet:

| Polzahl | Mögliche Zahl von Elementen pro Nut | | | | | | | | |
|---|---|---|---|---|---|---|---|---|---|
| 4 | 1 | 2 | — | 6 | — | 10 | — | 14 | — |
| 6 | 1 | 2 | 4 | — | 8 | 10 | — | 14 | 16 |
| 8 | 1 | 2 | — | 6 | — | 10 | — | 14 | — |
| 10 | 1 | 2 | 4 | 6 | 8 | — | 12 | 14 | 16 |
| 12 | 1 | 2 | — | — | — | 10 | — | 14 | — |
| 14 | 1 | 2 | 4 | 6 | 8 | 10 | 12 | — | 16 |
| 16 | 1 | 2 | — | 6 | — | 10 | — | 14 | — |

[2]) H. S. Meyer E.-T. Z. 1902 S. 298.

Rewegung erteilt und die ganze Kollektorfläche von den Bürsten bestrichen wird.[1]) Es ist wichtig dabei, dafs die Periode des äufseren Impulses mit der Eigenschwingung des Ankers harmoniert. Fig. 69 ist ein Elektromagnet, der periodisch erregt wird und in Fig. 70 (General Electric Co.) ist in der Welle und in einer ihr gegenüberstehenden schrägen Platte eine Rille vorgesehen, worin eine Kugel läuft, welche die Welle axial verschiebt. Sehr anzuraten ist es auch, Kollektoren mit komprimierter Luft öfters auszublasen.

§ 31. Besondere Hilfsmittel gegen die Funkenbildung.

An dem Problem funkenfreie Gleichstrommaschinen für jede Leistung und Tourenzahl zu bauen, wird seit einer Reihe von Jahren gearbeitet; es handelt sich dabei um 2 Aufgaben: erstens die Reaktanz der kurzgeschlossenen Spule zu neutralisieren[2]) oder ein geeignetes Kommutierungsfeld zu schaffen und, was weniger wichtig ist, die Ankerrückwirkung aufzuheben. Ersteres geschieht durch Anbringung von Hilfswindungen im Kurzschlufskreis, die in einem entsprechenden Aufsenfeld liegen (Sayers)[3])

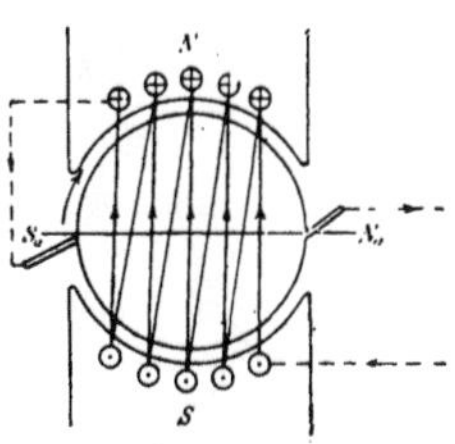

Fig. 70.

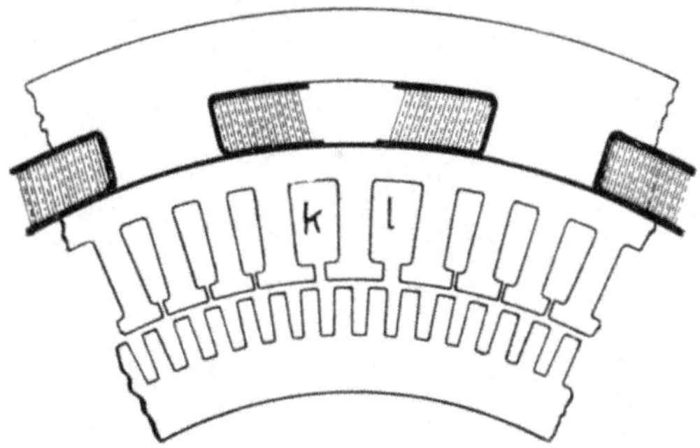


Fig. 71.
Ryan-Maschine.

oder durch Hilfspole gegenüber der kurzgeschlossenen Spule und zwar nach Sayers[4]) einpolig, nach Siemens & Halske doppelpolig, was prinzipiell richtiger ist, oder schliefslich durch eine Hauptstromwicklung um eine halbe Polteilung gegen die Feldwicklung versetzt, welche zugleich die Ankerreaktion aufhebt. Für letzteren Zweck allein sind solche Wicklungen schon früher nach Fig. 70 z. B. von Menges (D. R.-P. 34 465) und von Fischer-Hinnen angegeben worden; Ryan und Thompson haben jedoch wohl zuerst die schwierige Aufgabe in ihrem vollen Umfange angefafst, siehe Trans. Am. Inst. El. Eng. Bd. 12, S. 85: In das bekannte vielpolige Gestell einer Gleichstrommaschine wird ein lamellierter Cylinder mit einer

[1]) Gut ist es auch, die Bürsten der einzelnen Sätze etwas gegeneinander zu versetzen.

[2]) Durch Kurzschlufswicklungen das Feld der kommutierenden Spule wegzudämpfen, ist bis jetzt wenig versucht worden, es treten allerdings dabei Verluste auf.

[3]) Siehe Niethammer, Elektrische Hebezeuge Fig. 42.

[4]) Ditto Fig. 41.

Hauptstromwicklung geschoben, welche in Nuten verteilt am Feldumfang untergebracht ist (Fig. 71). Die Verschiebung dieser kompensierten Wicklung ist entweder genau $^1/_2$ Feldteilung oder etwas davon verschieden, derart, daſs das um die kurzgeschlossene Spule erzeugte Feld aufgehoben bezw. ihm ein entsprechendes Kommutierungsfeld entgegengesetzt wird; deshalb ist auch die Nutverteilung keine ganz gleichmäſsige, in den Nuten *k*, *l* liegen mehr Hauptstromwindungen wie in den weiter abstehenden Nuten, und die gesamte kompensierende AW-Zahl ist etwas gröſser als die Anker-

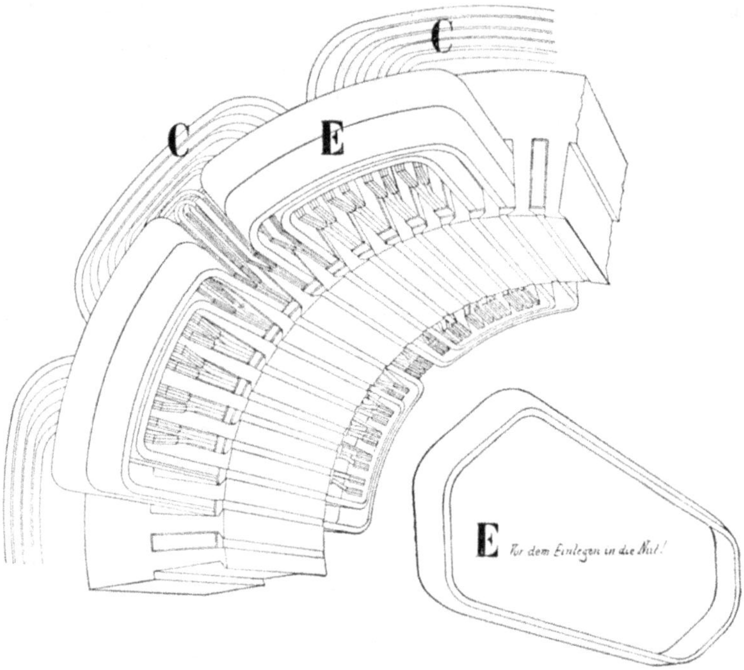


Fig. 72. Fig. 73.

Déri-Maschine.

AW-Zahl. Es bleibt also eine bestimmte Anzahl von Überkompensations-AW übrig.

Déri hat im D. R.-P. 122411 eine ähnliche Anordnung einer kompensierten Maschine angegeben, er verteilt jedoch nicht nur die Hauptstromwicklung gleichmäſsig bezw. in bestimmter Weise gesetzmäſsig über den Umfang, sondern auch die Nebenschluſswicklung, wodurch das Feld ganz ähnlich ausfällt wie der Stator eines Drehstrommotors. Die Feldstreuung der Dérischen Anordnung ist geringer[1]) als die bei Ryan. In Fig. 72 und 73 ist nach Eichberg E.-T. Z. 1902 S. 817 das perspektivische Bild eines Teils

[1]) Durch Einschnürung des lamellierten Querschnitts läſst sie sich auch bei Ryan reduzieren.

der Statorwicklung einer kompensierten Maschine nach Déri wiedergegeben, *C* ist die kompensierende, *E* die Nebenschlufserregerwicklung. Der Durchschnitt Fig. 74 entspricht einer 12 poligen Dérimaschine für 225 KW 150 Touren mit Reihenparallelschaltung, ausgeführt von der Österreichischen Union E. G. Die innenliegende Statorwicklung ist Nebenschlufs, die aufsenliegende kompensiert.[1]) Der Luftspalt kann so klein, als mechanische Gründe es zulassen, gehalten werden. Selbst bei Kupferbürsten ertragen solche Maschinen ohne Bürstenverstellung im reinen Kurzschlufs auf sich mehrfach ihren Normalstrom, ohne zu Feuern und zwar in Neutralstellung. Bei entsprechender Bürstenverschiebung lassen sich die Maschinen ohne

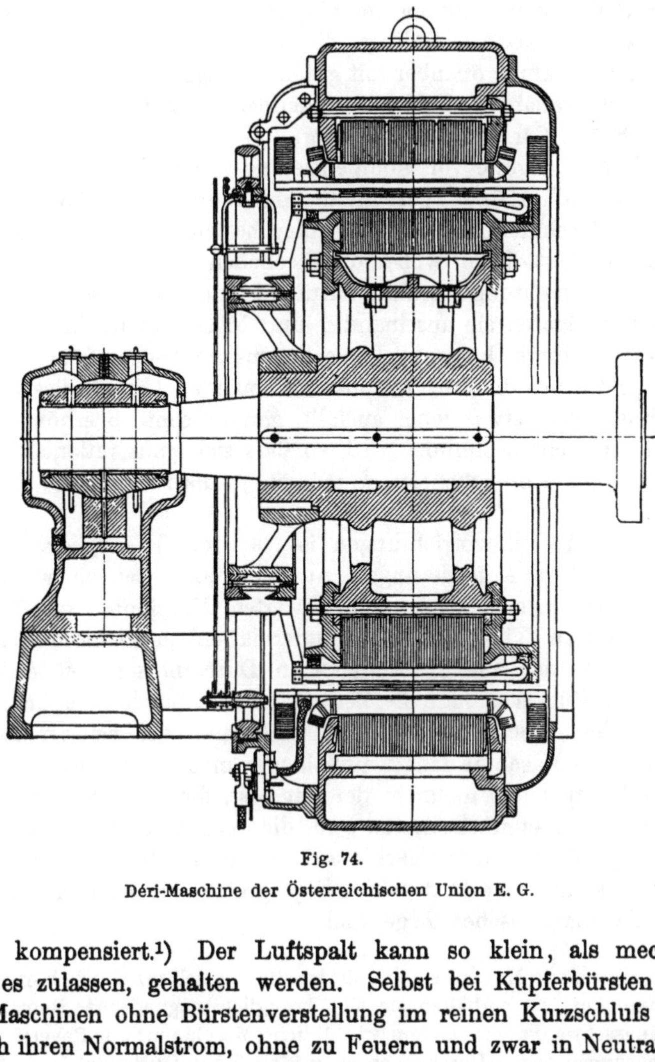

Fig. 74.
Déri-Maschine der Österreichischen Union E. G.

[1]) Auf der Zeichnung ist eine Anordnung zum Rundspannen der Ankerbleche, d. h. zum genauen Einjustieren des Luftspaltes mittels radialer Schrauben, ersichtlich.

weiteres beliebig compoundieren.[1]) Das Verwendungsgebiet kompensierter Dynamos ist namentlich: Dampfturbinenbetrieb[2]), raschlaufende Motorgeneratoren, raschlaufende Zentrifugalpumpen, Motoren für stark intermittierenden Betrieb, wo hohe Stromspitzen die Leistungsfähigkeit gewöhnlicher Maschinen beschränken, Motoren und Dynamos, für die ein beschränkter Raum oder Durchmesser vorgeschrieben ist.[3]) Die Maschinenfabrik Örlikon benutzt neuerdings die in Fig. 71 gezeichnete einfache Kompensationswicklung offenbar mit gutem Erfolg für Nebenschlufsmotoren mit sehr stark variablem Feld (Tourenänderung $>$ 1 : 4), siehe Schweiz. Bauz. 1902 S. 171 (Dr. Behn-Eschenburg).

Zu dieser Kategorie von kompensierenden Anordnungen gehört auch der durch D. R.-P. 120625 geschützte Ankeraufbau Fig. 75 und 76 der Schüttdorfer Maschinenfabrik. Der Anker besteht aus einer grofsen Zahl Blechpakete in Sektorform, wobei die Blechebene nicht senkrecht, sondern parallel zur Achsrichtung verläuft. Auf der Innenseite berühren sich die Pakete, aufsen laufen sie auseinander und bilden damit die Nuten. Die Bleche werden durch konische Flansche zusammengeprefst. Der Widerstand des Feldes um die kurzgeschlossene Spule wird durch diesen Aufbau, der allerdings wohl etwas teuer ausfällt, ganz wesentlich erhöht, während der Hauptflux nicht beeinflufst wird, so dafs sich ganz rationelle Kommutierungsverhältnisse erreichen lassen müssen. Aufserdem ist die Ventilation vorzüglich.

Mit solchen Hilfsvorrichtungen ist es vorläufig möglich, vielen extremen praktischen Anforderungen zu genügen. Bei einer gegebenen Tourenzahl werden aber diese kompensierten Maschinentypen jedenfalls in der maximalen Kilowattzahl folgendermafsen mechanisch beschränkt sein. Hat man den maximal zulässigen Durchmesser von Anker und Kollektor mit Rücksicht auf die Zentrifugalkraft (auch bezüglich des Abschleuderns der Bürsten) erreicht, so mufs man bei weiterer Steigerung der Leistung die Maschine länger und länger machen, bis man schliefslich in der Werkstatt nicht mehr in der Lage ist, die Ankerbleche genügend fest und sicher zusammenzuhalten, da die Bolzen zu lang werden. Dies tritt wohl ungefähr bei einer Maschinenlänge von $1\frac{1}{2}$ bis 2 m ein, bezw. um so früher, je kleiner der Luftspalt und je gröfser die Luftinduktion, d. h. je gröfser die magnetischen Züge sind.

---

[1]) Kompensierte Maschinen sind in der Bürstenstellung ziemlich empfindlich; da alles lamelliert ist, verhalten sie sich bezüglich magnetischer Remanenz und bei Spannungsschwankungen anders wie übliche Maschinen; für Reversiermotoren sind Vorkehrungen gegen Durchgehen zu treffen (hohe Sättigung).

[2]) Beachtenswert ist eine Ausführung von Brown, Boveri & Cie. von 100 KW und 3500 Touren.

[3]) Bei sehr grofsen Maschinen, wo der Preis einer Type viel mehr durch die Materialkosten als durch die Löhne bedingt wird, kann die kompensierte Ausführung für ganz gewöhnliche Zwecke zu Ersparnissen führen.

Es wurde eben konstatiert, dafs die Ankerlänge nicht ins Unbegrenzte wachsen kann; sie sollte aber auch nicht allzu schmal ausfallen, da sonst die Maschine sehr viel inaktives Material verschwendet, teuer und eventuell sogar unstabil ausfällt, auch wird die Menge des toten Ankerkupfers für die Endverbindungen sehr grofs. Diese untere Grenze, die bei Gleichstrom für sehr rasch laufende Typen eintreten kann, ist abhängig vom Durchmesser; z. B. bei Durchmessern über $1^1/_2$ bis 2 m würde man kaum unter 80 bis 100 mm Ankerlänge (Eisen) gehen.

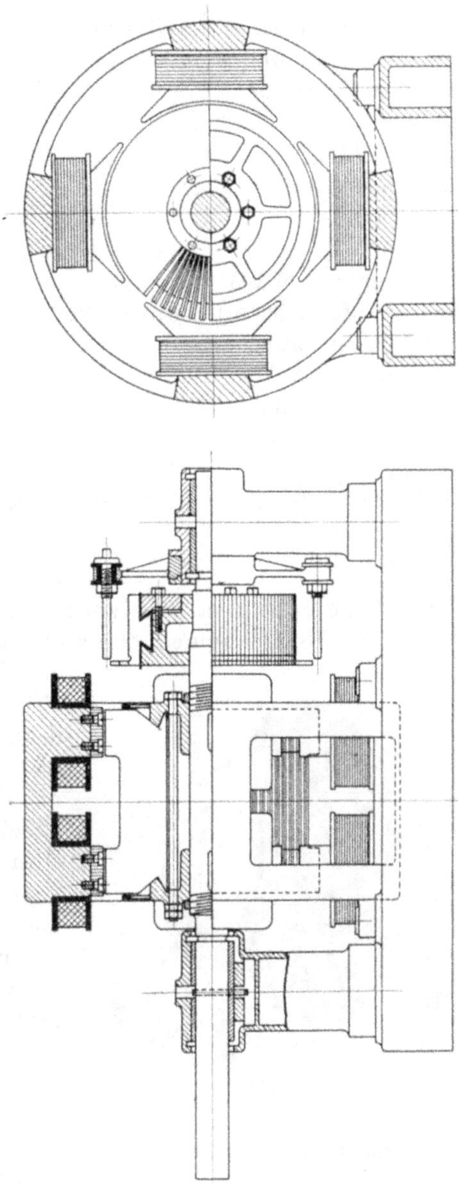

Fig. 76. Fig. 75. Dynamo der Schüttdorfer Maschinenfabrik.

§ 32. Langsam laufende Gleichstrommaschinen.

Langsam laufende Maschinen bieten bezüglich Funkenbildung keinerlei Schwierigkeiten. Man kann z. B. ein gegebenes gutes Modell für $A$ KW, $E$ Volt und $u$ Touren, bei gleichen Anker- und Kollektorabmessungen ohne weiteres für $\frac{A}{2}$ KW, $E$ Volt, $\frac{u}{2}$ Touren verwenden und dabei einfach pro Segment die doppelte Windungszahl nehmen; dabei wird $L_s$ 4 mal, $n$ $^1/_2$ mal, $J$ $^1/_2$ mal so grofs, also bleibt $e_R$ gleich grofs wie früher. Mit Rücksicht auf die Erwärmung wird man allerdings, wie früher erläutert, die langsam laufende Maschine eher schmäler und mit mehr Polen bauen.

Um letzteres etwas näher zu erläutern, erwähne ich nachstehend die Versuchsergebnisse einer langsamlaufenden 100 KW-Gleichstromdynamo von ca. 200 Touren und 110 Volt, die von der Union-Elektrizitäts-Gesellschaft einmal mit 8 Polen und ein anderes Mal mit 14 Polen ausgeführt wurde. Die Hauptmafse und das Verhalten der Maschinen sind in der Tabelle charakterisiert:

| | 8 polig | 14 polig |
|---|---|---|
| Äufserster Durchmesser des Gestelles . . . | 1780 mm | 1500 mm |
| Ankereisenlänge: Ankerdurchmesser . . . | 0,26 » | 0,23 » |
| Gesamtankerlänge (samt Kollektor und Wicklung) . . . . . . . . . . . . . . | 850 » | 660 » |
| Ankergewicht ohne Welle . . . . . . . . | 1400 » | 1200 » |
| Gehäusegewicht[1]) . . . . . . . . . . . | 2850 » | 1650 » |
| Ankerkupfer . . . . . . . . . . . . . | 110 kg | 145 kg |
| Feldkupfer . . . . . . . . . . . . . | 340 » | 310 » |
| Wirkungsgrad (Vollast) . . . . . . . . | 90,5 | 90,2 |
| Eisen-: Kupferverluste im Anker (Vollast) . | 1,1 | 1,7 |
| Spannungsregulierung . . . . . . . . | 10 % | 12 % |
| Übertemperatur Anker . . . . . . . . | + 35° | + 30° |
| » Feld . . . . . . . . . . | + 38° | + 25° |
| » Kollektor . . . . . . . | + 44° | + 33° |
| Funkenloser Gang ohne Bürstenverstellung | von 0 bis 125 KW bei 2 Segment. Vorschub | von 0 bis 125 KW in d. Neutralstellung |
| Wicklung . . . . . . . . . . . . . | Schleifen. | 3fach Wellen. |

Diese hohe Polzahl ist ohne weiteres auch bei 220 und 500 Volt angängig, z. B. 30 PS, 120 Touren, 500 Volt mit 12 Polen; 10 PS, 500 Touren 500 Volt 8polig; 30 PS 200 Touren 110 Volt mit 10 Polen etc. Eine derartige Maschine der Union E. G. ist in Fig. 77 als Marinedynamo und in Fig. 77a als Erreger abgebildet. Dieselbe Type eignet sich eben besonders gut als direkt gekuppelter Erreger für Lagerschilder und Stehlager.

Fig. 77.
Gleichstromdynamo der Union E. G.

Bemerkt sei, dafs solche vielpolige Maschinen in der Regel rationellerweise nur mit Wellen- oder mehrfacher Wellenwicklung, nicht mit Schleifenwicklung ausgeführt werden können.

In der Herstellung sind mehrpolige Maschinen in jeder Beziehung billiger, abgesehen event. von den etwas zahlreicheren Feldspulen. Da die Ankerrückwirkung pro Pol bei diesen vielpoligen Maschinen leicht klein

[1]) In beiden Fällen Joch und Pole aus Stahl.

zu halten ist, so kann man den Luftspalt sehr klein machen; meist bestimmen die unterste zulässige Grenze hierfür mechanische Rücksichten, bezw. Rücksichten auf Polschuherwärmung. Wegen der geringen Rückwirkung eignen sich vielpolige Nebenschlufsmotoren besonders zur Tourenregulierung durch Feldschwächung und wegen der zahlreichen Bürstensätze für elektrolytische Maschinen und niedrige Spannung.

Fig. 77a.

Als Beispiele für sehr langsam laufende Typen, wie sie gegenwärtig gebaut und verlangt werden, führe ich an

| | | | | |
|---|---|---|---|---|
| Motoren von | 1 bis | 10 PS bei | 75 | U. p. M. |
| » » | | 20 » » | 30 bis 50 | » |
| » » | 100 » | 200 » » | 25 » 35 | » |
| » » | 300 » | 500 » » | 30 » 90 | » |

je für 500 V.

Ich hoffe, genügend betont zu haben, dafs von einer gewissen Grenze ab raschlaufende Maschinen bezüglich Funkenbildung schlecht werden müssen, man darf also die Erhöhung der Tourenzahl nicht auf die Spitze treiben, da schliefslich auch die Herstellungskosten durch Steigerung der Tourenzahl nicht mehr verkleinert werden und der Betrieb unsicher wird.

Schlimmer ist diese Tatsache noch bei Kapselmotoren, wo es direkt vorkommt, daſs man dasselbe Modell bei höherer Tourenzahl nicht mehr, sondern nur weniger belasten kann als bei niedriger Tourenzahl, und zwar mit Rücksicht auf die Erwärmung.

§ 33. Konstruktiver Aufbau von Gleichstrommaschinen.

Soweit ich die konstruktiven Gesichtspunkte für Gleichstrommaschinen nicht schon erwähnt habe, stelle ich sie nachstehend zusammen: Das Polgehäuse baut sich wohl im Joch aus Guſseisen[1]) mit angeschraubten Stahlpolen samt Schuhen aus einem Stück und ausgedrehten Sitzflächen am billigsten und stabilsten, aber sehr häufig kommt man dabei mit den Wirbelstromverlusten in den Polschuhen in Konflikt, bei kleinen Maschinen wegen des geringen Luftspaltes und bei groſsen wegen des groſsen in Mitleidenschaft gezogenen Volumens.

Nach »El. World«, 30. November 1901, ist der Polverlust in Watt pro 1 qcm Polfläche

$$4{,}7\, B^2\, D^2 \cdot u^{3/2}\, \mu^{-1/2}\, z_n^{-1/2}\, 10^{-10} \qquad \ldots\ldots \quad (47)$$

wobei $D$ der Ankerdurchmesser in Zentimeter, $u$ die Umdrehungen pro Minute, $\mu$ die zur mittleren Polrandinduktion gehörige Permeabilität, $z_n$ die Nutenzahl und

$$B = k \left[ \frac{1}{2} - \frac{1}{\sqrt{4 + \left(\frac{b_n}{\delta}\right)^2}} \right] \frac{B_m}{6{,}4} \qquad \ldots\ldots \quad (48)$$

ist. Dabei bedeutet $B_m$ die mittlere Polrandinduktion, $b_n$ die Nutenbreite, $\delta$ den Luftspalt und

$$k = \frac{B_{\max}}{B_m} = \infty\, \frac{B + B_m}{B_m} \qquad \ldots\ldots \quad (49)$$

Der Faktor $\mu^{-1/2}$ scheint nicht richtig zu sein; läſst man ihn einfach weg, so ergeben Versuche, daſs in (47) der Wert $4{,}7 \cdot 10^{-10}$ durch 0,2 bis $0{,}4 \cdot 10^{-13}$ zu ersetzen ist.[2])

---

[1]) Auch mit Rücksicht auf Lieferzeit empfehlenswert.

[2]) Eine 6 polige Maschine mit 880 mm Ankerdurchmesser; $u = 650$; $B_m = 9000$; $z_n = 133$; $b_n = 11$; $\delta = 4{,}5$; $\tau_z = 20{,}5$ und einer einfachen Polfläche von $300 \times 270$ mm ergab an gesamten Eisenverlusten (Anker + Polschuhe)

| | | | |
|---|---|---|---|
| bei massiven | Stahlguſs-Polschuhen | | 17,9 KW |
| » geschlitzten | » | » | 17,2 » |
| » massiven | Guſseisen- | » | 14,8 » |
| » lamellierten | » | » | 7,75 » |

Für $B_m = 5800$ sind die Verluste in gleicher Reihenfolge: 5680, 5350, 5100, 3450 Watt. Die Polschuhverluste lassen sich als Differenz ausrechnen, wenn man sie bei lamellierten Polschuhen gleich Null setzt. Die bei der höheren Induktion erforderlichen Feld-AW sind in gleicher Reihenfolge 7520, 7070, 9580, 7180; bei der niedrigen 2820, 2740, 3220, 2600. $B_{\mathrm{Pol}}$ ist im ersten Fall ca. 16500, im zweiten ca. 10700. Man beachte auch die Behandlung dieser Frage in Steinmetz Electrical Engineering S. 184. Siehe auch im Anhang.

Mit Rücksicht hierauf ist die Konstruktion Fig. 78 beachtenswert, wobei das Polgehäuse aus Gufseisen, der runde Pol aus gezogenem Schmiedeisen (von der Stange geschnitten) auf ausgedrehter Sitzfläche, der niedrige Polschuh lamelliert und alles mit einer Schraube zusammengehalten ist. Den Polschuhen kann man gleich die entsprechende Form zur Abflachung des Feldes geben. Der Schmiedeisenpol ist in seinen Abmessungen präziser festgelegt als ein Stahlpol, so dafs höhere Induktionen möglich sind. Das Polgehäuse kleinerer Maschinen stanzt man zweckmäfsig z. B. nach Fig. 79[1]) und 80, wobei die Lagerschilder gleichzeitig als Füfse ausgebildet sind. Um dem lamellierten Körper einige Steifigkeit zu geben, ist an den Schildern das eingelassene Stück *a* vorgesehen, bei kleineren Typen kann *a* auch wegbleiben.

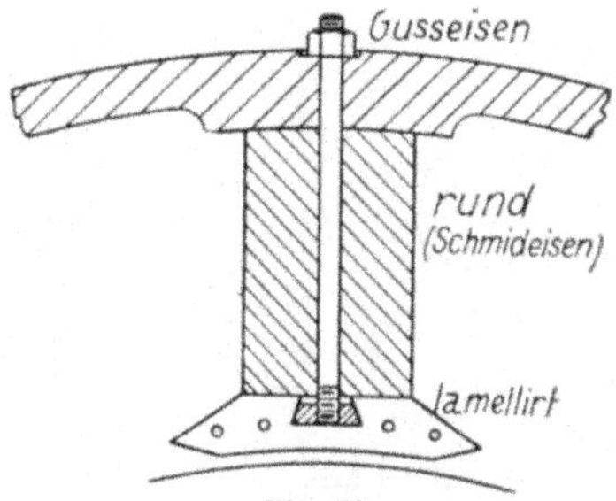

Fig. 78.

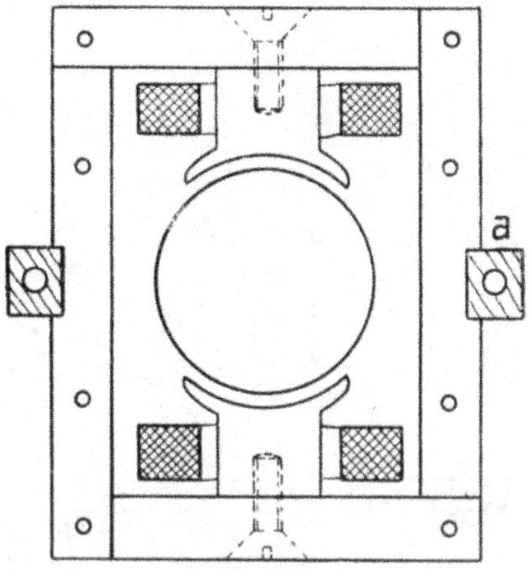

Fig. 79.

Bezüglich Anker und Kommutator verweise ich auf das unter Isolation und Ventilation Gesagte; nur in Betreff der Herstellung der Ankerbleche streife ich die Frage, ob dieselben samt Nuten mittels eines sog. Komplettschnittes auf einmal oder ob die Blechsegmente bezw. -ringe für sich und dann die Nuten einzeln eingestanzt werden sollen. Darüber entscheidet im allgemeinen die Zahl der in gleicher Ausführung bestellten Maschinen, so dafs man wohl sich bei den deutschen Verhältnissen nur bei kleineren Typen[2]) für den Komplettschnitt entscheiden wird, der aber von Maschine zu Maschine den Konstrukteur in der Zahl und Form der Nuten vollständig bindet. Für grofse Maschinen ist es angezeigt, die Wicklung durch Keile in den Nuten festzulegen und nur aufsen auf den Stirnverbindungen Bandagen in Segmenten aufzubringen; massive Blechbandagen geben leicht zu Kurzschlüssen Veranlassung. Die Serienwicklung gröfserer Compoundmaschinen kann, wie dies bei Drehstromgeneratoren üblich ist, hochkantig ausgeführt werden (siehe Fig. 81 der Westinghouse Co.), wodurch die Wärme leichter abgeleitet wird. Über die zweckmäfsigste Bürstenhalterkonstruktion gehen die Meinungen noch auseinander; man kann zu-

[1]) Die Fig. 79 und 80 sind versehentlich nicht im gleichen Mafsstab gezeichnet.
[2]) Wobei man für alle Spannungen gleiche Nuten wählt.

nächst unterscheiden zwischen Kohlenbürsten, die im Halter festsitzen, und solchen, die lose im Halter liegen (Plungerbürsten). Die letzteren können den Unebenheiten des Kollektors, namentlich bei hohen Umfangsgeschwin-

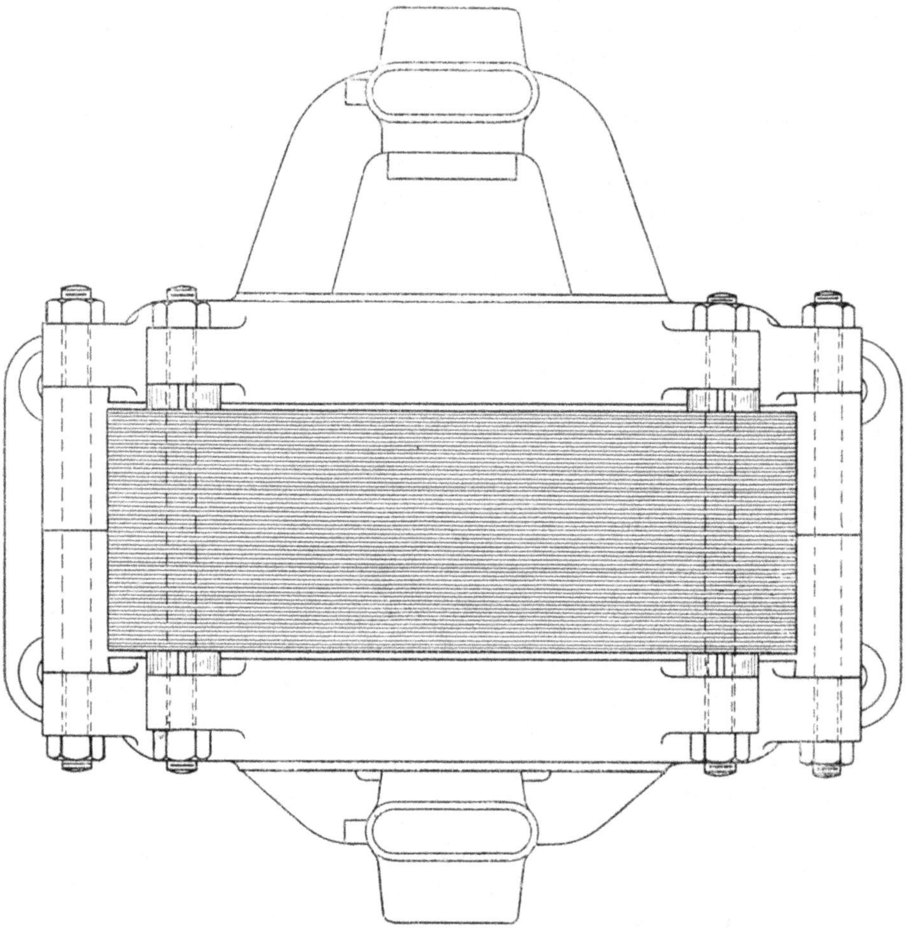

Fig. 80.

digkeiten, gut folgen, ecken sich aber eher als feste Kohlen. Ein guter Bürstenhalter mufs leicht, einfach und doch widerstandsfähig sein, er mufs sich den Unebenheiten des Kommutators anpassen und darf nicht ecken, die Kohle soll in radialer Richtung kurz und die Überleitung von Kohle zum Zapfen gut sein; der Bürstendruck mufs fein und während des Betriebes einstellbar sein, die Kohlen sollten auch während des Betriebes leicht zu ersetzen sein. Der Halter ist in Richtung des Umfangs kurz zu bemessen. Um ein Schreien der Kohlen zu vermeiden, stelle man die

Achse der Kohle etwas geneigt gegen den Radius. Metallbürsten sind möglichst überall, auch bei niedervoltigen Maschinen zu vermeiden, was sich durch Wahl hoher Polzahlen leicht erreichen läfst.

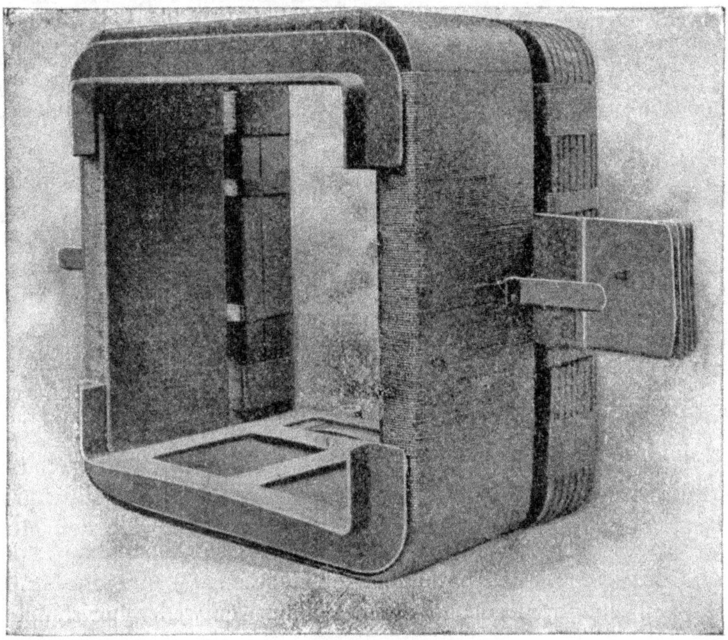

Fig. 81.
Feldspule der Westinghouse Co.

Die Klemmen werden noch sehr verschiedenartig ausgeführt, nämlich

a) als Klemmbretter aus Schiefer, Marmor, Ambroin etc., bei grofsen Maschinen für jeden Pol eines;
b) als einzelne Anschlufsbolzen mit isolierten Zwischenscheiben;
c) als frei herabhängende Kabelkupplungen;
d) bei Hochspannung als Isolatoren.

In manchen Fällen ist das Klemmbrett z. B. durch einen Gufseisenkasten abzudecken; die Zuleitungen kann man dann in einem Rohr mit Flantsch wegführen.

§ 34. Ausführungsformen.

Von den kleineren Gleichstrommaschinen bis etwa 100 PS, die meist als Lagerschildtype[1]) ausgeführt werden, verlangt man heutzutage, dafs man sie ohne weiteres mit einem Regendache versehen kann oder mit einem

[1]) Lagerschilder versieht man zweckmäfsig mit Lagerschalen von kugliger Auflagefläche, damit beim Herausnehmen eines Schildes und Ablassen des Ankers auf den Stator die Achse nicht leidet.

Abschlufs aus perforiertem Blech oder nach Fig. 82 halb kapseln und ferner, dafs man sie bequem mit Hilfe möglichst weniger Deckel (am besten nur einem) ganz kapseln[1]) kann. Des weiteren versieht man diese Typen listenmäfsig mit einem Vorgelege von 1 : 2 bis 1 : 8 entweder mit an den Schildern angegossenen oder seitlich an das Gehäuse angeschraubten Lagern, oder aber, was am stabilsten, aber meist am teuersten ist, vermittelst eines Vorlegekastens unter dem Motor, der aber ebenso wie der Radschutzkasten als Resonanzboden wirken kann. Bei hohen Geschwindigkeiten müssen die Räder sehr sorgfältig hergestellt werden, um geräuschlos zu laufen. Für kleine Ventilatorantriebe bringt man am Motorgehäuse entweder einen Fufs oder einen Wandarm oder einen Mauerring an, für Motoren bis 10 PS benutzt man zum Riemenspannen eine Wippe, die entweder direkt zum normalen Motor mit Füfsen pafst oder organisch mit dem Gehäuse ohne Füfse zusammengebaut wird. Auch an den Motor angebaute verschiebbare Spannrollen dienen als Riemenspanner. Aufser genannter Kapselung werden besonders für Hebezeuge[2]) und Strafsenbahnen spezielle Kapselmotoren gebaut, deren Gehäuse entweder horizontal geteilt wird, Fig. 82 der Union E. G., oder man bildet nach Fig. 83, ebenfalls einer Ausführung der Union E. G., das Gehäuse als geschlossenen Kasten mit zwei ebenen Endschildern aus, wobei in beiden Fällen noch Klappen für den Kommutator und event. zur Ventilation ausgespart werden. Bei horizontaler Teilung ist der Anker leicht nach oben herauszunehmen, bei Endschilden mufs seitlich so viel Platz sein, um mit dem Anker samt Schild herausfahren zu können. Als Zwischenglied gibt es auch Typen, die geteilt sind und Endschilder haben. Zum direkten Anbau an den Rahmen von Laufkatzen lassen sich die Schildertypen zu Flantschenmotoren nach Fig. 84 und 85 ausbilden[3]); für fahr- und tragbare Bohrmaschinen werden Spezialmotoren in gekapselter Form mit dem Vorgelege und der Bohrspindel

Fig. 82.
Strafsenbahnmotor der Union E. G.

[1]) Die Kapselung sollte ohne nennenswerte Änderung der normalen Modelle vorzunehmen sein; besser ist es vielleicht, ganz getrennte Modelle einmal luftig offen und dann gut gekapselt zu bauen.

[2]) Für stark forcierte Kapselmotoren, deren Wellen ev. deformiert werden, sollte der Anker leicht von der Welle abziehbar angeordnet sein (Bleche auf einer Nabe, nicht auf der Welle).

[3]) Aus Z. V. D. I. 1902 S. 1044, Ernst (Ausführung der Benrather Maschinenfabrik).

Fig. 83.
Strafsenbahnmotor der Union E. G.

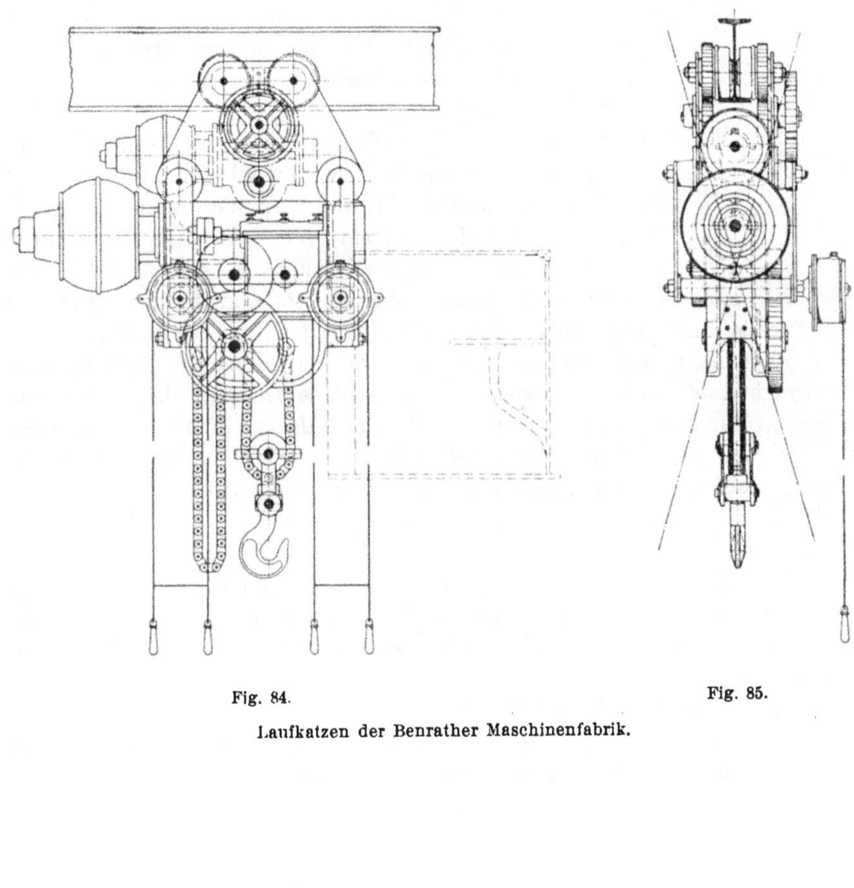

Fig. 84. Fig. 85.

Laufkatzen der Benrather Maschinenfabrik.

zusammengebaut. Zum Antrieb gewisser Zentrifugalpumpen, besonders für Dockanlagen, ist der meist gekapselte Antriebsmotor (Fenster für den Kommutator) mit vertikaler Welle auszurüsten, wobei besonders dem oberen Spurlager Beachtung zu schenken ist; es kann entweder als Kammlager oder nach Fig. 86 als Kugellager[1]) ausgeführt werden, wofür sich diese Lagertype gut zu bewähren scheint. Unter dem Halslager ist bei dem Motor der Anglian Engineering Co. in Stowmarket, Suffolk, Fig. 86, auf die Welle eine nach unten dicht abgeschlossene Hülse aufgeschraubt, welche die Schalen des Halslagers aufsen mit Spiel umfafst und oben mit einem Spritzring versehen ist. Das durch Spur- und Halslager gedrungene Öl steigt in der Hülse empor, wird von dem Spritzring in eine ringförmige Rille des unteren Gehäusedeckels abgeschleudert und gelangt von hier aus durch eine Röhre in das unter dem Anker angeordnete, ebenso wie das obere, lange Halslager, dessen äufserer Gufskörper, auf dem Sockel des Motors sitzend, gleichzeitig als Tragstück für das Magnetgehäuse dient[2]).

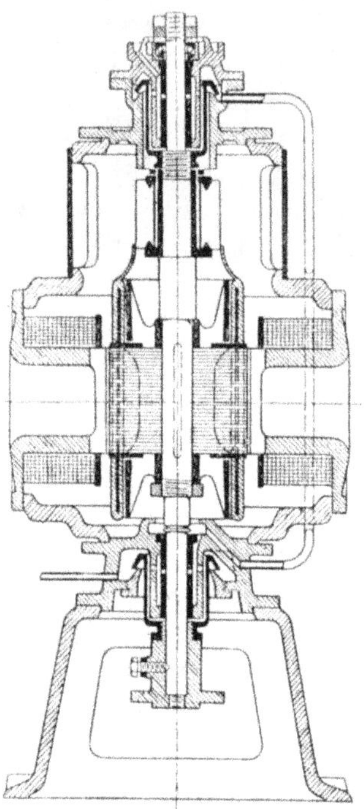

Fig. 86.

Die gröfsten, bis jetzt gebauten Gleichstrommaschinen sind wohl die von der General Electric Co[3]) und der Westinghouse Co gelieferten Typen von 2700 KW 75 Touren (575 Volt Bahnbetrieb, 36 bezw. 24 Pole). Bei Gleichstrommaschinen ist eine Teilung des Ankers und Kommutators, wie dies für den Zusammenbau mit zweikurbeligen Dampfmaschinen wünschenswert wäre, nicht in der einfachen Weise wie bei Drehstrom angängig. Ein Ausweg besteht darin, eine zweiteilige Binnennabe (falsche Nabe) vorzusehen, deren Aufsendurchmesser gröfser ist als der äufserste Kurbeldurchmesser, so dafs man dann den Ankerkörper mit grofser Nabenbohrung über die Kurbeln auf die Binnennabe schieben kann (siehe z. B. E. T. Z. 1902, S. 979).

[1]) Siehe auch das selbstschmierende Lager D. R.-P. 126782. Oft ist es rationell, statt des oberen Spurlagers zwischen Motor und Pumpe, ähnlich wie bei Turbinen, einen Spurzapfen mit beweglichen Stahlringen bezw. Stahllinsen anzuordnen.

[2]) Siehe Z. V. D. I. 1901 S. 1581.

[3]) Die Maschine der G. E. Co. habe ich selbst mit 9000 Amp und zirka 600 Volt funkenfrei laufen sehen; eine dritte stammt von der Walker Co.

Meiner Ansicht nach empfiehlt es sich, für eine Firma bis etwa 100 PS folgende konstruktive Formen für Gleichstrom zu entwickeln: § 35. Normaltypen.

a) offene, luftige, schmale Typen für alle trockenen, sauberen Räume; mit möglichst freiliegenden Wicklungen (Feldspulen nur mit Schnur bandagiert), gut ventiliertem Kommutator, Eisen und Kupfer

α) mit einem oder zwei Lagerschilden, die aber nur aus zwei oder drei luftigen, am Aufsenrand nicht (durch Hauben) verbundenen Armen bestehen sollten, welche eine vollkommene Ventilation zulassen;

β) mit einem oder zwei Stehlagern und mit oder ohne Grundplatte.

Gehäuse und Anker, sowie Lagerköpfe und Lagerabstände sollten für beide Fälle identisch sein.

b) Geschlossene, breite und stabile Typen nach Art der besprochenen Kapsel- und Bahnmotoren, und zwar

1. entweder nur horizontal geteilt (ohne Endschilde siehe Fig. 82),
2. oder ungeteilt mit zwei ebenen Endschilden (Fig. 83).

Die Anker und Spulen sollten namentlich bezüglich Ventilation identisch mit (a) und vorn oben (Kommutator) und hinten unten mit einem leicht abnehmbaren Deckel (nur Riegel, nicht Schrauben) versehen sein. Diese Maschinen (b) kann man verkaufen als

α) ganz geschlossen,

β) beide Deckel offen,

γ) mit halber Kapselung, wozu direkt die zwei Deckel mit entsprechenden Labyrinthdächern versehen werden (Fig. 6). Damit kann man den ganzen Markt decken und braucht ein Minimum an Modellen und anderen Hilfsvorrichtungen.

Für Drehstrom halte ich genau dieselbe Typenentwicklung für ratsam; wegen der Möglichkeit guter Zentrierung bei Lagerschilden wird man allerdings (a, β) und aus konstruktiven Gründen (b 1) fallen lassen müssen.

## 7. Einankerumformer.

Bei rotierenden Einankerumformern liegen die Verhältnisse insofern ungünstiger wie bei Gleichstrommaschinen, als mit der Tourenzahl bei gegebener Periodenzahl auch die Polzahl festliegt und ferner besonders bei niedrigen Spannungen die Kollektoren sehr lang ausfallen. Bei 50 Perioden und mehr ist es in der Regel schon schwer, mag man die Polzahl hoch oder niedrig wählen, gute Kommutierungsverhältnisse zu erreichen, ohne die mechanischen Grenzen: hohe Anker- und Kollektorgeschwindigkeit, geringst zulässige Lamellendicke, unzulässig hohe Nutenzahl, Möglichkeit genügenden Ausbalancierens u. s. w. sehr hart zu streifen. § 36. Kommutierung bei Einankerumformern.

Hochperiodige Umformer werden allerdings an sich billiger als niederperiodige, aber sehr schlimm wird bei grofser Periodenzahl die hohe, dichtgedrängte Polzahl, was namentlich auch die Bürstenspindeln nahe zusammenrückt und Neigung zum Überspringen von Pol zu Pol veranlaſst.

Bei Schleifenwicklung kommt man bei den meisten Typen früher an die Grenze als mit Wellenwicklung, mit der allerdings meines Wissens für Umformer noch keine abschlieſsenden Erfahrungen vorliegen und die bei solch hohen Geschwindigkeiten besonders zu Funkenbildung neigt. Dazu kommt noch, daſs meines Erachtens die Umformer in gewisser Beziehung funkenempfindlicher sind als Gleichstrommaschinen, wenn sie auch keine oder nur geringe Rückwirkung haben und das deshalb, weil sie bei gewissen Netz- und Belastungsverhältnissen pendeln, was zu einem Auf- und Ab- bezw. Hin- und Herwogen der induktiven Anker-$AW$ führt. Dabei können in den kurzgeschlossenen Spulen sehr zerstörend wirkende elektromotorische Kräfte induziert werden, die einen Dauerbetrieb unmöglich machen. Dieser Pendelprozeſs geht manchmal auch eine Zeitlang fast unbemerkt unter den Bürsten vor sich, bis der Kollektor entsprechend

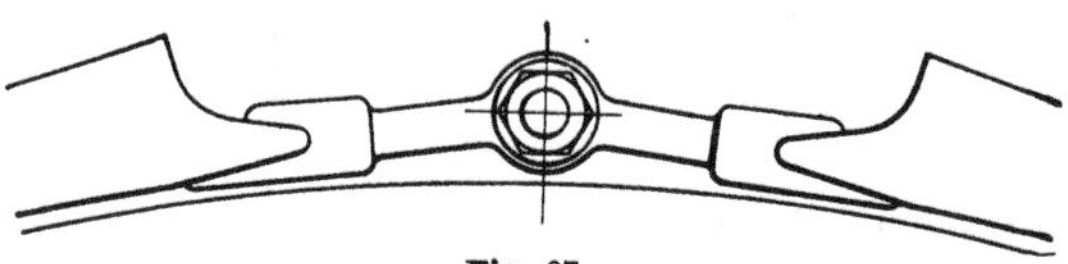

Fig. 87.

zerfressen ist. Wegen der geringen Rückwirkung kann $e_R$ für Umformer meist gröſser sein als bei Dynamos. Gewagt dürfte es sein, 550-voltige 50 Periodenumformer für 500 KW mit weniger als 8 Polen, für 1000 KW mit weniger als 16 Polen zu bauen.

Es sind allerdings, besonders in Amerika, von der General Electric Co. und der Westinghouse Co. manche gut arbeitende Einankerumformer, für 40 bis 60 Perioden, in andauerndem Betrieb[1]). Zweckmäſsig ist es dabei, um eine gewisse magnetische Trägheit zu schaffen, massive Pole und Polschuhe (letztere eventuell aus Guſseisen), dämpfende Polbrücken, z. B. nach Fig. 87 (Ausführung der Union E. G.), nicht zu hohe Zahnsättigungen und Guſseisenjoch zu verwenden. Ein am Netz liegender Asynchronmotor (als Anlaſsmotor erforderlich) wirkt ebenfalls als Dämpfer. Steht der Umformer direkt in der Zentrale bezw. ist kein groſser Leitungswiderstand vorhanden, hat die Zentrale genügenden Gleichförmigkeitsgrad ($< 1/_{500}$) bezw. geringe mittlere Winkelabweichung ($< 2^0$) und ist die Belastung nicht stoſsweise (z. B. Beleuchtung) und die primäre Spannungskurve sinusähnlich, so liegen gegen kleinere 50-periodige Umformer keine Bedenken vor.

Der in Fig. 88 abgebildete Umformer der Union E. G. leistet bei 50 Perioden und 750 Touren 100 KW und compoundiert mittels Serienwicklung

[1]) In den Vereinigten Staaten sind etwa 400000 KW Einankerumformer für 25 bis 60 Perioden installiert.

und Impedanz von 110 Volt leer auf 120 Volt bei Vollast[1]). Er ist mit einem Anlafsinduktionsmotor ausgerüstet. Braun gibt E. T. Z. 1902 S. 682 für hochperiodige Umformer Kollektorgeschwindigkeiten von 20 bis 25 m, als mittlere Spannung zwischen 2 Segmenten ca. 18 Volt maximal, als günstigste Polzahl für 50 bis 500 KW $6 + \frac{(KW - 50)}{37}$ (abzurunden!) an. Der Abstand zwischen 2 neutralen Zonen sollte nicht viel kleiner als 200 mm und die Lamellendicke gröfser als $2^1/_2$ bis 3 mm sein.

Fig. 88.
50 periodiger Umformer der Union E. G.

Einankerumformer für 25 Perioden absolut betriebssicher zu bauen, bietet keine Schwierigkeit, selbst wenn man sie mit Hilfe von Drosselspulen noch um 10% übercompoundiert oder zum besseren Zusammenarbeiten mit Batterien differentiell compoundiert. Man wird beim Entwurf allerdings gut daran tun, mit den Tourenzahlen in mäfsigen Grenzen zu bleiben, man wird für 550 V z. B. bei 50 KW etwa 4-polig, bei 150 KW 4-, dann 6-polig, bei 1000 KW 12- bis 16-polig bauen.

Man geht neuerdings, allerdings aus Preisrücksichten, beträchtlich höher mit den Tourenzahlen, dazu ist es aber nötig, vorsichtig beim Entwurf vorzugehen bezw. man mufs über genügende Erfahrungen verfügen. Fig. 89 zeigt einen 25 periodigen Bahnumformer der Westinghouse Co. für 500 KW 500 Touren mit 95% Vollastwirkungsgrad und 440 bis 600 Volt Gleichspannung. Die Umformer haben eigene Erregermaschinen, welche

[1]) Dazu ist es erforderlich 10 bis 20% von der Drehstromspannung an Reaktanz vor den Umformer zu legen und 50 bis 100% der Anker AW auf dem Feld als Serienwicklung unterzubringen.

bei Speisung von der Gleichstromseite ein Durchgehen selbst bei Kurzschlufs wirksam verhindern (siehe später), und einen Anlafsasynchronmotor. Die Serienwicklung reguliert die Spannung automatisch bei Belastungsschwankungen.

§ 37. Wirkungsgrad, Spannungsregulierung. Dem geringen Spannungsabfall und dem hohen Wirkungsgrad der Einankerumformer, der übrigens bei Verwendung von Kohlenbürsten auf der Drehstromseite, was für die Betriebssicherheit sehr empfehlenswert wäre, sich noch verringern würde, steht die Schwierigkeit gegenüber, dafs

Fig. 89.
25 periodiger Umformer der Westinghouse Co.

die Spannung sich nur in unbequemer Weise regulieren läfst. Es gibt zwar verschiedene Reguliermöglichkeiten, z. B. durch Verwendung von Drosselspulen auf der Drehstromseite und gleichzeitiger Anbringung von Serienspulen, ferner von Potentialregulatoren und zwar entweder als elektrisch betätigte Induktionsmotortype[1]) oder als Transformator mit abschaltbaren Spulen, aber das gibt grofse Apparate und die Regulierfähigkeit ist trotzdem beschränkt. Man kann auch auf gleiche Achse mit dem Umformer eine Gleichstrom- oder Drehstromzusatzmaschine (A. E. G.) mit variierbarer Zusatzspannung setzen oder einen Induktionsmotor mit gröfserer Polzahl als der Umformer und mit Kurzschlufsanker, dessen Feld in Serie mit der Ankerwicklung des Umformers liegt (Westinghouse Co.).

---

[1]) E.-T. Z. 1902 S. 666.

Benutzt man den Einankerumformer zur Umwandlung von Gleichstrom in Drehstrom, so hat er mit zunehmender Belastung, besonders in duktiver, vermöge der Ankerrückwirkung die Tendenz, schneller und schneller zu laufen und durchzugehen. Die Westinghouse Co. überwindet diese Schwierigkeit in folgender eleganter Weise: Sie setzt auf die Umformerachse eine schwach gesättigte Erregermaschine (Fig. 89), welche § 38. Durchgehen der Umformer.

Fig. 90.
Motor-Generator der General Elektric Co.

den Umformer erregt; da mit zunehmender Tourenzahl die Erregerspannung steigt, so wird die damit steigende Ankerreaktion wieder kompensiert, so daſs keine nennenswerte Tourensteigerung eintreten kann.[1]) Der Erreger kann auch noch compoundiert werden, eventuell sogar nach Art der compoundierten Drehstromgeneratoren der General El. Co. (siehe Fig. 30) oder von Danielson[2]), so daſs die Erregerspannung direkt durch den Drehstrom und dessen Verschiebung beeinfluſst wird. Einfacher sind mechanische Zentrifugalapparate[3]), welche bei einer Tendenz zum Durchgehen entweder den Automaten ausschalten oder das Feld verstärken.

[1]) El. World, 7. Apr. 1900, Lamme.
[2]) Niethammer, Handb. d. Elektrot. Bd. IV.
[3]) Speed limiting devices.

§ 39. Motorgeneratoren. Die neuerdings öfters zu findende, gedrängte Bauart von Motorgeneratoren (Fig. 90 der General Electric Co.) mit nur 2 Aufsenlagern[1]) insgesamt ist wohl berechtigt, dem Einankerumformer in vielen Fällen Konkurrenz zu machen.[2]) Die Fig. 90 stellt allerdings einen reinen Drehstromperiodenumformer (von 25 in 60 Perioden) dar und zwar für 500 KW bei 300 Touren mit 10 resp. 24 Polen (Vollastwirkungsgrad insgesamt 89 %). Für die Parallelschaltung ist zu beachten, dafs es in diesem Falle pro Umdrehung nur einen einzigen Punkt gibt, wo auf beiden Seiten Synchronismns vorhanden ist.[3]) Um die Reibungsarbeit zu verringern und um an Grundfläche zu sparen, könnte man rotierende Umformer mit vertikaler Welle bauen und ev. den Anker still stehen und die Bürsten mit einem Ventilator rotieren lassen.

## 8. Drehstromgeneratoren.

§ 40. Konstruktion des Polrades. Im Laufe der letzten Jahre hat die Innenpoltype fast allgemein die übrigen Anordnungen von synchronen Drehstrommaschinen verdrängt; die Ausführungen von Firma zu Firma kommen sich immer näher. In Bezug auf die Konstruktion des Rades, der Pole und des Statorgehäuses[4]) haben sich eine Reihe Varianten ausgebildet: Das Rad besteht entweder

a) aus Gufseisen oder

b) aus Stahlgufs[5]); in beiden Fällen (in der Praxis die verbreitetsten) bei gröfseren Typen geteilt und mit Schrumpfringen oder graden Schrumpfstücken oder nur mit Schrauben zusammengehalten; mit einfachem oder meist doppeltem Armsystem[6]), es werden wohl auch sämtliche Arme einzeln mit einer Reihe Kranzsegmente verschrumpft[7]);

c) aus schmiedeisernen Trägern nach Art der Wasserräder und grofsen Walzenzugschwungräder, wobei die einzelnen Arme mit Kranz und Nabe verschraubt oder vernietet sind. Die Arme können auch gemäfs Fig. 91

---

[1]) Eine Abbildung einer Doppelmaschine (Wechselstrom-Gleichstrom) mit nur 2 Lagern von 250 KW von Ganz & Co. siehe Handbuch der Elektrotechnik Bd. IV. (Niethammer) Fig. 521, auch Schuckert baut 2lagerig.

[2]) Häufig wird eine Drehstrommaschine mit 2 Lagerschildern mit einer Gleichstrommaschine mit einem Stehlager gekuppelt.

[3]) Siehe E.-T. Z. 1902 S. 694.

[4]) Siehe O. Lasche Z. V. D. I. 1901. Der Aufbau und die planmäfsige Herstellung der Drehstrommaschine, woraus eine Reihe Figuren entnommen sind.

[5]) Ein beachtenswertes Stahlrad mit 8500 mm Durchmesser siehe Am-Mach. 1900, 9. Juni.

[6]) Beispiele hierfür siehe Handbuch der Elektrotechnik (Niethammer) Bd. IV. Fig. 529, 534, 551. In Amerika sind einfache Armsysteme mit hohlen elliptischen Querschnitten üblich.

[7]) In diesem Falle, ebenso wenn man auf einen freien gufseisernen Armstern einen geschlossenen Stahlring aufschrumpft, vermeidet man Gufsspannungen.

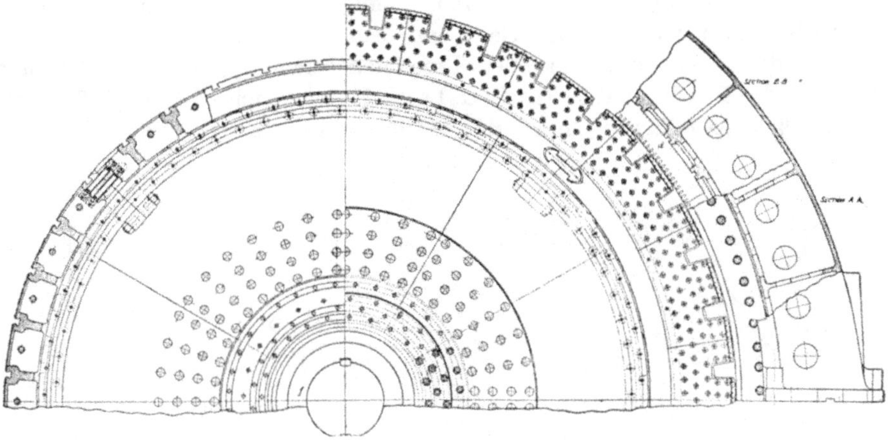

Fig. 91.

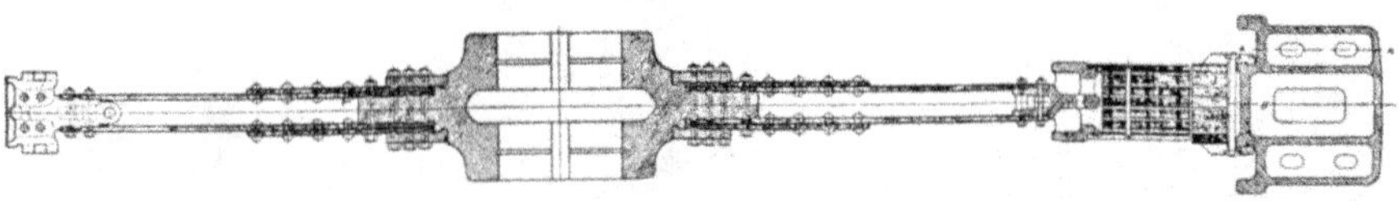

Fig. 92.

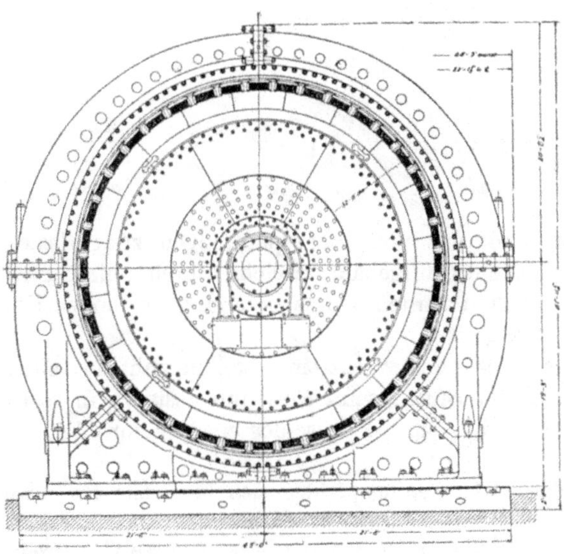

Fig. 93.

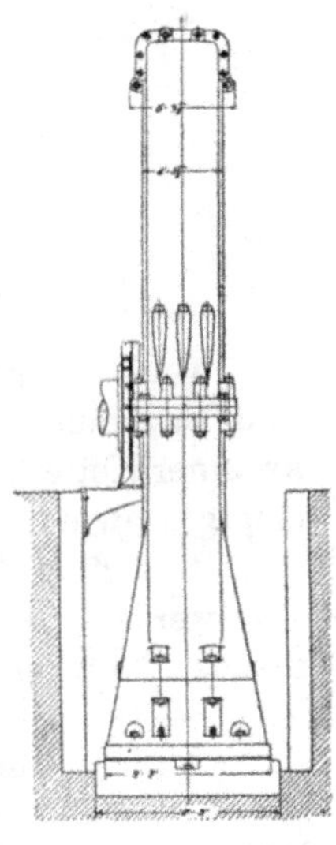

Fig. 94.

Drehstrommaschine der Westinghouse Co.

bis 94 der Westinghouse Co. durch Schmiedeisenscheiben ersetzt werden, welche mit der gufseisernen Nabe und dem Gufskranz vernietet werden.[1])

d) aus einem flufseisernen Tangentenspeichensystem nach Art der Fahrräder Fig. 95 und 96 (nach O. Lasche), siehe auch DRP. 132548 Kl. 47 von Siemens & Halske und DRP. 134754 von derselben Firma.

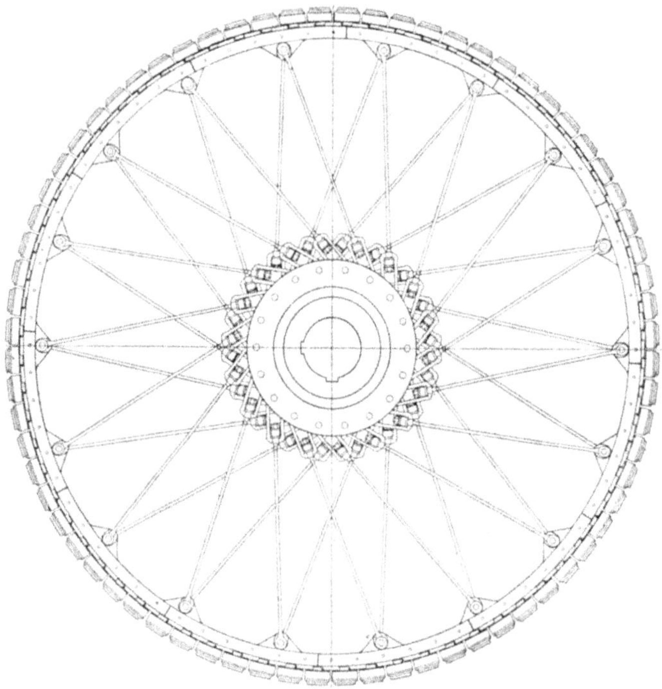

Fig. 95.

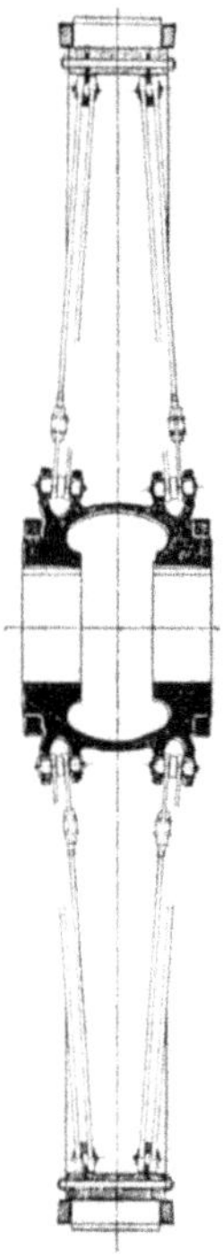

Fig. 96.

Um den gegossenen Radkranz von Biegespannungen zu entlasten, wird er häufig aus Blechpaketen aufgebaut, welche durch Bolzen nach Art einer Kette zusammengehalten werden[2]), was besonders bei hohen Umfangsgeschwindigkeiten angezeigt ist.

Bezüglich der Pole gibt es noch 2 extreme Stellungnahmen; einerseits werden sie bei offenen Statornuten samt Polschuh gestanzt in rechteckiger Form, andererseits werden sie bei geschlossenen Statornuten aus

[1]) Diese Schmiedeisenkonstruktionen empfehlen sich besonders für grofse Räder, siehe z. B. Engineering 24. Okt. 1902 S. 539. Diese öfters als etwas zu kräftig kritisierte Ausführung Fig. 91—94 ist von der Westinghouse Co. gewählt worden, weil das Gehäuse auch noch genügend steif sein mufs, wenn die 2 Hälften, vertikal geteilt, auseinandergefahren werden.

[2]) Eine solche Kettenkonstruktion ist besonders auch für Rotoren grofser Drehstrommotoren ratsam, siehe D. R.-P. 129020.

Stahlguſs mit rundem oder ovalem Schaft gegossen. Die Befestigung geschieht meist mittels Schrauben, seltener durch Keile und Schwalbenschwänze (letzteres teuer, nur wenn Schrauben nicht angängig, zu verwenden). Eine empfehlenswerte Polkonstruktion, welche beide genannte

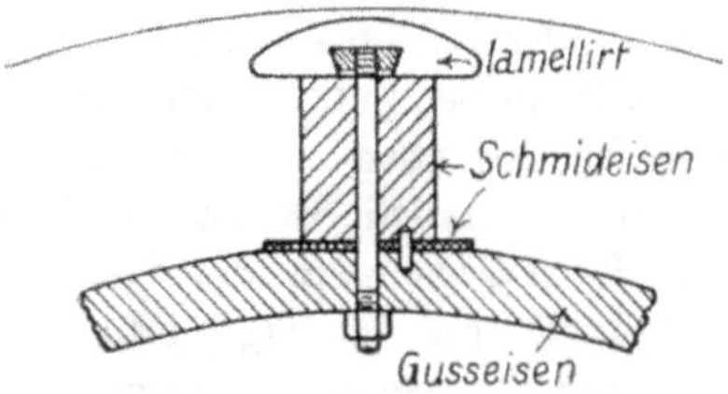


Fig. 97.

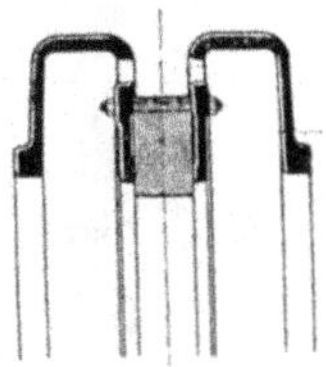

Fig. 98.

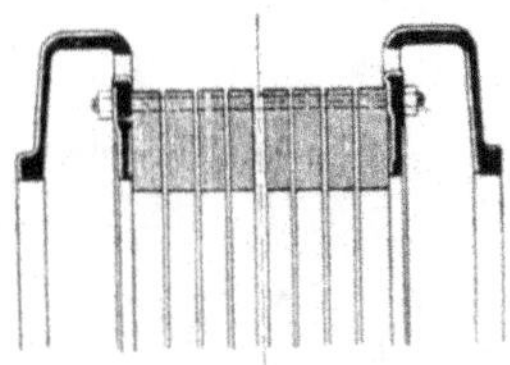

Fig. 99.

Polformen vereinigt, ist in Fig. 97 gezeichnet: Der Polschaft besteht aus rundem[1]) gezogenem Schmiedeisen, der Polschuh ist lamelliert und zur Erzielung sinusähnlicher Kurven abgeflacht, beides ist mit einer Schraube auf dem Guſseisenrad befestigt; zur Verringerung des Übergangswiderstandes ist ein Schmiedeisenblech dazwischengelegt.[2])

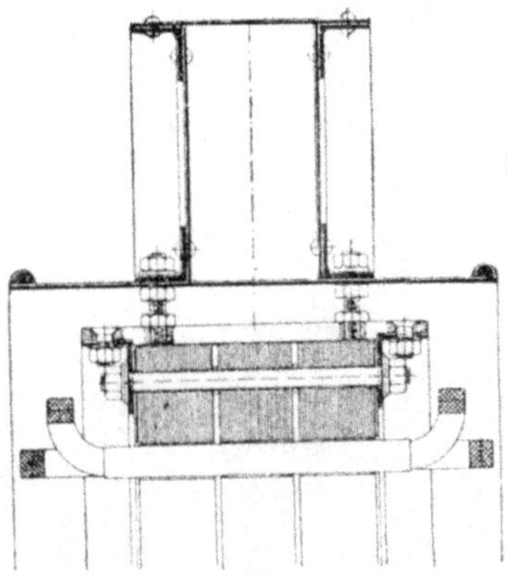

Fig. 100.

§ 41. Konstruktion der Gehäuse.

Die Gehäuse gröſserer[3]) Maschinen werden ausgebildet:

a) Als guſseiserne Kastenquerschnitte z. B. nach Art der Fig. 91 ff., einer Westinghousemaschine für 5000 KW und 75 Touren; es ist dies die verbreitetste Konstruktion. Der Kasten kann eventuell zur Vereinfachung und zur Ermöglichung leichter Verbreiterung in 2 Wangen, Fig. 98 und 99, übergehen (Lasche).

b) Als schmiedeiserner Kastenquerschnitt, Fig. 100, von Siemens & Halske[4]). Diese Konstruktion wird im Material leichter und billiger als a, jedoch in den Löhnen wohl teuer; die Präzision der Herstellung wird nicht wie

---

[1]) Runde Pole sind stets anzustreben; ist der Poldurchmesser $d$, der Raddurchmesser am Polfuſs $D$ und nimmt man als Minimalwickelhöhe 25 mm, so gilt als Bedingung für runde Pole

$$D > \frac{(d+60)\,2p}{\pi}.$$

[2]) Bei kleineren Maschinen werden am besten alle Pole an das Rad angegossen und nur die Polschuhe aufgeschraubt, es gibt sogar Ausführungen, wobei Pol samt Polschuh an das Rad angegossen sind und in eigenartiger Weise die Spulen auf der Bank aufgewickelt werden.

[3]) Kleinere, besonders Lagerschild-Maschinen siehe bei Drehstrommotoren.

[4]) Böhmländer E.-T. Z. 1902 S. 659.

bei a durch ausgedrehte Flächen erreicht, sondern der aktive Körper wird, wie die Figur zeigt, an dem Aufsengestell aufgehängt.

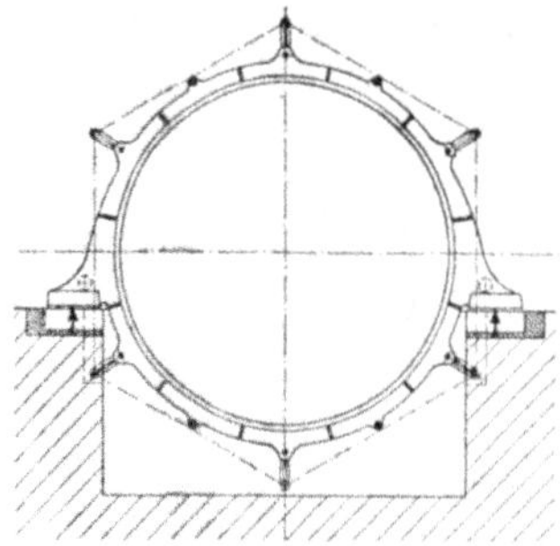

Fig. 101.

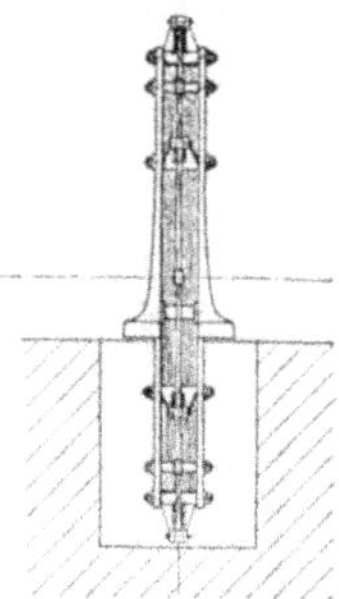

Fig. 102.

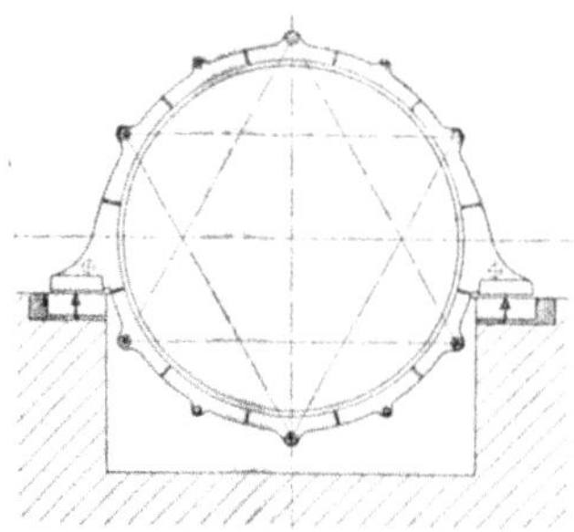

Fig. 103.

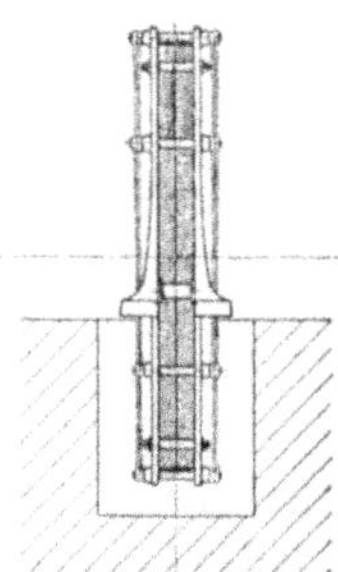

Fig. 103a.

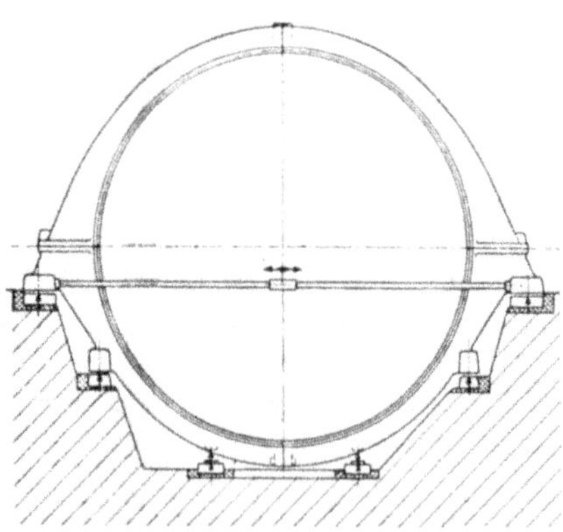

Fig. 104.

c) Als Spannwerk ohne Gehäuse z. B. in der von Lasche angegebenen Ausführung Fig. 101 bis 103a; für diesen Aufbau gilt in erhöhtem Maſse das eben unter b Gesagte, nämlich es ist eine groſse Präzision in der Herstellung und Montage erforderlich, besonders bei kleinen Luftspalten; die Materialgewichte sind gering, die Löhne hoch, der Aufbau ist allerdings sehr anpassungsfähig an variable Breiten: dauernde Stabilität und vibrationsfreies Laufen ist fraglich. – Eine Guſseisenkonstruktion mit justierbaren Stützböcken Fig. 104 in der Mitte des Unterteils, die man durch Blechzwischenlagen in den Trennfugen rund spannen kann (Fig. 105), eventuell mit seitlicher wenig auffallender Tangentialversteifung zur Reduktion der Wandstärken, dürfte wohl die zweckmäſsigste und stabilste Anordnung für groſse Maschinen sein. Brown, Boveri & Cie. versteifen den Kranz durch einen guſseisernen Druckstrebenring (Fig. 106), der zentrisch zur Welle drehbar gelagert ist, um sämtliche Spulen bequem zugänglich machen zu können. Es gibt auch ähnliche auf Zug beanspruchte schmiedeiserne Vorspannungen Fig. 107, die aber weniger empfehlenswert sind.

Für Reparatur- und Reinigungszwecke ist es sehr bequem, das Gehäuse nach Fig. 108 und 109 (von Kolben & Co., Prag) mit einer Verschiebevorrichtung zu versehen, um den Stator über den Rotor wegschieben zu können, was 2 Arbeiter mit Leichtigkeit in einigen Minuten ausführen; es liegen dann alle Wicklungen frei. Eine Verschiebevorrichtung ist in der Regel bequemer als eine Verdrehvorrichtung.

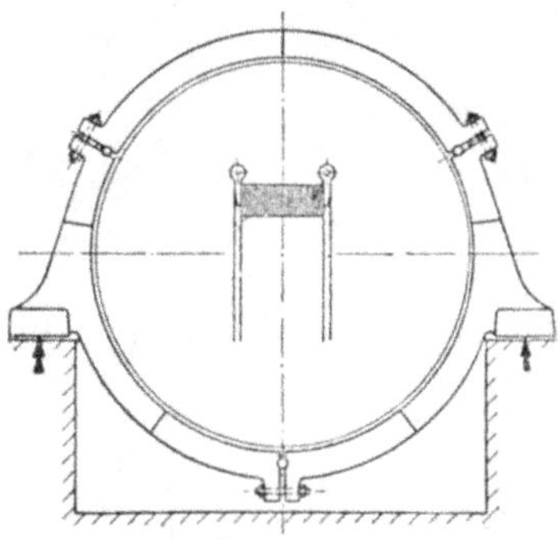

Fig. 105.

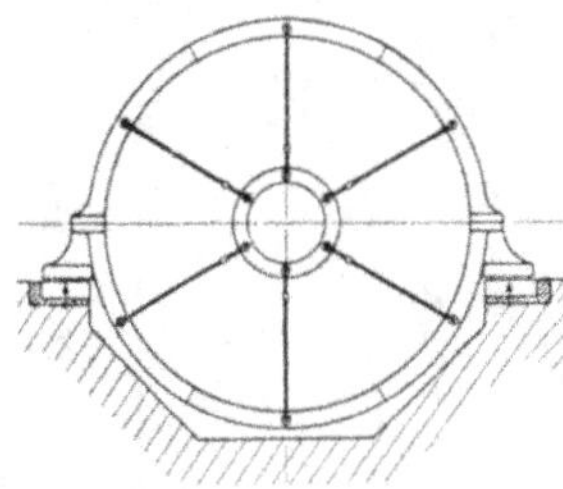

Fig. 107.

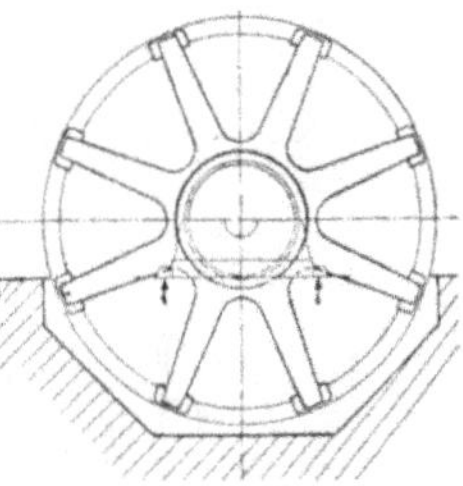

Fig. 106.

§ 42. Mechanische Begrenzung der Ausführbarkeit.

Ich gehe nun zur Besprechung der mechanischen Begrenzung der Ausführbarkeit von Drehstromgeneratoren über: Bei der Innenpoltype ist es zunächst die Umfangsgeschwindigkeit des Polrades und zwar handelt es sich einmal um die Festigkeitsgrenze der Arme und des Kranzes, dann um die Grenze der Möglichkeit, die Pole oder Polschuhe genügend festzuhalten, schliefslich aber, last not least, um die zuverlässige Befestigung der Erregerspulen. Entsprechend der Formel

$$\frac{m\,v^2}{r} = c\,G\,D^2\,u$$

für die Zentrifugalkraft kann man mit der Umfangsgeschwindigkeit $v$ bei gleichem Gewicht mit wachsendem Durchmesser $2\,r$ höher gehen. Je nach dem Durchmesser wird man bei $v$ gleich 30 bis 60 m an die Grenze[1]) kommen, wo die Schrauben zum Festhalten der Polschuhe oder Pole derartige Dimensionen annehmen, dafs man sie überhaupt nicht mehr unterbringen kann. Dabei ist die Grenze für aufgeschraubte Pole, des Polgewichtes und des kleineren Durchmessers halber häufig früher erreicht als bei aufgeschraubten Polschuhen, wobei die Schrauben nur die Zentrifugalkraft des Schuhes und die der Spulen zu tragen haben. Es ist auch die zulässige Beanspruchung des Polschuhquerschnittes $a\,b$ auf Biegung (Fig. 110) durch die Zentrifugalkraft der Spulen zu kontrollieren. Nach Überschreitung dieser Grenze bleibt nur die Lösung übrig, die Pole in Schwalbenschwänzen des Rades festzukeilen oder sie in passende Schwalbenschwänze des Polrades

[1]) Neuerdings werden öfters 50 m Umfangsgeschwindigkeit benutzt und dabei wird garantiert, dafs bei einem zufälligen Durchgehen einer antreibenden Turbine das Rad intakt bleibt (100 m $= v$).

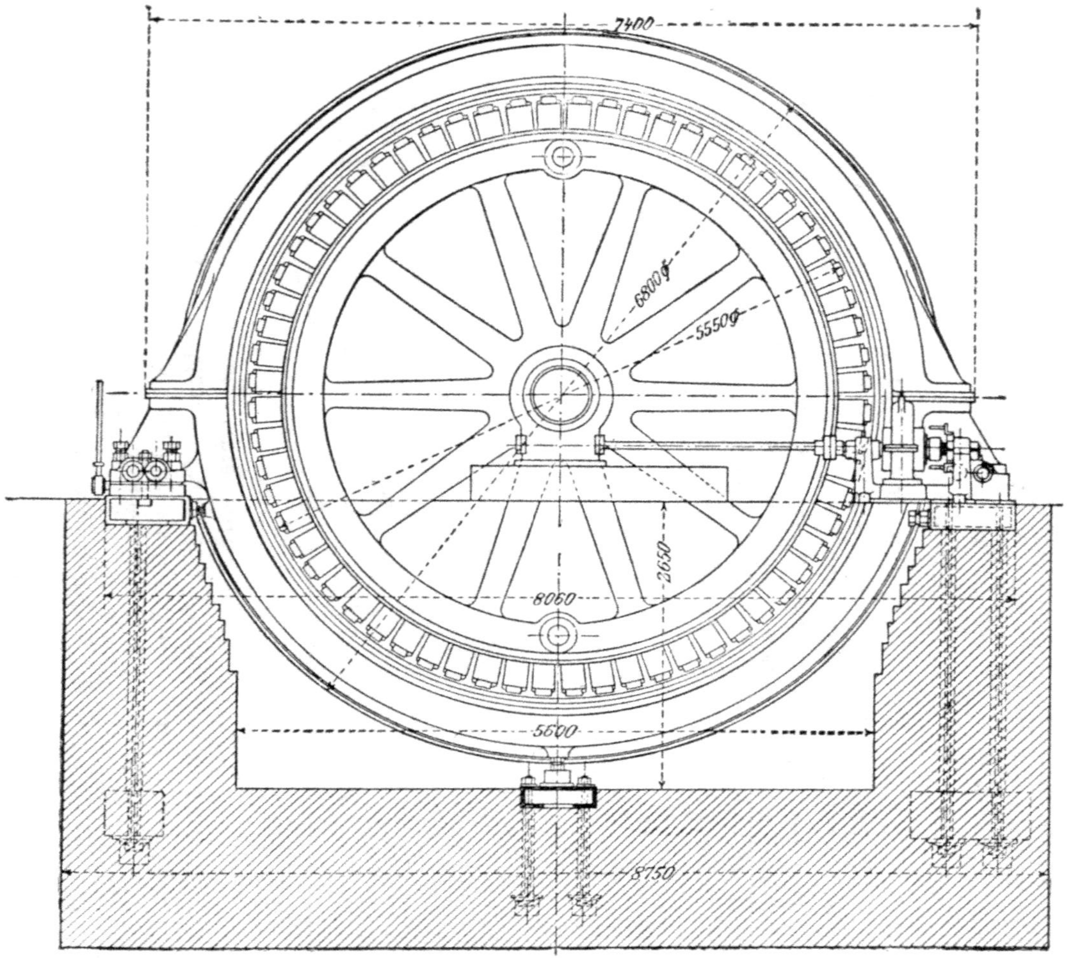


Fig. 108. Drehstromgenerator von Kolben & Co., Prag.

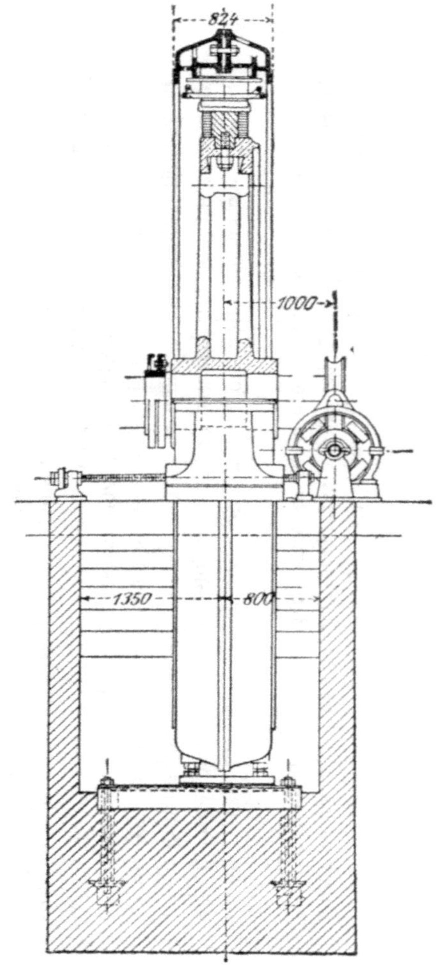


Fig. 109.

einzutreiben (Fig. 111), wie dies von der Union Elektrizitäts-Gesellschaft bei 3 Generatoren für 1400 Kilovoltampere und 500 Touren geschehen ist

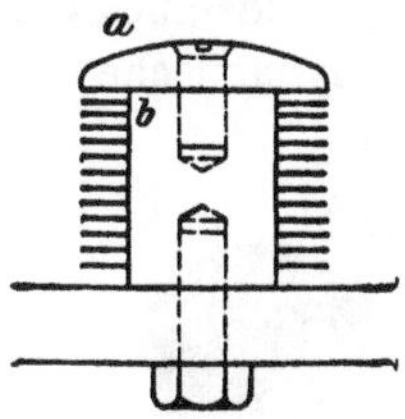


Fig. 110.

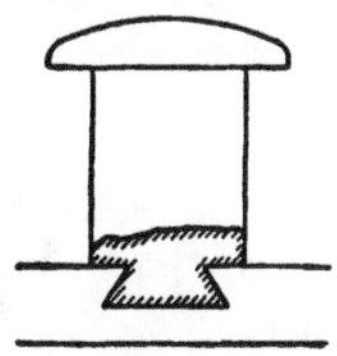

Fig. 111.

(Fig. 112 und 113). Es verlangt diese Konstruktion eine zuverlässige Werkstattarbeit; sie ist auch meist wesentlich teurer wie die Schraubenbefestigung.

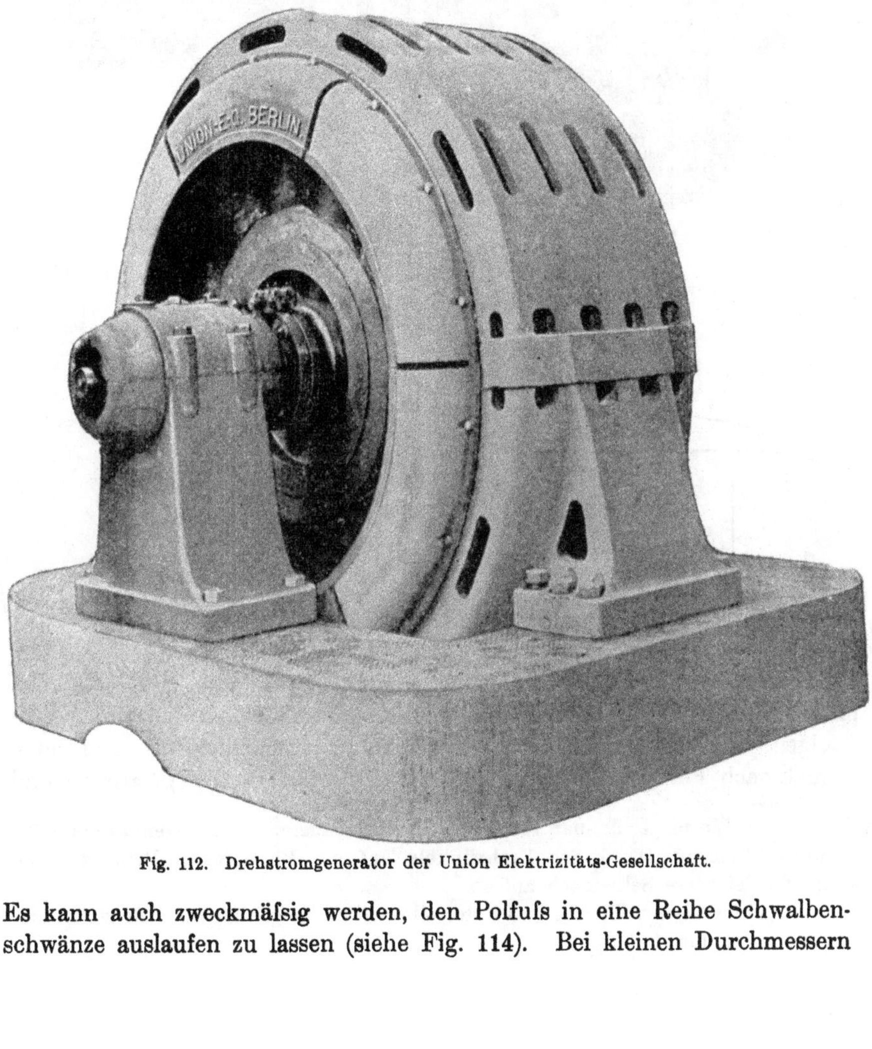


Fig. 112. Drehstromgenerator der Union Elektrizitäts-Gesellschaft.

Es kann auch zweckmäfsig werden, den Polfufs in eine Reihe Schwalbenschwänze auslaufen zu lassen (siehe Fig. 114). Bei kleinen Durchmessern und hohen Umfangsgeschwindigkeiten ist das sicherste Vorgehen sämtliche Pole zusammenhängend aus einem Stück zu stanzen, die Bleche auf die Welle bezw. eine Hilfsnabe zu setzen und die Feldspulen z. B. nach Fig. 115 festzuhalten. Das sorgfältige statische und dynamische Ausbalancieren ist

Fig. 113.
Drehstromfeld der Union Elektrizitäts-Gesellschaft.

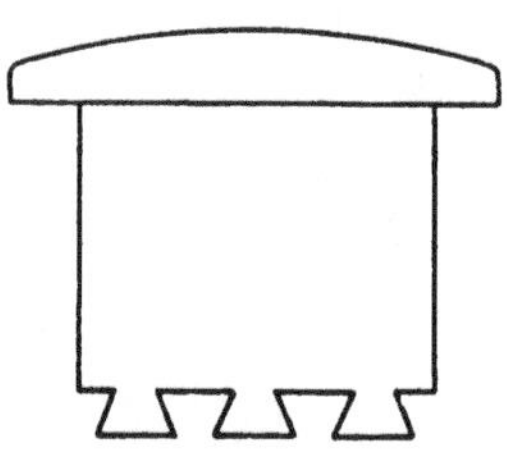

Fig. 114.

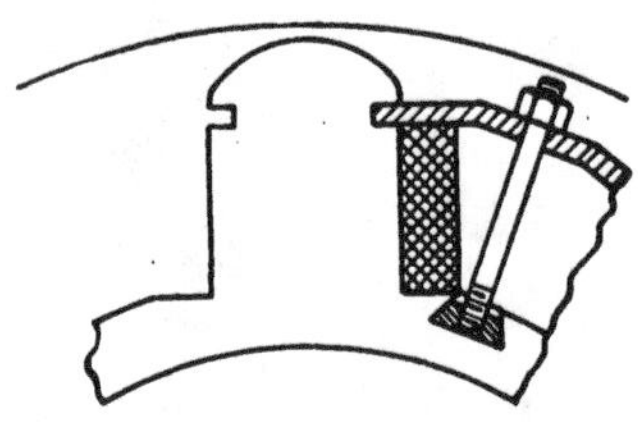

Fig. 115.

bei hohen Geschwindigkeiten äufserst wichtig.[1]) Das Ausbalancieren sollte im wesentlichen durch Wegbohren, nicht durch Aufsetzen von Metallteilen erfolgen und zwar einmal vor die Wicklung aufgebracht ist und noch einmal nach Fertigstellung des rotierenden Teiles.[2]) Der präziseren und

[1]) El. World, 5. Januar 1901 S. 17: Ausbalancieren von Generatoren für Dampfturbinen an Hand des Drehwinkels auf der Richtplatte. Beim Rotieren strebt die leichtere Seite nach aufsen.

[2]) Die einzelnen Bleche und Rotorteile sollten möglichst für sich schon ausbalanciert werden.

gleichmäſsigeren Herstellung wegen sind gestanzte Rotoren leichter auszubalancieren als gegossene, aus diesem Grunde empfiehlt es sich sogar bei hohen Geschwindigkeiten, das rotierende Feld nicht mehr mit ausgeprägten Polen aufzubauen, sondern die Feldwicklung in geschlossenen Löchern eines gestanzten Rotors[1]) verteilt unterzubringen und die Endverbindungen kräftig

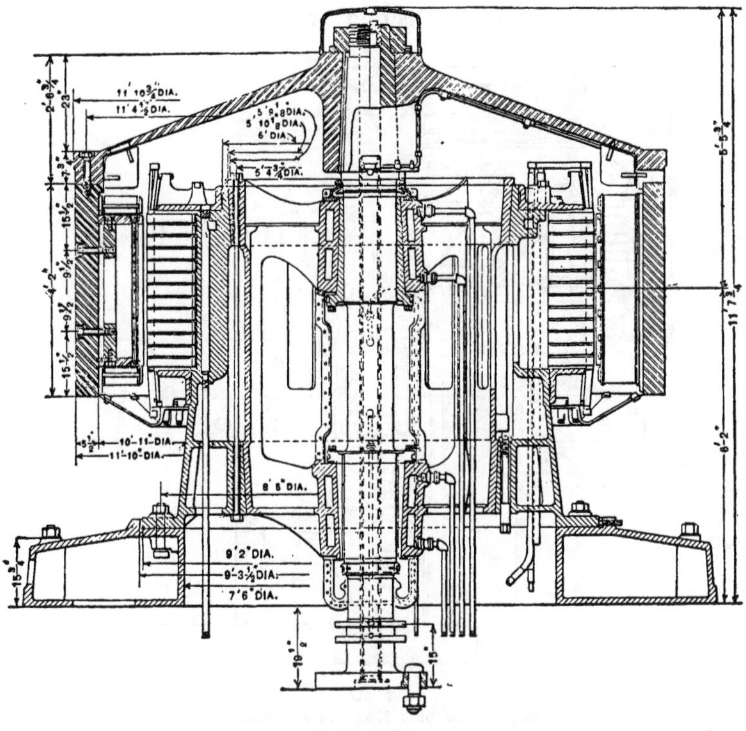

Fig. 116.
Niagara-Maschine 3750 KW 250 Touren.

zu bandagieren oder durch Metallringe oder -kappen zu halten. Ist man unter Berücksichtigung des Obigen an die Grenze des zulässigen Durchmessers gekommen, so muſs man die Maschine breiter machen, wobei man schlieſslich auf die schon erwähnte Schwierigkeit stöſst, die Bleche nicht mehr zusammenhalten zu können, da die Bolzen zu lang und häufig auch die Lager- und Wellenverhältnisse schwierig werden (bei ca. 2 m Länge).[2]) Solche an bezw. über der Grenze des Ausführbaren liegende Maschinen sind z. B. 1000 KW 3000 Touren, 1500 KW 1500 Touren, 3000 KW 750 Touren, 5000 KW 500 Touren.

---

[1]) Brown, Boveri & Cie. legen nach D. R.-P. 138253 ihre Feldspulen unterteilt in einzelne staffelförmige Nuten.

[2]) Dabei müssen aber kräftige Bolzen durch die Bleche gezogen werden.

Nicht einfach in der mechanischen Ausführung sind die jetzt der General Electric Co. bestellten Niagara-Drehstrommaschinen für 10 000 PS, 12 000 V und 250 Touren. Bekanntlich haben schon die jetzt im Betrieb befindlichen 5000 PS-Aufsenpolmaschinen sehr erhebliche Umfangsgeschwindigkeiten.[1]) Hohe Kilowattzahlen an sich, wie z. B. 3000 KW 83 Touren, 6000 KW 75 Touren geben wohl recht grofse Maschinen, aber sie bieten für Gleich- und Drehstrom keine grofsen elektrischen und

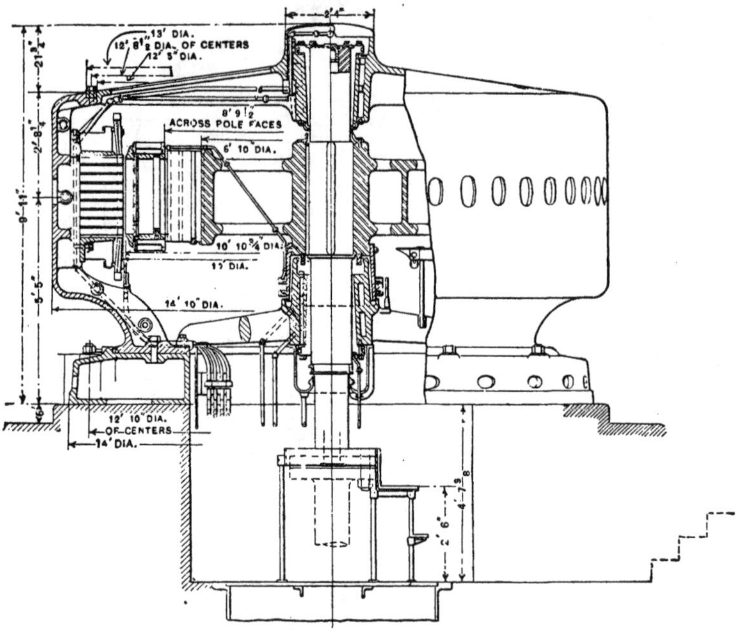


Fig. 117.
Niagara-Maschine 3750 KW 250 Touren.

mechanischen Schwierigkeiten. Die Gen. El. Co.[2]) liefert 3 Typen für die Niagara-Anlage:

1. Aufsenpoltype 3750 KW 250 Touren 2500 V (Fig. 116)[3]), ähnlich den alten Typen,

2. Innenpoltype 3750 KW 250 Touren 2500 Volt (Fig. 117),

3. Innenpoltype 7500 KW 250 Touren 12 000 Volt (Fig. 118).

Im Gegensatz zu den früher gelieferten Maschinen haben die neueren offene Nuten[4]) und lamellierte Pole. Die Umfangsgeschwindigkeit bei Type (1)

[1]) Handb. d. Elektrot. Bd. IV S. 610 (Niethammer).

[2]) El. World, 5. Juli 1902 und Trans. Am.-Inst. El.-Eng. 1902, April.

[3]) Alle Mafse in engl. Zoll.

[4]) Das seitliche Einscheiben von Stäben in geschlossene Nuten wird bei grofser Maschinenbreite schwierig. Der obere Stab pro Nut besteht in Fig. 117 aus Litze.

ist aufsen über 47 m, bei (2) ca. 43 m, bei (3) ca. 49 m. Die Regulierung der neuen Maschinen ist 10% bei $\cos \varphi = 1$ gegen 30% früher. Die Sihlthalmaschinen von Brown, Boveri & Cie. haben bei einem Raddurchmesser von 2 m und bei 360 Touren und 400 PS eine Umfangsgeschwindigkeit von 38 m, sie sind tatsächlich probeweise mit 63 m gelaufen. Pol und Polschuh und Schraubenschaft sind 1 Stück aus massivem Stahl.[1]) Eine ähnliche Maschine von Ganz & Co. für 1300 KW und 420 Touren hat sogar nahezu 44 m Umfangsgeschwindigkeit[2]), dabei ist auf den rotierenden Radstern ein massiver Polring mit Polansätzen aus Stahl in einem Stück aufgeschrumpft und die Polschuhe sind mit 3 Schrauben angeschraubt.

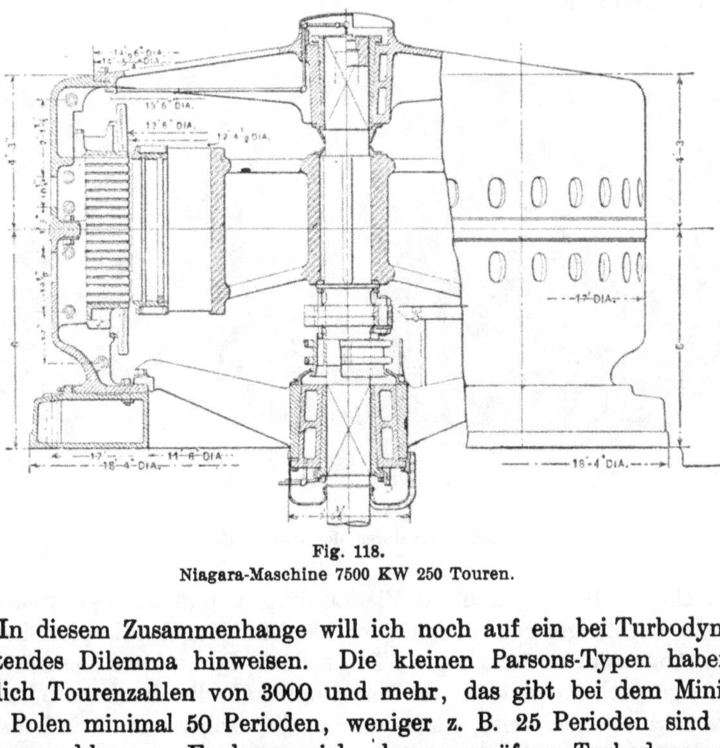

Fig. 118.
Niagara-Maschine 7500 KW 250 Touren.

In diesem Zusammenhange will ich noch auf ein bei Turbodynamos eintretendes Dilemma hinweisen. Die kleinen Parsons-Typen haben bekanntlich Tourenzahlen von 3000 und mehr, das gibt bei dem Minimum von 2 Polen minimal 50 Perioden, weniger z. B. 25 Perioden sind dabei ganz ausgeschlossen. Es lassen sich also nur gröfsere Turbodynamos für 15 bis 30 Perioden ausführen. Diese hohe Tourenzahlen bedingen auch öfters die Wahl ganz abnormaler Periodenzahlen z. B. 33. Fig. 119 zeigt Turboalternatoren von der Parsons Co. für je 350 KW 3000 Touren (100 Perioden, 4polig) samt Erreger.

Ich mufs jedoch noch den Einflufs der Zentrifugalkraft auf die Erregerspulen der Innenpolmaschinen erörtern. Bei kleinen Durchmessern

[1]) Handb. der Elektrot. (Niethammer) Bd. IV Fig. 555.

[2]) Handb. IV (Niethammer) Fig. 518.

und Umfangsgeschwindigkeiten von mehr als 20 m ist in der Regel eine dünne Runddrahtwicklung sehr wenig betriebssicher, es wird nur durch gute Verschnürung der Lagen und damit nicht immer möglich sein, die Drähte vor dem Herausschleudern zu schützen. Es ist deshalb sehr verwerflich und absolut betriebsunsicher, Drehstrommaschinen, besonders kleinere, wenigpolige Typen mit Spannungen von 200 bis 700 V zu erregen. Bei Synchronmotoren treten dabei überdies beim Anlassen von der Drehstromseite sehr hohe lebensgefährliche Spannungen auf, die man wohl durch Zentrifugalschalter, welche bis kurz vor Erreichung des Synchronismus die einzelnen Spulenverbindungen unterbrochen halten, unschädlich zu machen bestrebt ist.

Fig. 119.
Turboalternatoren der Parsons Co.

Sicherer als Runddraht ist Vierkantkupfer und am zweckmäfsigsten für hohe Umfangsgeschwindigkeiten blankes Hochkantkupfer in einer einzigen Lage mit zwischengelegtem Isolierstoff. Damit kann man sehr weit gehen, eigentlich so weit, bis die Zentrifugalkraft die einzelnen Windungen so stark zusammenprefst, dafs durch die isolierende Zwischenschicht Schlufs entsteht. In der Herstellung dieses Hochkantkupfers ist ganz Erhebliches geleistet worden, manche Firmen wickeln allerdings nur Dimensionen von ca. $25 \times 4$ mm auf völlig runde Pole und variieren bei konstantem Erregerstrom für alle Maschinen die Erregerspannung von Type zu Type, was manchmal für eine Zentrale mit verschieden grofsen Maschinen nicht sehr bequem sein dürfte. Die Union Elektrizitäts-Gesellschaft wickelt meist die Maschinen für 110 Volt Erregerspannung und stellt dabei auch noch auf sehr langen ovalen Polen Hochkantwicklungen her von beispielsweise $35 \times 1{,}2$ mm auf Durchmessern von 140 mm oder von $50 \times 2{,}9$ mm auf 340 mm Durchmesser. Siemens & Halske sind in dem D.R.-P. 134755

Fig. 120 bestrebt, die Fliehkraft der Spulen dadurch zu unterteilen, dafs die Schenkelwicklung in mehrere Abteilungen zerlegt wird, die in Spulenhaltern *f* für sich an den Polen befestigt sind. Bei den sehr rasch laufenden Maschinen kommt man für niedrige Periodenzahlen auf wenige, sehr grofse Pole, auf sehr grofse Amperewindungszahlen pro Feldpol und deshalb auf sehr schwierig ausführbare Querschnitte für das Hochkantkupfer, so dafs verschiedentlich für solche Typen Maschinen mit rotierendem Lochanker aus mechanischen Gründen der Vorzug gegeben wurde. Solche niederperiodige Maschinen ergeben auch grofse Luftspalte oder grofse Luftinduktion und grofsen magnetischen Zug, falls die Spannungsregulierung gut sein soll.

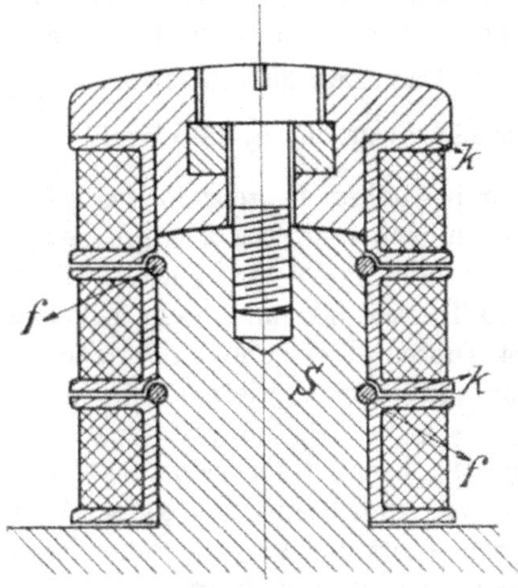


Fig. 120.

Drehstrommaschinen mit rotierendem Anker werden wie Gleichstrommaschinen durch die Zentrifugalkraft der Wicklung (Bandagen und Zentrierung) und durch die Maschinenlänge in ihrer Ausführbarkeit begrenzt. Bei in geschlossenen Nuten verlegten Stabwicklungen ist die Hauptschwierigkeit, die Endverbindungen vor dem Ausbiegen zu schützen (Fig. 64). Bei Verwendung von Lochankern kann man mit $v$ höher gehen als bei rotierendem Feld. Es mag hier nicht unerwähnt bleiben, dafs es nicht immer einfach ist, für sehr rasch laufende grofse Typen kaltlaufende Lager zu konstruieren und zu bauen[1]). Mit der Umfangsgeschwindigkeit der Stahlräder von Induktortypen, die nur ruhende Wicklungen besitzen, kann man wesentlich höher als bei den anderen Anordnungen — bis auf 80 und 100 m — gehen, aber diese Type hat aus verschiedenen elektrischen und mechanischen Gründen nicht mehr allzuviel Freunde.

Ich habe bei Drehstromdynamos von zu breiten Maschinen gesprochen, der andere Fall zu schmaler Maschinen ist allerdings bei der in Europa Mode gewordenen Schwungradmaschine viel häufiger. Gröfsere Durchmesser noch mit Breiten von weniger als 100 mm zu bauen, was sowohl Gleichstrom- als Drehstrom-Schwungradmaschinen z. B. von 100 bis 200 KW und 125 Touren, von 200 bis 300 KW und 94 Touren verlangen, gibt unstabile Gebilde mit sehr vielem inaktiven Material, viel totem Ankerkupfer und grofsen Eisenverlusten. Zur Erzielung geringer Herstellungskosten sollte man mit dem Durchmesser von Innenpoltypen so weit heruntergehen, § 43. Schwungradmaschinen.

[1]) Siehe Lasche Z. V. D. I. Dezember 1902.

dafs man gerade die nötige Polzahl samt Erregerwicklung noch bequem auf dem Umfang unterbringt und die Breite der Maschine nicht allzu grofs wird, letzteres aus mechanischen Gründen und wegen schlechter Kühlung. Bauch hat in dieser Beziehung E.-T. Z. 1902 S. 681 darauf aufmerksam gemacht, dafs man bei bestimmten Durchmessern und bestimmten Sättigungen zu radialen Längen von Feldpolen kommt, die zur Unterbringung des Feldkupfers erforderlich, aber unmöglich ausführbar sind, die theoretische Länge kann sogar $\infty$ werden (besonders bei sehr grofsem $u$).

Da bekanntlich die erforderliche Schwungmasse bei konstantem Gleichförmigkeitsgrade ungefähr[1]) mit $\frac{\mathrm{PS}}{u\,v^2}$ steigt, so sind Schwungradmaschinen nur bei hoher Tourenzahl, bei grofsen Leistungen, die an sich Ankerblechlängen von mehr als 250 mm geben und bei nicht allzu grofsen Schwungmomenten $G D^2$ am Platze; ich führe z. B. an 300 und mehr Kilowatt 150 Touren, 500 und mehr Kilowatt 125 Touren, 1000 und mehr Kilowatt 94 Touren. Bei geringen Periodenzahlen und kleinen Werten der Ungleichförmigkeitsgrade, wie sie z. B. in Amerika üblich sind, $^1/_{400}$ bei 25 Perioden, also $^1/_{800}$ bei 50, während man sich in Deutschland bei 50 Perioden oft mit $^1/_{200}$ begnügt, ferner bei fast allen Gleichstrommaschinen ist die Schwungradtype vom Standpunkte der Herstellungskosten unrationell. Bei Gleichstrom führt die Schwungradanordnung allerdings zu einer guten Reaktanzspannung, aber auch zu einer grofsen Polzahl, bei der jedenfalls für kleine Leistungen nur mehrfache Wellenwicklung möglich ist, welche gerade bei vielen Bürstenspindeln sehr zu ungleicher Kommutierung der einzelnen Bürstensätze und damit zu Funkenbildung neigt, solange man nicht Äquipotentialverbindungen anbringt. Nicht zu unterschätzende Vorteile der Schwungradmaschine sind natürlich der gedrängte Bau und die Tatsache, dafs bei Belastungsschwankungen der Kraftausgleich der Massenkräfte nicht durch die Arme und die Welle zu erfolgen hat, sondern direkt vom Schwungradkranz in die induzierte Wicklung übergeht. Nicht unerwähnt soll bleiben, dafs ich die von Brown, Boveri & Cie. vielfach gebaute Schwungrad-Aufsenpoltype[2]) (Fig. 121) für mittlere Drehstromleistungen und geringe Tourenzahlen z. B. 400 KW 90 Touren, 200 KW 125 Touren und weniger für einen sehr rationellen Ausweg halte.

§ 44. Erregung

In gröfseren Anlagen empfiehlt es sich, für sämtliche Drehstromgeneratoren gemeinsame Zentralerregung und mehrfache umschaltbare Er-

---

[1]) $u$ = Umdr. pro Min., $v$ = Umfangsgeschwindigkeit pro Sek.

[2]) Fischinger teilt in der E.-T. Z. 1902 S. 408 mit, dafs er eine derartige Aufsenpoltype bereits 1891 entworfen hat (E.-T. Z. 1892 S. 481). Auch die im Jahre 1894 gebauten 5000 PS-Maschinen für die Niagarafälle gehören zu dieser Type, sie sind allerdings nicht aus obigen Gründen als Aufsenpoltype entworfen; die neueren Niagaramaschinen haben bekanntlich rotierendes innenliegendes Feldrad.

regersammelschienen zu verwenden, wobei die Erreger von besonderen Kraftmaschinen angetrieben werden, da dann die Erregerspannung unabhängig von der Tourenzahl der Generatoren konstant bleibt. Ist für jedes Drehstromaggregat ein Erreger vorzusehen, so wählt man in den Fällen, in denen neben dem Generator ein Lager mit freiem Wellenstumpf zur Verfügung steht, direkt gekuppelte Erreger; das ist meist bei stehenden[1]) Maschinen, Tandemmaschinen, Wassermotoren u. ä. der Fall. Sitzt aber der Generator zwischen 2 Kurbeln, so ist Riemen- oder Räderantrieb (Fig. 108) für die Erreger oder aber ein kleiner Erregerumformer (Motorgenerator) vorzuziehen.

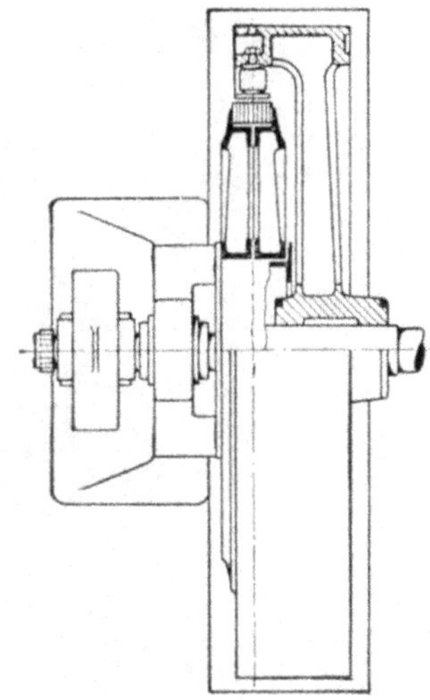

Fig. 121.

§ 45. Parallelarbeiten.

Einwandfreies Parallelarbeiten von Drehstrommaschinen hängt in erster Linie davon ab, dafs die Antriebsmaschine geringe Winkelabweichungen von der mittleren Geschwindigkeit hat (kleiner als 2 bis 3°, die Polteilung gleich 180° gesetzt[2]); ferner ist es wichtig, dafs der Tourenregulator nicht pendelt, dafür ist die Anbringung eines Dämpfers nach Fig. 122[3]) angezeigt, der bei geringen kurzdauernden Belastungsschwankungen bremst, aber grofsen andauernden Belastungsänderungen folgt: Im ersten Falle kommunizieren nämlich die beiden Cylinderhälften nur durch die angedeuteten engen Kanäle, nachher durch die grofsen Ventile. An den elektrischen Generatoren ist es ratsam, für genügende Dämpfung zu sorgen, was durch Anwendung massiver Polschuhe oder von Kupferdämpfern nach Fig. 87 oder nach Fig. 123 geschieht. Die letzte Figur zeigt ein rotierendes Rad der Westinghouse Co., die Dämpferbrücken dienen gleichzeitig zum Festhalten der Hochkant-Feldspulen.

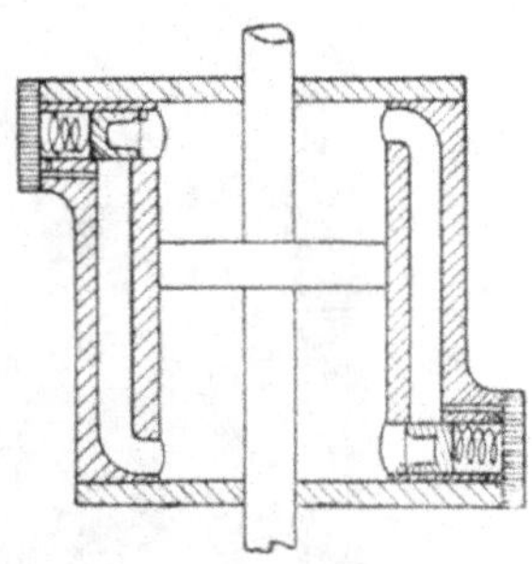

Fig. 122.

In Bezug auf das Parallelschalten und -arbeiten, besonders für Gasmaschinen, sind asynchrone Generatoren — übersynchron[4]) angetriebene In-

[1]) Neuerdings wird allerdings auch bei stehenden Maschinen öfters in England und Amerika die Dynamo zwischen die Kurbeln gesetzt.

[2]) Das erreicht man durch grofse Schwungmassen und durch geeignete Versetzung der Kurbeln bezw. zweckmäfsige Gestaltung der Cylinderdiagramme.

[3]) El. World 1901 S. 724 (2. November).

[4]) Siehe Niethammer, Handb. d. Elektrot. Bd. IV S. 191.

duktionsmotoren — weit günstiger als Synchronmaschinen, die Operationen sind so einfach wie bei Gleichstrom: es ist jedoch aufserdem ein ziemlich grofser Synchrongenerator als Taktgeber oder Erreger nötig, um die Periodenzahl zu fixieren und besonders um die wattlosen Ströme für das Netz und

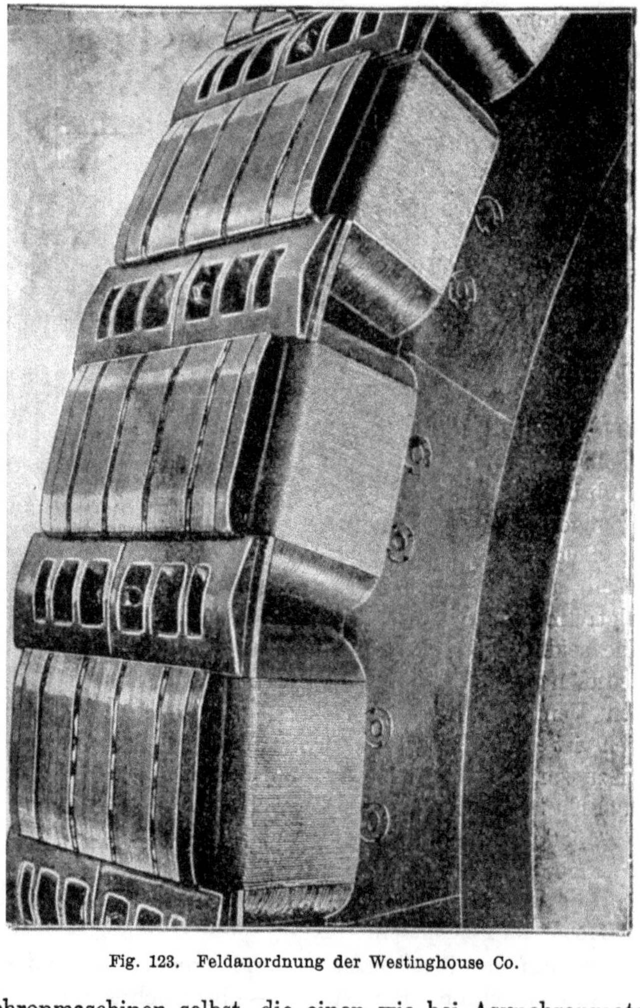

Fig. 123. Feldanordnung der Westinghouse Co.

die Asynchronmaschinen selbst, die einen wie bei Asynchronmotoren verlaufenden cos $\varphi$ haben, zu liefern, oder man hat die asynchronen Generatoren mit Kondensatoren zu versehen (Leblanc) oder nach Latour und Heyland mit Hilfe eines Kommutators selbsterregend[1]) zu machen, siehe S. 36.

[1]) Leblanc hat schon früher eine Reihe Verfahren zur Selbsterregung von Asynchrongeneratoren angegeben, die aber etwas kompliziert sind (siehe Niethammer, Handb. d. Elektrot. Bd. IV S. 195).

Der gewöhnliche Asynchrongenerator mufs mit zunehmender Belastung entsprechend der Schlüpfung als Motor rascher angetrieben werden.

Die gröfsten bis jetzt bekannten Drehstromgeneratoren sind wohl amerikanische Typen mit 7500 KW 75 Touren; die neuen Niagaramaschinen haben dieselbe Leistung, aber 250 Touren.

## 9. Drehstrommotoren.

Ein wichtiges Charakteristikum des Drehstrommotors ist die Höhe des Leistungsfaktors, des cos $\varphi$. Ist derselbe kleiner als 1, so mufs der Motor gröfser werden, sein Wirkungsgrad, sein Abfallwert wird schlechter, Leitung und Generatoranlage werden gröfser und unwirtschaftlicher. Bei der Messung des cos $\varphi$ werden noch viele Sünden begangen. Man kann leicht an demselben Motor 0,87 und 0,92 für dieselbe Leistung messen, z. B. ersteren Wert aus zuverlässigen Ermittelungen von Strom, Spannung und Effekt pro Phase (Instrumente nicht beeinflufst!), letzteren aus 2 Wattmeterablesungen (siehe E.-T. Z. 1903 S. 193 Benischke), § 45. Leistungsfaktor und Streuung.

$$\operatorname{tg} \varphi = \frac{\alpha_1 - \alpha_2}{\alpha_1 + \alpha_2} \sqrt{3} \quad \ldots \ldots \ldots \quad (51)$$

bei starker Abweichung von der Sinusform und nicht ganz ausbalancierten Phasen. Die Messung wird dann auch zweifelhaft, wenn die einzelnen Phasen wegen verschiedener Wickel- und Eisenverhältnisse verschiedene Ströme aufnehmen. Wodurch ist der $(\cos \varphi)_{\max}$ eines Motors bestimmt? Ich will dabei nicht wissenschaftlich genau vorgehen und auch nicht weiter darauf eingehen, wie man $(\cos \varphi)_{\max}$ gerade bei der erwünschten Last erreicht.[1]) Es ist

$$(\cos \varphi)_{\max} = \frac{J_k - J_\mu}{J_k + J_\mu} = \frac{1 - \frac{J_\mu}{J_k}}{1 + \frac{J_\mu}{J_k}} = \sim 1 - 2\,\frac{J_\mu}{J_k} = 1 - 2\,\frac{K_s' + K_s''}{K} \quad (52)$$

d. h. je gröfser das Verhältnis von $J_k : J_\mu$, von Kurzschlufsstrom : Magnetisierungsstrom bezw. vom Hauptfeld $K$ zu den Streufeldern $K_s' + K_s''$ ist, desto besser wird der $(\cos \varphi)_{\max}$. Dabei ist darauf zu achten, dafs für $J_k$ der ideelle Kurzschlufsstrom für Vollastspannung benutzt wird. An dem gemessenen Wert sind Korrektionen besonders für den Ohmschen Abfall anzubringen. Nun will ich $J_\mu$ und $J_k$ aus den Dimensionen des Motors angeben

$$J_\mu = 1{,}2\,\frac{AW}{Z_1}\,2p, \quad \ldots \ldots \ldots \quad (53)$$

falls $AW$ die Amperewindungszahl pro Pol, $2p$ die Polzahl, $Z_1$ die primäre Leiterzahl pro Phase ist. Der Ausdruck gilt auch für offene Nuten, wobei

[1]) Siehe Niethammer, Handb. d. Elektrot. Bd. IX.

einfach das Mittel aus den beiden Zahnkronenoberflächen als Querschnitt für den Luftweg zu nehmen ist. $AW$ rechnet man aus den Mittelwerten der Induktionen und den zugehörigen magnetischen Weglängen aus. Den Hauptanteil bilden bei 50 Perioden in der Regel die Luft-$AW = 0{,}8\ B_l \cdot \delta$, für 15 bis 25 Perioden sind allerdings die Luft- und Eisen-$AW$ häufig gleicher Größenordnung.

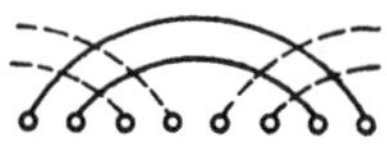

Fig. 124.

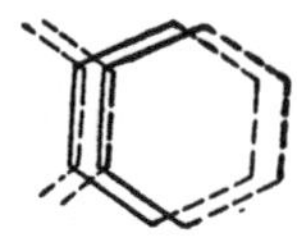

Fig. 125.

$J_k$ berechnet sich aus den Streufeldern $K_s'$ und $K_s''$ von Stator und Rotor, nämlich $E = cn\,Z_1\,(K_s' + K_s'')\,10^{-8}$, wobei $E$ die volle Spannung pro Phase, $c$ bei der in Deutschland üblichen Wicklung (Fig. 124) $\cong 2{,}1$, bei der in Amerika verbreiteten Schleifenwicklung (Fig. 125) $\cong 1{,}8$ ist). Ferner

$$\left.\begin{aligned} K_s' &= c_1 \frac{J_k\,Z_1}{p}\left[\lambda_n' + \lambda_f' + \lambda_p'\right] = c_1 \frac{J_k\,Z_1}{p}\,\Lambda' \\ K_s'' &= c_1 \frac{(J_k - J_\mu)\,Z_1}{p}\left[\lambda_n'' + \lambda_f'' + \lambda_p''\right] \\ &= c_1 \frac{(J_k - J_\mu)\,Z_1}{p}\,\Lambda'' \end{aligned}\right\} \quad . \;.\;. \quad (54)$$

Dabei sind $\lambda_n'$ und $\lambda_n''$ die Nutenleitfähigkeiten primär und sekundär, $\lambda_f'$ und $\lambda_f''$ die Leitfähigkeiten der freien Wickellängen und $\lambda_p'$ und $\lambda_p''$ die Leitfähigkeit für die Polstreuung (Fig. 126).

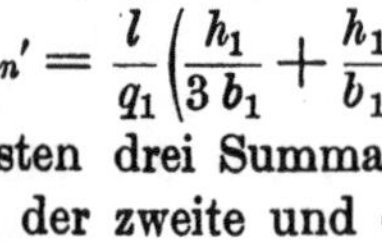

Fig. 126.

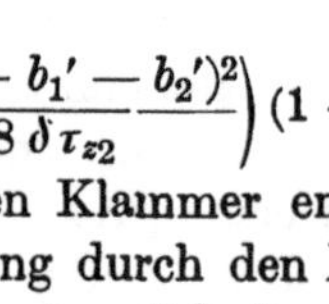

Fig. 127.

Ich setze (Fig. 127):

$$\lambda_n' = \frac{l}{q_1}\left(\frac{h_1}{3\,b_1} + \frac{h_1'}{b_1'} + \frac{h_1''}{b_1''} + \frac{(\tau_{z2} - b_1' - b_2')^2}{8\,\delta\,\tau_{z2}}\right)(1 + k). \quad . \quad (55)$$

Die ersten drei Summanden der großen Klammer entsprechen der Nutstreuung, der zweite und dritte der Streuung durch den Nutschlitz und der vierte entspricht der Zickzackstreuung von einer Zahnkrone des Stators zur gegenüberstehenden Zahnkrone des Rotors und zurück zur benachbarten Statorzahnkrone.

$$\lambda_f' = \frac{c_2\,(\tau_1 + l_k + l_i)}{q_1}\,(1 + k'), \quad . \;.\;.\;.\;. \quad (56)$$

$$\lambda_p' = c_3\,h_{t1}. \quad . \;.\;.\;.\;.\;.\;.\;.\;.\;.\;.\;.\;.\;. \quad (57)$$

Für die sekundären Gröfsen gelten entsprechende Werte mit dem Index 2. $l$ ist die effektive Ankerlänge, $q_1$ die Nutenzahl pro Pol und Phase, $1+k$ und $1+k'$ berücksichtigen wie bei den Gleichstromberechnungen die gegenseitige Induktion der einzelnen Spulen aufeinander, $\tau_1$ ist die Polteilung Mitte Nut, $l_k$ die gesamte Breite der Luftkanäle, $l_i$ diejenige des Isolationsmaterials zwischen den Blechen. Nach zahlreichen Nachrechnungen an Motoren mit nahezu geschlossenen, halb offenen und ganz offenen Nuten findet sich rund:

$$c_1 = 2{,}5$$

| | $c_2$ |
|---|---|
| für Wicklung Fig. 124 . . . . . . . . . . . . . . . . | 0,30 |
| » » Fig. 125 . . . . . . . . . . . . . . . | 0,25 |
| » Kurzschlufswicklung . . . . . . . . . . . . . . . | 0,15 |

| Bei $q_1$ oder $q_2$ = | 1 | 2 | 3 | 4 bis 6 | 7 und mehr |
|---|---|---|---|---|---|
| $1+k$ = | 1,0 | 1,4 | 1,5 | 1,6 | 1,7 |
| $1+k'$ bei Fig. 124 oder Kurzschlufswicklung | $q_1$ od. $q_2$ | $q_1$ od. $q_2$ | $q_1$ od. $q_2$ | $q_1$ od. $q_2$ | $q_1$ oder $q_2$ |
| $1+k'$ bei Fig. 125 . | 1 | 1,5 | 1,7 | 1,8 | 1,9 |

$$c_3 = 0{,}5$$

Dabei ist bei Berechnung von $1+k'$ für Fig. 124 vorausgesetzt, dafs die Stirnverbindungen pro Pol und Phase in einem Knäuel ohne Trennung gewickelt sind (vollkommene gegenseitige Induktion). Trennt man die einzelnen Spulen in den Stirnverbindungen sorgfältig, so bekommt man geringere Werte. Die Nutstreuung ist bei schmalen Motoren 40 bis 60% der Gesamtstreuung, die der Endverbindungen ebenfalls 40 bis 60%; bei breiten Motoren sind die Werte entsprechend 60 bis 80% und 20 bis 40%. Von der Nutstreuung entfallen in der Regel 30 bis 50% auf eigentliche Nutstreuung, 20 bis 40% auf Schlitz- und 10 bis 60% auf Zickzackstreuung. Letztere ist im Gegensatz zu anderen Veröffentlichungen auch für den Rotor ziemlich grofs. Sie ist bei offenen Nuten wesentlich kleiner als bei nahezu geschlossenen, auch ist die Stirnstreuung und Nutstreuung bei offenen Nuten und der Wicklung Fig. 128 kleiner.

Es sei hier noch bemerkt, dafs die von mir früher angegebene Formel

$$K_s = 5\,\frac{J_k\,Z_1}{p}\left[\frac{l}{q_1}\left(\frac{h_1}{2\,b_1} + \frac{h'_1}{b'_1} + \frac{h''_1}{b''_1} + \frac{\delta}{b''_1 + 1{,}6\,\delta}\right) + 0{,}15\,\tau_1\right] \quad . \quad (58)$$

für nahezu geschlossene Nuten auch ganz brauchbare Werte gibt.

Es darf allerdings nicht unbeachtet bleiben, dafs diese obigen Koeffizienten ziemlich erheblich von der Ausführung abhängen. Als Beleg hierfür erwähne ich, dafs die Streuung eines Transformators mit konzentrischen Spulen, solange beide Spulen in der Richtung der Spulen in der Werkstatt nicht ganz gleich lang gemacht wurden, 12% betrug, als die Länge gleich gemacht wurde, betrug sie nur noch 7%. Eisenteile wie

Lagerschilder etc. in der Nähe der Stirnverbindungen beeinflussen die Streuung u. U. merklich, bei Ringwicklungen verursachen sie in der Regel schädliche Streuungen, bei Trommelwicklungen öfters auch nutzbare Streufelder.

Inwieweit verkürzter Schritt[1]), der bei der Schleifenwicklung Fig. 125 möglich und angezeigt ist, die gegenseitige Induktion hierbei verringert, ist mangels genügender Versuchsunterlagen nicht berücksichtigt. Bei ganz geschlossenen Nuten mufs man den Streuflux durch den dünnen Eisensteg aus Querschnitt, Weglänge und Permeabilität schätzen, er ist häufig sehr beträchtlich. Die Nachteile der ganz geschlossenen Nuten wiegen die Vorteile mehr als auf, man hat sie deshalb auch fast allgemein aufgegeben.

Aus diesen Beziehungen geht hervor, dafs

$$\frac{J_k}{J_\mu} = \sim \frac{d\,l}{p\,\delta\,(\Lambda' + \Lambda'')} = \sim \frac{d\,l}{p\,\delta\,\Lambda} \quad . \quad . \quad . \quad . \quad . \quad (59)$$

($d$ Luftspaltdurchmesser), d. h., dafs $\cos\varphi_{max}$ um so gröfser wird, je kleiner der Luftspalt $\delta$, je mehr Nuten pro Pol und Phase vorhanden sind und je kürzer die freie Wicklungslänge ist. Es ist aus den Werten für $c_2$ und $1 + k'$ zu erkennen, wie wichtig es ist, die gegenseitige Induktion nicht allein in den Nuten, sondern auch der Stirnverbindungen durch rationelle Unterteilung und Trennung derselben möglichst zu reduzieren.

Aufser genannten wesentlichen Gesichtspunkten sollen die Nuten seicht sein und namentlich, soweit Betriebssicherheit das zuläfst, keine tiefen aber breite Schlitze für Keile oder Hülsen haben; offene Nuten geben nicht selten an sich schlechteren $\cos\varphi_{max}$ als nahezu geschlossene, da bei offenen Nuten der Luftquerschnitt bei sonst gleichen Verhältnissen um 30 bis 40 % kleiner ist als bei nahezu geschlossenen, anderseits ist allerdings auch die Streuung ziemlich geringer.[2]) Die Ankerlänge $l$ braucht für guten $\cos\varphi_{max}$ nicht notwendigerweise klein sein, da mit $l$ sowohl Streufeld $K'_s$ als auch Hauptfeld $K$ wachsen und bekanntlich

$$\frac{J_k}{J_\mu} = \sim \frac{K}{K'_s + K''_s}$$

[1]) Verkürzter Schritt, der namentlich bei grofsen Polteilungen ratsam ist, verringert auch das Kupfergewicht der Endverbindungen. $J_k$ wird dadurch vergröfsert, aber auch $J_\mu$.

[2]) Drehstrommotoren mit offenen Nuten werden in der Regel gröfser und schwerer wie solche mit nahezu geschlossenen Nuten, um gute Verhältnisse zu bekommen, und die Rotordurchmesser sind gröfser und die Eisentiefen (radial) kleiner zu wählen. Bei geringer Periodenzahl (weniger als 30) ist der Unterschied nicht mehr so grofs. In den Vereinigten Staaten, wo offene Nuten und Kurzschlufsanker bis 800 PS herauf die Regel sind, werden Drehstrommotoren für nahezu den doppelten Preis wie äquivalente Gleichstrommotoren umgesetzt, während hierzulande Drehstrommotoren eher billiger sind. Manche Ausführungen von Drehstrommotoren mit offenen Nuten zeigen eher besseren $\cos\varphi_{max}$ als solche mit geschlossenen, aber schlechteren Wirkungsgrad.

ist. Obige Hauptforderungen führen zunächst zu grofsen Durchmessern und häufig zu schmalen Motoren, wenigstens so lange, bis die Streuung der Endverbindungen sehr grofs wird. Für Motoren mit hoher und mittlerer Tourenzahl (siehe Fig. 2) ist es bei 50 Perioden meist möglich, unter Anwendung der praktisch zulässigen Gröfse des Luftspaltes und bei nicht zu geringer Ankerbreite Motoren mit $\cos \varphi_{max} = 0{,}85$ bis 0,92 zu erzielen. Kommt man aber zu langsam laufenden Typen, wie 1000 PS 31 Touren, 300 PS 62 Touren, 100 PS 100 Touren, 40 PS 150 Touren oder gar 20 PS 100 Touren, so kann man die Abmessungen drehen und wenden, man bekommt fast immer einen $\cos \varphi < 0{,}7$ und zudem einen Magnetisierungsstrom $J_\mu$, der 50% und mehr des Vollaststromes ausmacht, und

§ 47. Langsamlaufende Drehstrommotoren.

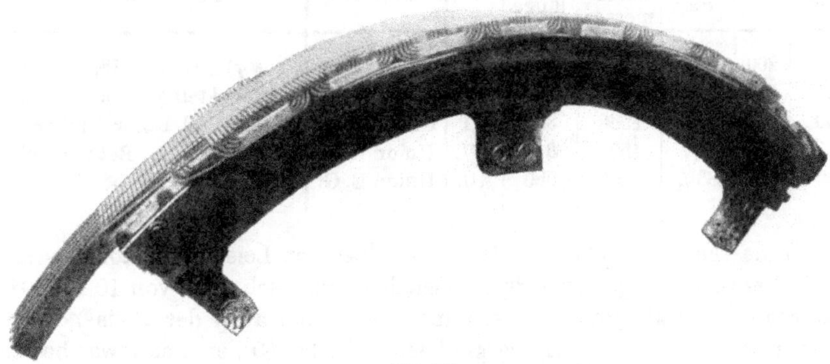

Fig. 128.
Drehstrommotor der Union E.-G. 500 PS 150 Touren.

bei mehr Perioden wird es noch schlimmer, selbst wenn man den Durchmesser sehr grofs und die Breite fast scheibenartig wählt, indem die Stirnstreuung dann die Nutstreuung eventuell überwiegt, abgesehen von der mechanischen Unstabilität. Aus letzterem Grunde ist es nicht ratsam, bei Rotordurchmessern von 2 bis 3 m unter 150 mm Länge, bei gröfseren Durchmessern unter 250 mm Länge zu gehen. Nach heutigen Anschauungen über Drehstromverteilungen wird man in der Regel einen solchen Motor mit $\cos \varphi < 0{,}7$ in einem Drehstromnetz kaum dulden. Die mechanische Ursache des schlechten Leistungsfaktors ist der für die elektrischen Verhältnisse zu grofse Luftspalt; könnte dieser beliebig reduziert werden, so wäre auch eine Verschlechterung des $\cos \varphi$ im genannten Mafse nicht vorhanden. Der Luftspalt ist durch die Gefahr des Schleifens vom Rotor am Stator begrenzt. $\delta$ wächst mit dem Durchmesser $d$ etwa nach der Beziehung (schmale Motoren vorausgesetzt)

$$\delta = \frac{1}{\frac{300}{d} + 3} \quad \ldots \ldots \ldots \quad (60)$$

Breite und rasch laufende Motoren sollten gröfsere Luftspalte[1]) erhalten, sehr langsam laufende etwas kleinere Werte.

Bei grofsen Wasserhaltungsmotoren für Grubenzwecke kommt noch eine weitere Verschlechterung insofern hinzu, als die Rotoren geteilt werden müssen, und zwar manchmal in sehr kleine Teile, um z. B. noch einen Schacht von 1,7 $\times$ 1,2 m zu passieren (siehe z. B. Fig. 128, ein Rotorstück eines 500 PS-Motors der Union E.-G.).[2]) Bei solchen Konstruktionen dürfte es ratsam sein, den Luftspalt gröfser zu machen als bei ungeteilten Motoren, was den cos $\varphi_{max}$ verringert. Die Hauptdaten einiger langsam laufenden Induktionsmotoren[3]) stehen in nachfolgender Tabelle (alles in mm):

| Perioden | PS | Touren | Rotordurchmesser | Rotorlänge | $\delta$ | Erbauer | Bemerkungen |
|---|---|---|---|---|---|---|---|
| 50 | 200 | 125 | 2700 | 240 | 2 | Brown, Boveri | $(\cos\varphi)_{normal} = 78$, $\eta = 92$ |
| 25 | 650 | 62 | 4700 | 450 | $3^1/_2$ | Lahmeyer | Stator 4 teilig, Rotor 8 teilig |
| 50 | 300 | 125 | 2560 | 330 | 2,1 | Union E. G. | Stator und Rotor 2 teilig |
| 50 | 770 | 107 | 4500 | 310 | $2^3/_4$ | Union E. G. | Stator 4 teilig, Rotor 6 teilig |
| 25 | 100 | $83^1/_2$ | 2200 | 280 | $1^1/_2$ | Union E. G. | $\eta \times \cos\varphi = 88 \times 80$ |

Eine sehr rationelle Abhilfe dieses schlechten Leistungsfaktors besteht in der Verwendung geringer Periodenzahlen, praktisch etwa von 10 bis 30[4]) wodurch die Polzahl und die Streuung, manchmal auch der Preis[5]) etwas reduziert werden. Der Wirkungsgrad ist meist bei 50 Perioden etwas besser als bei 25. Ein 7,5 PS-Drehstrommotor für 750 Touren und 50 Perioden wird keinesfalls viel mehr als $\cos\varphi = 0{,}80$ bis 0,83 haben, die gleiche Leistung ist bei 25 Perioden noch mit 0,89 bis 0,92 zu bauen. Die Westinghouse Co. liefert z. B. Motoren für 5 bis 10 PS, 250 Touren und 25 Perioden bei einem $\cos\varphi > 0{,}80$. Schwieriger wird es allerdings auch bei

[1]) Ebenso Bahnmotoren.

[2]) Siehe auch D. R.-P. 133116 von Siemens & Halske. Um die Teilung nicht zu weit treiben zu müssen, mache man den Durchmesser so klein als angängig.

[3]) Der gröfste Motor dürfte eine von Brown, Boveri & Cie. nach Augsburg gelieferte Type von 2000 PS, 114 Touren, 50 Perioden sein (40000 kg Gesamtgewicht).

[4]) Wasserhaltungen werden vielfach mit solchen Periodenzahlen betrieben. Die niedrigen Periodenzahlen sind bekanntlich auch für das Leitungsnetz und Umformer günstiger. Die Motoren werden breiter und stabiler, abgesehen vom besseren cos $\varphi$. Solche niederperiodige Drehströme kann man bequem Gleichstrommaschinen, die man mit 3, 4 oder 6 Schleifungen versieht, entnehmen (sog. Doppelstromgeneratoren).

[5]) Die Preise von Generatoren und Transformatoren sind für 25 Per. in der Regel höher als für 50.

25 Perioden 5 PS 150 Touren, 15 PS 100 Touren, 30 PS 62 Touren herzustellen.

§ 48. Kompensierte Drehstrommotoren.

In solchen Fällen ist es besonders wünschenswert, kompensierte Drehstrommotoren mit cos $\varphi = 1$ zu verwenden. Leider geht das nicht ohne erhebliche Komplikation ab, z. B. nur unter Verwendung einer besonderen Erregermaschine oder eines Kollektors oder eines Kondensators und teilweise auch auf Kosten des Wirkungsgrades.

Schaltet man den Rotor eines Asynchronmotors nachdem er auf die Touren gekommen ist, nach einer der Fig. 129 und 130[1]) auf eine Gleichstromerregung, so läuft er synchron weiter, und er kann leicht auf cos $\varphi = 1$ einjustiert werden. Der Luftspalt kann dabei ziemlich grofs gewählt werden. Beim Aufsertrittfallen mufs der Motor automatisch wieder asynchron werden. Das Verfahren ist auch für Einphasenmotoren angängig;

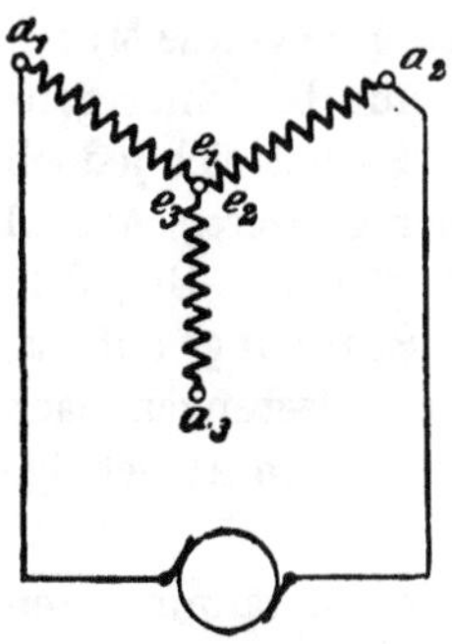


Fig. 129.

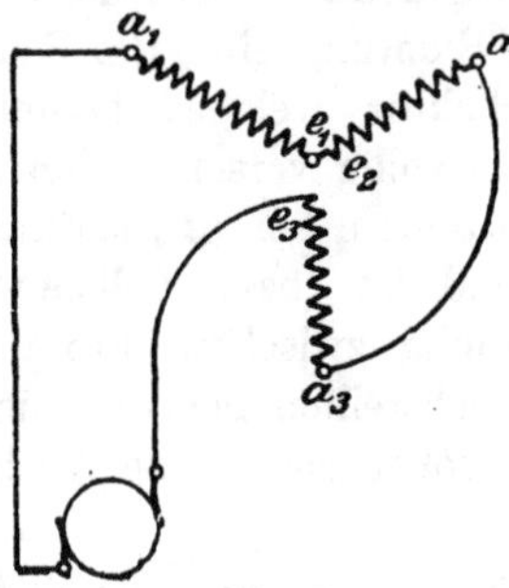


Fig. 130.

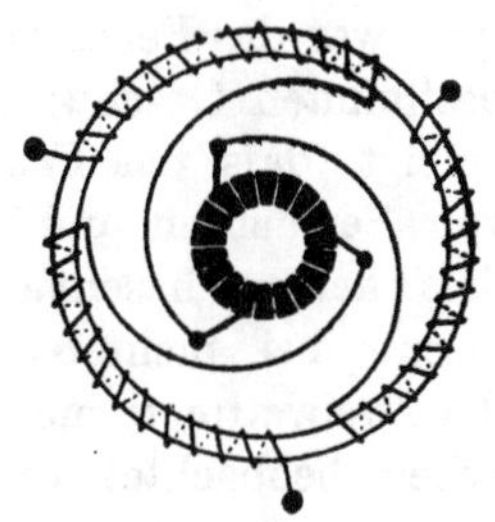

Fig. 131.

Danielson hat neuerdings wieder auf die Anordnung besonders für Bahnzwecke hingewiesen[2]); auch die Maschinenfabrik Örlikon benutzt diese Anordnung. Leblanc hat eine Reihe Spezialmaschinen angegeben, die auf den Rotor von Asynchronmotoren arbeiten und deren Selbstinduktion aufheben, sie sind aber teuer und kompliziert[3]); das Gleiche gilt für die Verwendung von Kondensatoren, die in Amerika besonders für Einphasenmotoren einige Verbreitung gefunden haben. Den Kommutator hat Görges[4]) zuerst zur Kompensation der wattlosen Ströme benutzt; bei der aktuellen Wichtigkeit zitiere ich an Hand der Fig. 131 aus dem Görgesschen Aufsatz: Die Bedeutung des Kommutators bei Wechselstrommotoren besteht darin, die Periode der induzierten EMK von der Rotationsgeschwindigkeit unabhängig zu machen. Man kann hiervon auch eine Anwendung

[1]) Man kann $a_1$ und $a_2$ auch direkt verbinden und die Gleichstromerregung an die Klemmen $a_1$ und $a_3$ legen.

[2]) E.-T. Z. 1901 Heft 52 und 1902 Heft 3.

[3]) Handb. der Elektrotechnik, Niethammer Bd. IV S. 195.

[4]) E.-T. Z. 1891 S. 701 D. R.-P. 61951.

auf den Drehstrommotor machen und beiden Teilen direkt Strom zuführen und zwar dem rotierenden Teil durch Schleifbürsten und einen Kommutator. Der Erfolg ist, daſs in beiden Teilen rotierende magnetische Felder erzeugt werden. Dabei ist die Rotationsgeschwindigkeit der magnetischen Achsen nur von der Periode der Wechselströme abhängig, dagegen nicht von der Rotationsgeschwindigkeit des Ankers. Die Schaltung kann in verschiedener Weise vorgenommen werden; entweder liegen beide Ringe parallel[1]) zueinander, oder der Strom durchflieſst (Fig. 131), von einem Pol kommend, erst ein Drittel des festen Ringes und geht dann durch eine Bürste in den beweglichen Ring. Es sind drei verschiedene Fälle möglich: Fallen die magnetischen Achsen beständig zusammen, so treten keine Drehmomente auf und der Motor bleibt in Ruhe, was durch geeignete Bürstenstellung erreicht wird. Dreht man von dieser Stellung aus die Bürstenhalter in dem einen oder anderen Sinne, so tritt eine Rotation in der einen oder anderen Richtung ein. Ein Bedenken gegen diese Motortype war das Feuer am Kollektor, welches theoretisch nur bei einer ganz bestimmten Geschwindigkeit völlig verschwinden soll. Es hat sich jedoch gezeigt, daſs das Feuer besonders bei Anwendung einer gröſseren Anzahl von Segmenten unbedeutend ist (bezw. vollständig wegfällt). Der Fall, daſs keine Phasenverschiebung zwischen Strom und Spannung auftritt, konnte bei mehreren Versuchsreihen bei verschiedenen Belastungen nach der Zweiwattmetermethode, wobei dann beide Wattmeter gleiche Ausschläge geben, beobachtet werden.

Erst in allerletzter Zeit sind nun diese Art Kommutatormotoren wieder von Heyland und Latour der Vergessenheit entrissen worden. Sie unterscheiden sich ganz wesentlich von den berüchtigten, allerdings auch wieder zu Ehren gekommenen Einphasenkommutatormotoren, die namentlich von Steinmetz & Atkinson theoretisch behandelt wurden, bei denen die Bürsten in starkem pulsierenden Felde liegende Spulen kurzschlieſsen und die deshalb in der Regel zu zerstörend wirkender Funkenbildung Veranlassung geben[2]) und überdies starke Phasenverschiebung veranlassen; sie haben auch keinesfalls ein rotierendes, sondern ein pulsierendes Feld. Die Anordnung des Heylandmotores ist insofern ein wesentlicher Fortschritt, als er eine Kombination des Görgesschen Motors mit dem landläufigen Induktionsmotor darstellt (Fig. 33): Heyland legt nämlich zwischen die einzelnen Lamellen des Kommutators Widerstände von entsprechender Gröſse, derart daſs bei angemessener Schlüpfung in denselben die erforderlichen, vom Stator induzierten Arbeitsströme flieſsen können; er führt

[1]) So sind die Motoren von Latour und von Heyland geschaltet, wenn man von den Umsetzungsverhältnissen absieht.

[2]) Siehe weiter bei Einphasenmotoren sowie Handb. der Elektrotechnik Bd. IX (Niethammer) S. 172 ff.

[3]) Siehe unter Einphasenmotoren.

durch den Kommutator von aufsen nicht den ganzen Rotorstrom, sondern nur einen kleinen Erregerstrom zur Kompensation der Streuung zu. Der Kommutator wird damit ganz bedeutend kleiner und erhält auch wesentlich weniger Lamellen, überdies sind die Widerstände für die Kommutierung an sich günstig. Aus der Fig. 32 ist unter anderem auch ersichtlich, dafs für den Rotor nicht die ganze Netzspannung, sondern eine von der Statorwicklung abgezweigte Teilspannung benutzt wird. Der in Fig. 32 gezeichnete Ring R ist in Wirklichkeit ein grobteiliger Kommutator, wie dies aus

*c*

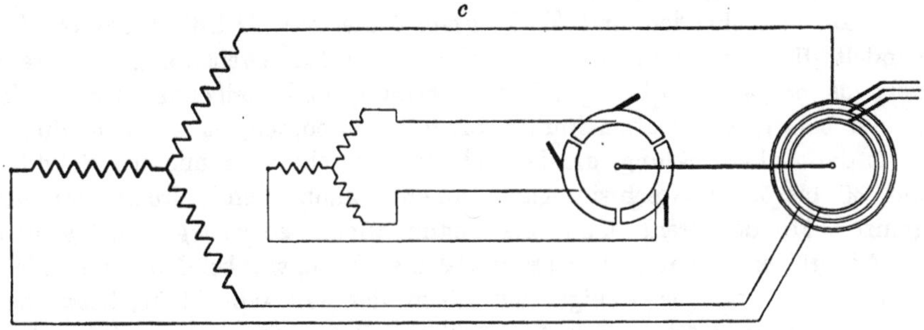

Fig. 132.

*d*

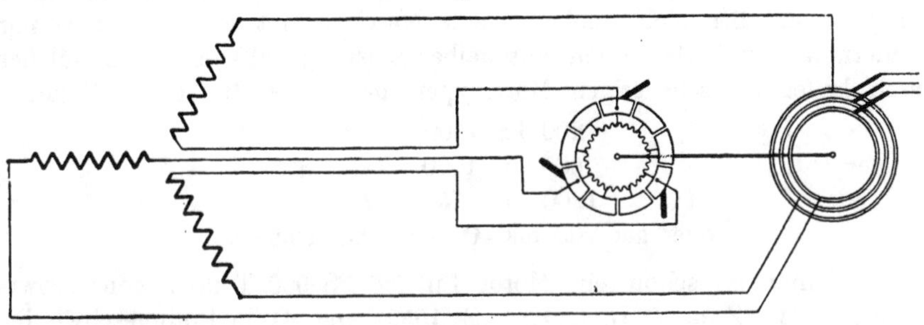

Fig. 133.

Fig. 33 ersichtlich. Die Osnossche Anordnung ist in Fig. 37 bereits gezeichnet. Ein Vorteil der kompensierten Motoren ist, dafs man den Luftspalt beliebig grofs wählen kann. Die von Heyland zwischen den Lamellen verwendeten Widerstände verringern allerdings den Wirkungsgrad und verhindern auch eine vollständige Kompensation auf cos $\varphi = 1$. Latour justiert seinen Motor (die Görges-Type) mittels Bürstenstellung derart, dafs er bei Vollast ohne Schlüpfung läuft, dagegen leer etwas negativ schlüpft, falls man die Bürsten nicht verstellen will. Es ist zweifelsohne, dafs auch ohne die Widerstände parallel zur Rotorwicklung funkenfreie kompensierte Motoren zu bauen sind. Auf die Gröfse der Schlüpfung ist aufser der Bürstenstellung die Stärke und Phase der Rotorerregung, die Bürstendicke im Verhältnis zur Lamellenstärke (kurzgeschlofsene Rotorspulen) und die Gröſse der Last von Einfluſs. Zur Erhöhung des Anzugsmoments lassen sich in den Rotor der Kommutatormotoren wie bei den gewöhnlichen Induktionsmotoren mehrphasige Anlaſswiderstände einfügen, wozu noch 3 Schleifringe erforderlich sind (Fig. 132 und 133 nach Heyland). Allzuviel Bedeutung ist diesen kompensierten Motoren namentlich für kleinere Typen in kommerzieller Hinsicht nicht beizumessen, wenigstens was den cos $\varphi$ anlangt, eine wesentlich wichtigere Frage ist die rationelle Tourenregulierung und die Anwendung der Kommutatortype für brauchbare Einphasenmotoren.[1])

§ 49. Raschlaufende Drehstrommotoren.

Im vorstehenden sind die langsam laufenden Drehstrommotoren behandelt, für rasch laufende gilt ähnliches wie für Drehstromgeneratoren; der cos $\varphi_{max.}$ wird bei gegebener Leistung und steigender Tourenzahl immer besser, wir erhalten immer breitere Maschinen, da die Zentrifugalkraft der Ankerwicklung, die je nach dem Durchmesser und der Solidität mit 30 bis 50 m Geschwindigkeit rotieren kann, den Durchmesser begrenzt. Mit der Breite kann man dann wieder so weit gehen, bis man die Ankerbleche nicht mehr zusammenhalten kann, was bei dem rotierenden Anker wohl schon bei weniger als 1,0 m der Fall sein dürfte, bezw. bei kleinem Luftspalt schon wesentlich früher. Dabei bemerke ich, daſs, wenn man diese zu lange Bolzen dadurch umgeht, daſs man zwei Statoren und zwei Rotoren mit separaten Bolzen nebeneinander in einem Gehäuse unterbringt[2]), ich dies nicht mehr als eine Maschine mit der vollen Leistung, sondern als zwei Maschinen mit halber Leistung auffasse.[3]) Zu solchen rasch laufenden schwierigen Motortypen gehören z. B. bei 50 Perioden

200 PS 1500 Touren
600 » 1000 »
1200 » 750 »
oder gar 200 bis 400 PS 3000 Touren.

Hierher ist schon ein Motor für 250 PS 900 Touren von Brown, Boveri & Co. (Z. d. V. D. I. 1901 S. 1552) mit 41 m Rotorgeschwindigkeit, Fig. 134 (45 Perioden 1000 Volt; $\eta = 0{,}94$; cos $\varphi = 0{,}85$, 1 % Schlüpfung)[4]) sowie ein abgeschlossener Motor für 50 PS 1500 Touren der Union

---

[1]) Siehe einen Aufsatz über Kommutatormotoren in Z. f. E. 1903 von Dr. Fleischmann und Alexander.

[2]) Ich verweise z. B. auf den Motor von Brown, Boveri & Co. für 1000 PS und 544 Touren, siehe Niethammer, Elektromotoren für Gleich- und Wechselstrom S. 201. (Handb. d. Elektrot.)

[3]) Diese Methode, eine Maschine von groſser Leistung und hoher Tourenzahl in verschiedene hintereinandergebaute Einheiten zu zerlegen, wird auch bei Turbodynamos benutzt.

[4]) Der Motor hat Kurzschluſsanker (phasengewickelt), ist ziemlich abgeschlossen gebaut, hat aber trotzdem genügende Ventilation; 108 Nuten primär, 180 sekundär.

Elektrizitäts-Gesellschaft, Fig. 135 (50 Perioden, 2000 Volt, 31 m Umlaufsgeschwindigkeit) zu nennen; beide Motoren sind mit Zentrifugalpumpen

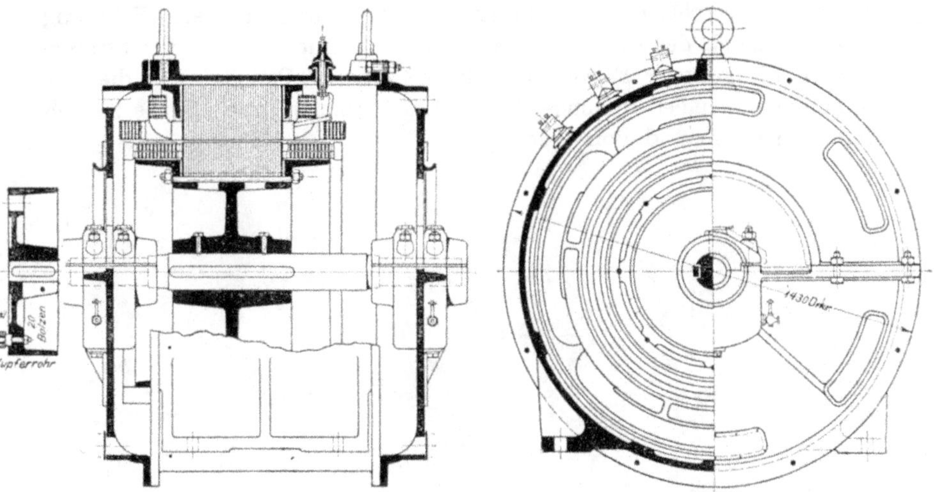


Fig. 134.
Drehstrommotor von Brown, Boveri & Co.

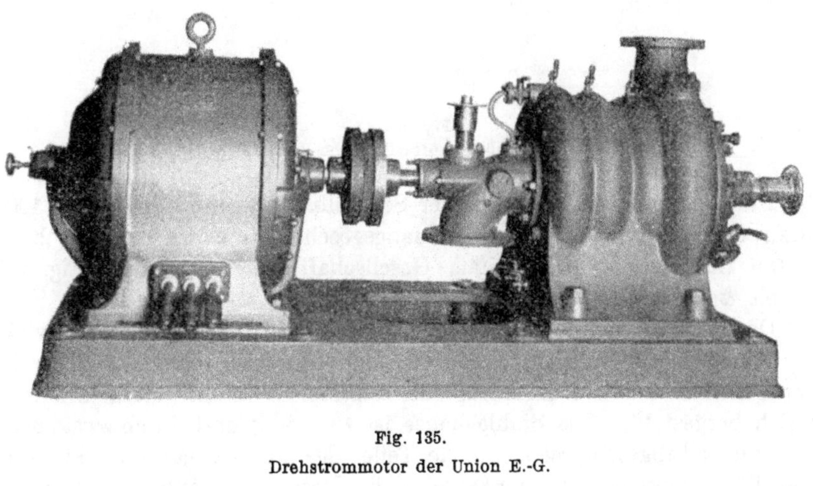

Fig. 135.
Drehstrommotor der Union E.-G.

gekuppelt.[1]) Gröfsere Vorteile bietet es übrigens, solche rasch laufende Motoren, im Gegensatz zu den geringtourigen mit hoher Periodenzahl, bei-

[1]) Lasche zitiert in Z. V. D. I. 1902 (Dezember) einen Motor für 600 PS, 1000 Touren, der von der A. E.-G. gebaut wurde; auch die Union E.-G. hat gegenwärtig einen solchen Motor in Ausführung.

spielsweise mit 100 Perioden [1]), zu speisen, da dann unter anderem die Endverbindungen elektrisch und mechanisch besser ausfallen.

§ 50. Drehstrombahnmotoren. Für Drehstrombahnmotoren, bei denen der Luftspalt in der Regel $1\frac{1}{2}$- bis 3mal gröfser zu halten ist als bei stationären, treten Schwierigkeiten bezüglich des cos $\varphi$ hauptsächlich bei kleinen Typen für Strafsenbahnen mit geringer Fahrgeschwindigkeit und 50 Perioden auf, die Vollbahnmotoren haben besonders bei Periodenzahlen von 15 bis 30 sehr günstige Touren- und Polzahlen.

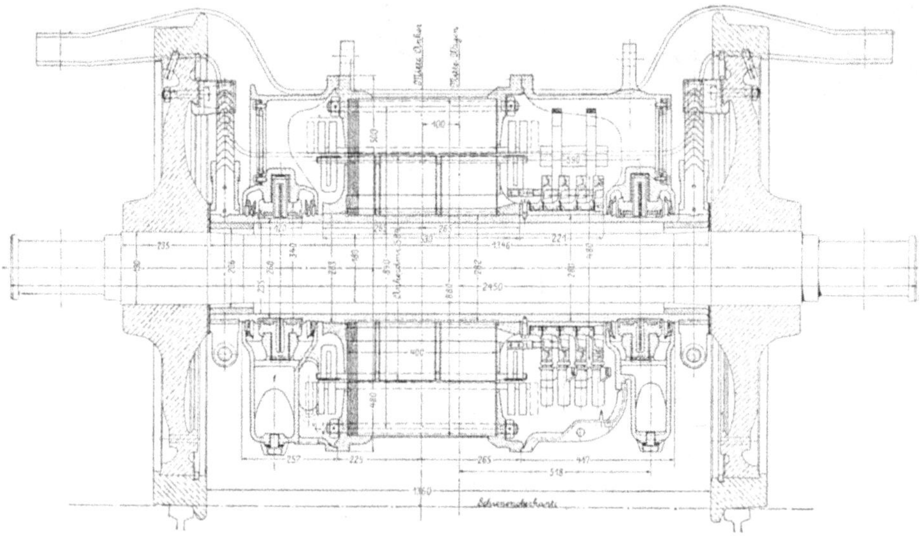

Fig. 136.
Schnellbahnmotor der Allg. E.-G.

Die 50-periodigen Motoren der Schnellbahnwagen haben bei ca. 1000 Touren und 250 PS (750 PS $_{max}$) Umfangsgeschwindigkeiten von ca. 29 m, Fig. 136 (Allgemeine Elektrizitäts-Gesellschaft) und ca. 37 m, Fig. 137 (Siemens & Halske). [2])

Der letzte Motor hat in Stator und Rotor [3]) stabgewickelte Faſswicklung, die sich bequem gegen Zentrifugalkraft durch Bronzekappen bandagieren läſst. Der aktive Eisenring des Stators ist nicht geteilt und wird für sich hergestellt. Das Stahlgehäuse ist zweiteilig und durch zwei ebene Lagerschilder abgeschlossen. Beide Teile des A. E.-G.-Motors, Fig. 136, haben Bügel-(Seiten-)Wicklung, speziell im Rotor sogenannte Evolventenverbindungen; auf den etwas eingefrästen Rotorstäben liegt über den

---

[1]) Bei gewissen Motoren, z. B. kleinen Spinnspindelmotoren, für 10000 Touren muſs man mindestens auf 200 Perioden gehen.

[2]) Z. V. D. I. 1901, Reichel, Lasche.

[3]) Der Rotor trägt die primäre Wicklung.

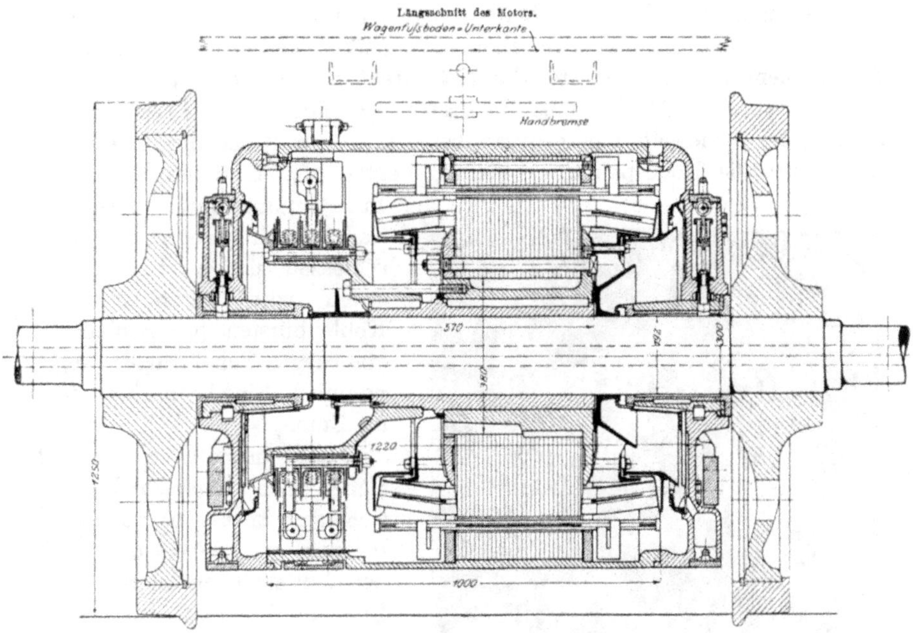


Fig. 137.
Schnellbahnmotor von Siemens & Halske.

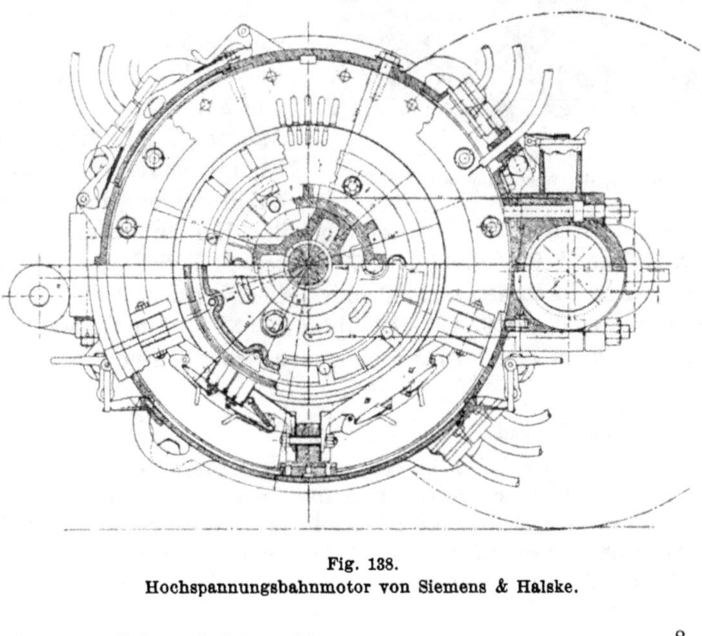

Fig. 138.
Hochspannungsbahnmotor von Siemens & Halske.

Stromverbindungen je eine kräftige Bandage. Der Stator hat kein eigentliches Gehäuse, sondern nur Seitenwangen, der Rotor ist zweiphasig und mit zwei Ventilationskanälen versehen. Die neue Hochspannungslokomotive von Siemens & Halske[1]) wird durch 4 direkt mit 10000 Volt gespeisten Motoren von ca. 200 PS (400 PS max.), 900 Touren, 50 Perioden, betrieben, die beiderseits eine Zahnradübersetzung von etwas über 1:2 haben (Fig. 139); die Hochspannungswicklung liegt in offenen, tiefen Nuten, die mit Glimmerrohren ausgelegt und durch Holzkeile abgeschlossen sind.[2]) Der Rotorstrom wird durch 2 Sätze Kohlenbürsten pro Schleifring von den 2 Schleifringen abgenommen. Eine Rotorphase liegt an Erde.[3])

Fig. 139.
800 PS-Motor der Westinghouse Co.

§ 51. Konstruktive Ausführung von Drehstrommotoren.

In konstruktiver Hinsicht eignen sich Lagerschilder am sichersten zu der präzisen Zentrierung, wie sie bei dem kleinen Luftspalt erforderlich ist. In Amerika wird die Lagerschildtype noch für die allergröfsten Modelle ausgeführt z. B. nach Fig. 139, die einen 800 PS Motor der Westinghouse Co. von ca. 300 Touren zeigt; der Rotor selbst dieses grofsen Motors hat Kurzschlufsanker, das Anlassen geschieht mittelst Kompensators und meist unter Zuhilfenahme einer Leerkupplung. Das Lagerschild ist horizontal geteilt. Ein ähnlicher Motor von Siemens & Halske, Wien, für 170 PS, 60 Touren, 21 Perioden, ist in Fig. 140 abgebildet: Ankerdurchmesser 3120 mm, Ankerbreite 200 mm, Luftspalt 1,4 mm, $\cos \varphi = 0{,}88$, $\eta = 92{,}4\,\%$, Schlüpfung $= 4{,}1\,\%$. Um Gufsspannungen zu vermindern, kann man den geschlossenen Kranz aufsen am Lagerschild

[1]) E. T. Z. 1902 S. 686.

[2]) Primär 72, sekundär 90 Nuten, Ankerdurchmesser ca. 68, Ankerbreite (axial) ca. 30 cm. Der Rotor ventiliert kräftig. $\eta_{max} = 90\,\%$, $\cos \varphi_{max} = 0{,}90$.

[3]) Ich verweise noch auf die Bahnmotoren von Brown, Boveri & Co: El. World 22. Febr. 1902, sowie auf D. R.-P. 113246, worin die Drehstrommotoren aufserhalb des Lokomotivrahmens gelagert sind, ferner Handb. der Elektrotechnik Bd. IX (Niethammer) S. 200 ff.

weglassen und nur einen Armstern gießen dessen Arme einzeln mit dem Gehäuse verschraubt werden. Da die präzise Herstellung von Lagerschildkonstruktionen einige Schwierigkeit bietet, ist von verschiedener Seite das Schild mit einem Stehlager kombiniert worden[1]), aber die Verteilung der Auflage auf die Zentrierfläche am Schild und die Stehlagergrundfläche ist dann sehr zweifelhaft, das Genaueste ist ein gutzentriertes Lagerschild. Die Lagerschalen von Schildermodellen sollten kuglig aufliegen, damit man den Rotor auf den Stator ablassen kann.

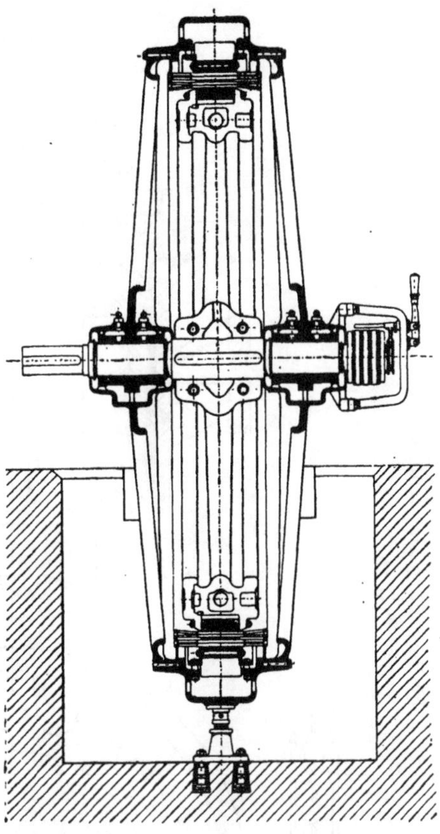

Fig. 140.
Drehstrommotor von Siemens & Halske, Wien.

Während in den Vereinigten Staaten fast ausnahmslos fertig gewickelte Formspulen, die in der Regel den bei Gleichstrom verwendeten vollständig gleichen, Fig. 125, in ganz offene Nuten eingelegt werden, abgesehen nur von seitlich eingeschobenen Stabwicklungen, ist es in Europa üblich, die Drähte in Isolierhülsen[2]), die in den Nuten stecken, direkt einzufädeln oder auch, was billiger ist, aber nicht für allzu hohe Spannungen angeht, oben zum Nutenschlitz hereinwicklet. Im letzteren Fall ist ebenso wie bei allen formgewickelten Motoren oben zum Abschluß ein Holzkeil erforderlich, der den $\cos \varphi$ etwas verschlechtert. Es ist indes gar nicht notwendig, bei maschinengewickelten Spulen unbedingt ganz offene Nuten zu verwenden. Bei der aus Fig. 141 ersichtlichen Form

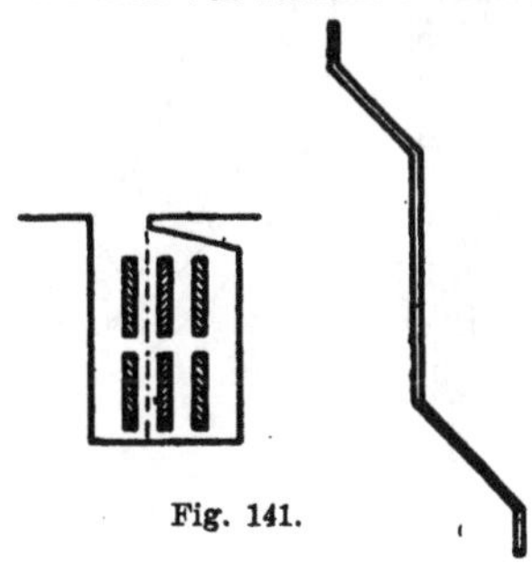

Fig. 141.

[1]) Handb. der Elektrotechnik Bd. IX (Niethammer) Fig. 243 *a* und *b* von Ganz & Co.

[2]) Bei höheren Spannungen ist nur gut gepreßter Glimmer hierfür zu verwenden.

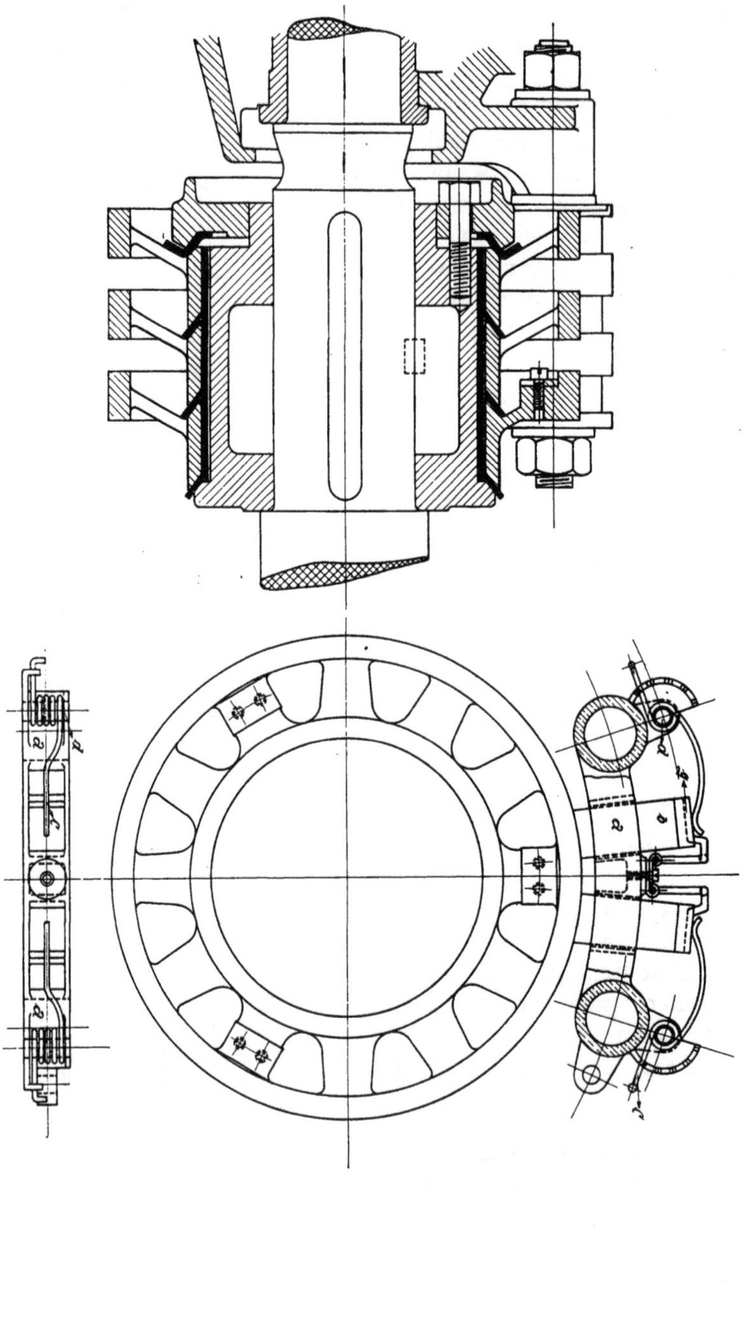

Fig. 142.
Schleifringe der Elektr. A.-G. Alioth.

der Spulen und bei 6 Wickelelementen pro Nut braucht der Nutschlitz nur $^1/_3$ der Nutbreite zu sein.[1])

Alle Schleifringkonstruktionen, die mit ebenen zur Achsrichtung senkrechten Flächen zusammengepreſst werden, neigen zum Schlagen. Die sicherste Befestigung geschieht in gleicher Weise wie bei Kommutatoren durch konische Preſsflächen, wobei man bei ganz kleinen Typen sämtliche Ringe mit ihrer Nabe mittels einer einzigen groſsen, über die Achse geschobenen Mutter zusammenpressen kann. Die Konstruktion Fig. 141

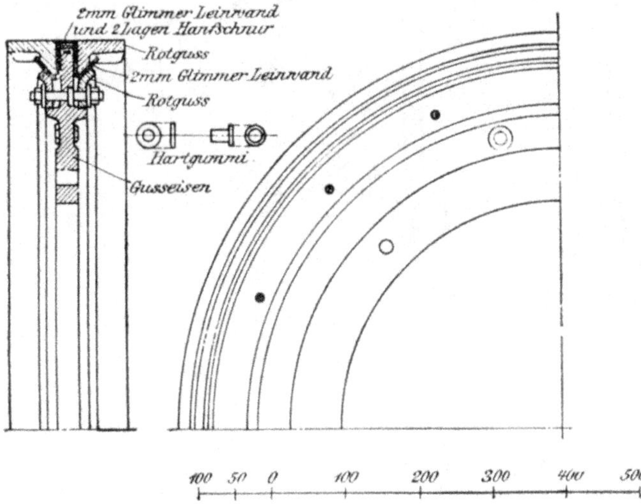


Fig. 143.

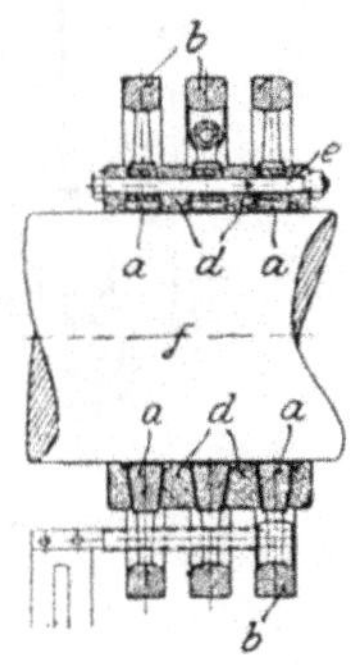


Fig. 143 a.

wird von der Elektr. A.-G. Alioth, Mönchenstein (Direktor Büchi) ausgeführt. Für gröſsere Durchmesser (Generatoren) eignet sich die Konstruktion Fig. 142[2]) oder der Aufbau Fig. 143a der A.-E.-G. (DRP. 126527):

Die Naben *a* der geteilten, auswechselbaren Schleifringe *b* werden mit den kegeligen Stirnflächen auf ebenfalls kegelige Naben der ungeteilten Ringe *d* gelegt und mit diesen durch isoliert und frei durch die Naben tretende Bolzen *e* gegen die Achse *f* gepreſst, wodurch die Schleifringhälften sich fest verbinden.

Geteilte Schleifringe, die für zwischen 2 Kurbeln laufende Maschinen notwendig werden, sind durch konische Preſsstücke oder Preſsringe zusammenzupressen oder zu schrumpfen. Es sollten auch für Drehstrommotoren, wie dies bei Gleichstrom die Regel ist, nur Kohlenbürsten verwendet werden, möglichst weiche, von hoher Leitfähigkeit. Schleifringe

---

[1]) Die Westinghouse Co. wickelt Spulen, die einerseits U-förmig offen sind und schiebt sie seitlich in die nahezu geschlossenen Nuten. Auf der offenen Seite gibt es dann viele Lötstellen.

[2]) E.-T. Z. 1902 S. 799. Siehe auch das D. R.-P. 134309 der Westinghouse Co.

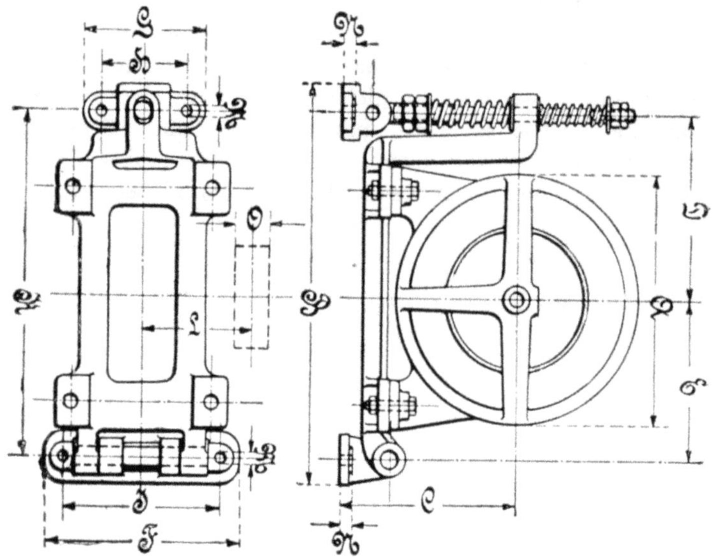

Fig 144.
Wippe der Union E.-G

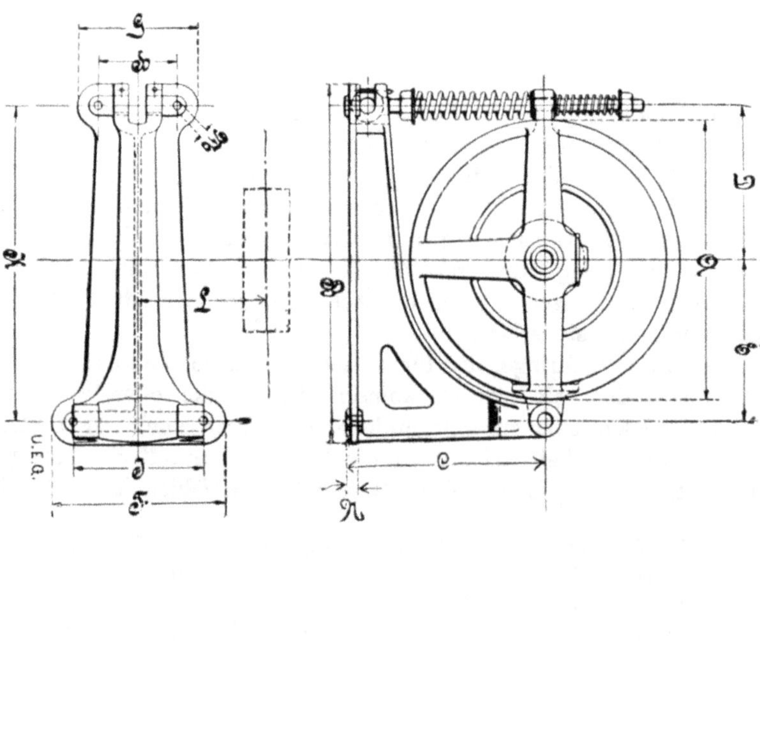

Fig. 145.
Wippe der Union E.-G.

und Bürsten müssen auch während des Betriebes zugänglich sein, d. h. man darf sie nicht zu sehr verbauen. Die Anwendung von Kurzschliefsern für Bürsten und Schleifringe und namentlich von Bürstenabhebevorrichtungen ist etwas zweifelhafter Natur, da in vielen Fällen der Motor gar nicht genügend zugänglich ist und durch falsches Manövrieren mit dem Kurzschliefser Unheil angerichtet werden kann. Jedenfalls sollte der Motor auch ohne Kurzschliefser dauernd betriebsfähig sein, was eigentlich nur bei Kohlenbürsten sicher ist, eventuell kann man pro Schleifring 2 und mehr Bürstensätze aufbringen. Aufserdem ist die Rotorwicklung so zu disponieren, dafs bei Motoren unter 20 PS der Rotorstrom kleiner als 50 und bis 100 PS kleiner als 100 bis 120 Amp. wird. Bei Anwendung eines Kurzschliefsers, der immerhin den Wirkungsgrad um $^1/_4$ bis 1 $^0/_0$ verbessern kann, erscheint eine automatische Verbindung zwischen Primärschalter und Kurzschliefser sehr angezeigt, entweder mechanisch oder elektrisch.

Die kleineren Drehstrommotoren werden ebenso wie dies bei Gleichstrommaschinen erwähnt wurde, mit Zahnradvorgelege am Gehäuse oder an den Schildern oder mittels untenliegenden Kastens, ferner mit Wippe in Ausführung, Fig. 144 oder Fig. 145, ferner mit vollständiger oder teilweiser Kapselung geliefert. Ich glaube, dafs für Hütten-, Gruben- und ähnliche schwierige Betriebe es sich lohnen würde, eine besonders robust gebaute Kapseltype in ähnlicher Ausführung wie Fig. 82 bezw. 83 (aber ungeteilt) zu entwickeln: genügend breite, stabile Modelle mit grofsem, betriebssicherem Luftspalt und gut isolierten, maschinengewickelten Spulen; die Kapselung braucht in der Regel nur teilweise zu sein.

## 10. Einphasenmotoren.

Da einphasiger Wechselstrom einfachere Netz- und Schaltverhältnisse und bei Bahnen und Hebezeugen einfachere Zuleitungen gibt, so ist trotz der Überlegenheit der Drehstrommotoren das allseitige Bestreben, einen guten Einphasenmotor zu finden, unverkennbar. Praktische Verwendung haben bis jetzt gefunden in einphasiger Schaltung:

1. Synchronmotoren, die aber durch besondere Hilfsmittel angelassen werden müssen, eine besondere Gleichstromerregung benötigen und ca. 30 $^0/_0$ gröfser und etwas schlechter im Wirkungsgrad ausfallen als Dreiphasenmaschinen; der Leistungsfaktor kann allerdings bei allen Belastungen auf 1 einjustiert werden; sie lassen sich auch leicht für 2 bis 3-fache Überlastung ausführen. § 52. Synchronmotoren.

2. Reine Induktionsmotoren mit besonderer Hilfsphase zum Anlassen mit Hilfe von induktionsfreien Widerständen, Selbstinduktionen oder Kapazitäten. Die auf den Markt gebrachten Anlafsvorrichtungen sind durchaus nicht gleichwertig; es ist wichtig, das Anzugsmoment pro Kilovoltampere § 53. Induktionsmotoren.

zu bestimmen. Kapazität und Selbstinduktion gibt die besten Verhältnisse. Bei etwa 30 % höherer Magnetisierung ist die Leistung solcher Motoren, die im Bau vollständig mit Mehrphasenmotoren übereinstimmen etwa 70 % der Drehstromleistung; cos $\varphi$ und Wirkungsgrad sind kleiner, siehe die nachstehende Tabelle. Das Anzugsmoment ist selbst bei Schleifringmotoren stets gering, etwa $^1/_2$ bis $^1/_1$ des vollen Momentes bei dem $^1/_2$ bis 2-fachen des normalen Stromes. Für schwierige Antriebe, wie Hebezeuge mit grofser Überlastung und hohem Anzugsmoment, eignet sich diese Type sehr wenig. Es empfiehlt sich eine Kupplung für Leeranlauf und ein Schwungrad.

**1. Motor:**

| | PS | $\eta$ | cos $\varphi$ | Schlüpfung |
|---|---|---|---|---|
| | | | | % |
| Dreiphasig | 4 | $60^1/_2$ | $52^1/_2$ | $1^1/_2$ |
| | 8 | $83^1/_2$ | 70 | 2 |
| | 12 | 85 | 77 | 3 |
| | 18 | $85^1/_2$ | $80^1/_2$ | 4,2 |
| | 24 | 84 | 81 | 7 |
| | 29 | Abfall | | 17 |
| Einphasig | 2 | 51 | 34 | $^1/_2$ |
| | 4 | $68^1/_2$ | $48^1/_2$ | 1 |
| | 8 | $76^1/_2$ | $67^1/_2$ | 1,7 |
| | 12 | $77^1/_2$ | 74 | 2,8 |
| | 16 | 75 | 77 | 3,5 |
| | 19 | Abfall | | 8 |

**2. Motor:**

| | PS | $\eta$ | cos $\varphi$ | Schlüpfung |
|---|---|---|---|---|
| | | | | % |
| Dreiphasig | 5 | 75 | 63 | $^3/_4$ |
| | 10 | $81^1/_2$ | 80 | $1^1/_2$ |
| | 15 | 83 | 87 | 3 |
| | 20 | $82^1/_2$ | $88^1/_2$ | $4^1/_2$ |
| | 25 | 81 | $87^1/_2$ | 6 |
| | 35 | 70 | 82 | $15^1/_2$ |
| | 42 | Abfall | | |
| Einphasig (15 % höhere Magnetisierung) | 5 | 68 | $57^1/_2$ | 2 |
| | 10 | 75 | 75 | 3 |
| | 15 | 76 | 80 | 4 |
| | 20 | $70^1/_2$ | 77 | $6^1/_2$ |
| | 23 | Abfall | | |

**3. Motor:**

| | KW[1]) | $\eta$ | cos $\varphi$ |
|---|---|---|---|
| Dreiphasig | 1 | 74 | 75 |
| | 2 | $83^1/_2$ | $89^1/_2$ |
| | 3 | $82^1/_2$ | 92 |
| | 4 | 79 | 92 |
| Einphasig (30 % gröfsere Magnetisierung) | 1 | 66 | 63 |
| | 2 | 74 | $82^1/_2$ |
| | 3 | 72 | $86^1/_2$ |
| | 5 | 67 | $85^1/_2$ |

§ 54. Kommutatormotoren.

3. Kommutatormotoren[2]), die zum Anlauf als Repulsionsmotoren und für Lauf als Induktionsmotoren geschaltet werden. Sowohl Repulsionsmotoren, deren auf einem Kommutator schleifende Bürsten um eine halbe Polteilung aus der Neutralen verschoben und alle unter sich kurz geschlossen sind, als auch die Konduktionsmotoren, bei denen nach Art der Gleichstrommotoren Anker und Feld am Netz liegen (Serien- oder Shunttype), liefern in der Regel ein kräftiges Anzugsmoment, immerhin zweimal das Normale, beim Lauf erzeugt jedoch das pulsierende Feld[3]) in den unter den Bürsten kurzgeschlossenen Spulen E.M.-Kräfte, welche in der Regel zu zerstörend wirkender Funkenbildung Veranlassung geben, so dafs bei der alther-

[1]) Zugeführter Effekt.

[2]) Siehe Steinmetz, Alternating Current Phenomena oder Niethammer, Handb. der Elektrotechnik Bd. IX S. 172 ff. Die an beiden Stellen entwickelten Theorien müssen revidiert werden!

[3]) Es handelt sich also nicht um bei der Rotation erzeugte E.M.-Kräfte, welche die Funkenbildung verursachen.

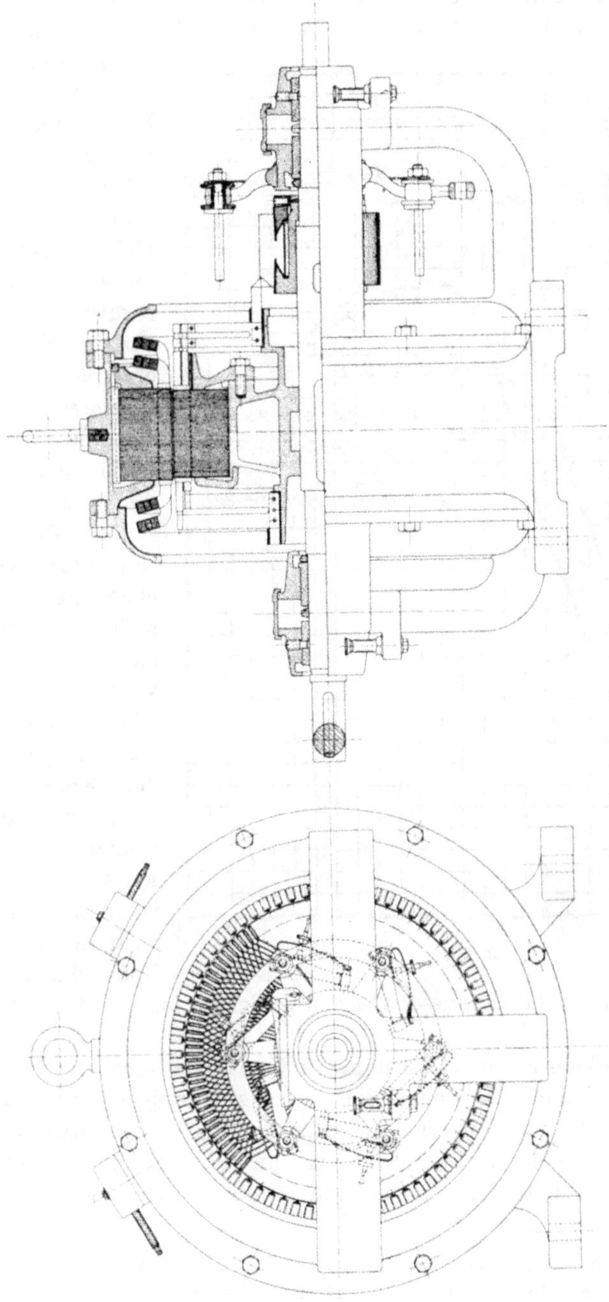

Fig 146.
Einphasenmotor von Déri, gebaut von der Österr Union E. G

gebrachten Ausführung ein vorübergehender, aber kein dauernder Betrieb möglich ist. Auf dem Markte sind zwei solche Typen zu finden:

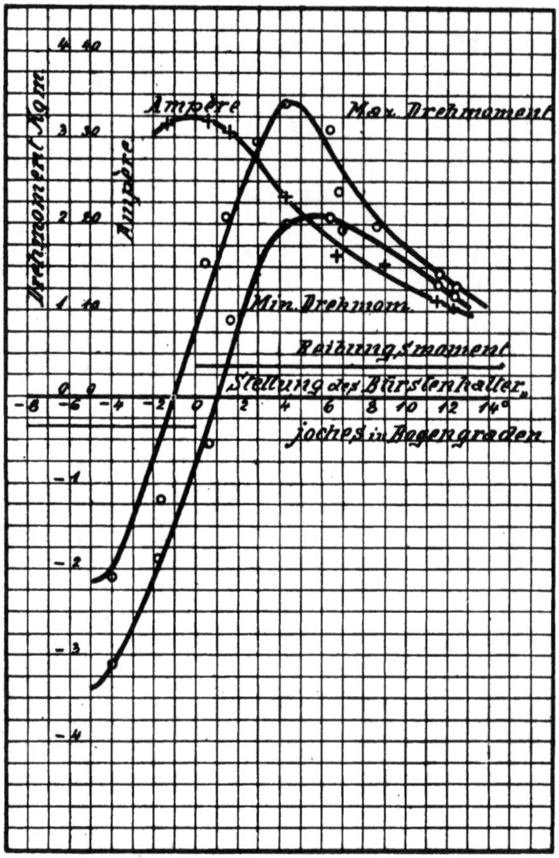


Fig. 147.

a) Der Motor der Wagner Co. St. Louis U.S.A. nach Patenten von Prof. Arnold[1]). Derselbe läuft als Repulsionsmotor auch für Hebezeugbetriebe tadellos an, ein Zentrifugalregulator schließt etwas vor Erreichung der synchronen Tourenzahl den gesamten Kommutator, d. h. die gesamte Ankerwicklung kurz und hebt die Bürsten ab.

b) Der Dérimotor (Fig. 146[2]), welcher wie eben genannter Motor anläuft, wobei noch bestimmte, in den Rotorverbindungen liegende Widerstände eingeschaltet sind (die Bügel vor dem Kommutator); für Lauf wird der Motor primär auf eine andere Polzahl umgeschaltet, wodurch sich durch die entsprechend gewählte Rotorschaltung Kommutator und Widerstände ausschalten und der Rotor als Kurzschlußanker arbeitet.[3])

Die Umkehrung des Drehsinnes hat entweder mechanisch oder durch Bürstenverschiebung um eine Polteilung zu erfolgen. In wieweit das Anzugsmoment eines Repulsionsmotors von der Bürstenstellung abhängt, geht aus den von der Union E. G. aufgenommenen Fig. 147 hervor, worin der Verlauf des maximalen und minimalen Drehmoments, das man

[1]) Niethammer, Handb. der Elektrotechnik Bd. IX Fig. 278.

[2]) Herr Déri hat mir in liebenswürdiger Weise die Veröffentlichung dieser interessanten Zeichnung gestattet

[3]) Ein prinzipielles Schema siehe Niethammer Hebezeuge Fig. 401 und 402.

je über dem Ankerumfang finden kann, sowie der zugehörige Netzstrom verzeichnet sind.

Nach El. World 1902 ist es Lamme (Westinghouse & Co.) gelungen, den altbekannten einphasigen Kommutatorserienmotor (Konduktionstype) sogar für angestrengte Bahnzwecke einwandfrei zu bauen und zwar dadurch, daſs er die niedrige Periodenzahl 16 verwendet und dabei die 8poligen 100 PS-Motoren mit 700 Touren, d. h. mit etwa 3fachem Synchronismus laufen läſst. Überdies ist offenbar auch der Funkenbildung durch sachgemäſse Reduktion der Selbstinduktionsspannung pro Kommutatorsegment und durch weitgehende Unterteilung des Kommutators gesteuert. Die Schaltung von 4 Motoren zeigt Fig. 148; 2 Anker und Felder sind parallel geschaltet, zum Ausgleich sind Ausgleichstransformatoren $f$ parallel gelegt. Das Anlassen wird vermittelst des Potentialregulators (Induktionsmotortype) durch Variation der Klemmenspannung ausgeführt. Der Motor arbeitet gemäſs den Kurven, Fig. 149, die dem Gleichstromserienmotor sehr ähneln.[1])

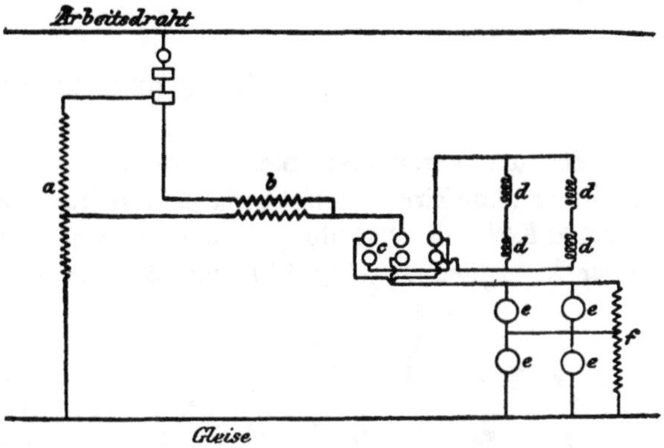

Fig. 148.

Über die Anzugsverhältnisse von kompensierten Einphasenmotoren in der Schaltung Fig. 32, wobei ein Netzdraht wegzulassen ist, liegen noch keine

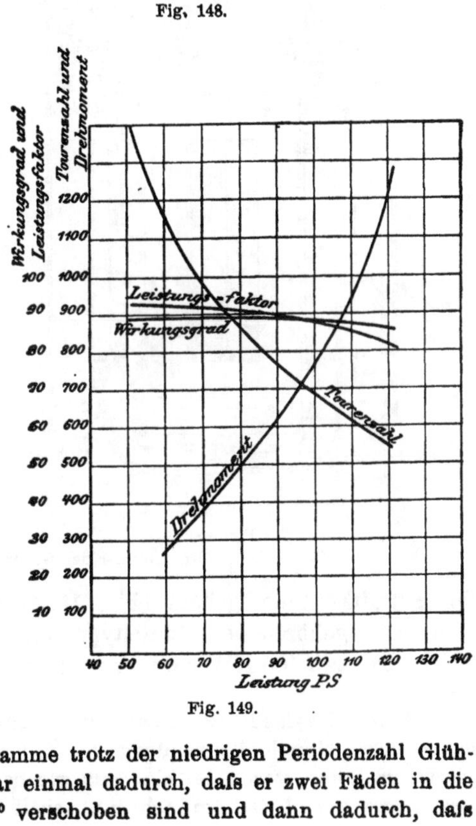

Fig. 149.

[1]) In geschickter Weise hat Lamme trotz der niedrigen Periodenzahl Glühlichtbeleuchtung ermöglicht und zwar einmal dadurch, daſs er zwei Fäden in die Lampen zieht, deren Ströme um 90° verschoben sind und dann dadurch, daſs er niedervoltige Lampen in Serie schaltet.

genügenden Meſsresultate vor; daſs es sich dabei für Lauf nicht mehr um die pulsierenden Einphasenfelder wie bei den gewöhnlichen einphasigen Kommutatormotoren handelt, ist bekannt. Für das Anfahren ist jedenfalls die Bürstenstellung, die Gröſse und Phase der Erregung von Wichtigkeit.[1])

# 11. Transformatoren.

§ 55. Kühlung von Transformatoren. In den Vereinigten Staaten werden kleinere Transformatoren mit Ölkühlung ohne Zirkulation, häufig in gewellten (Guſseisen) Gehäusen, Typen über 100 KW mit Ölkühlung, wobei entweder das Öl selbst oder Kühlwasser in Schlangen (Fig. 150 und 151) zirkuliert, oder aber mit künst-

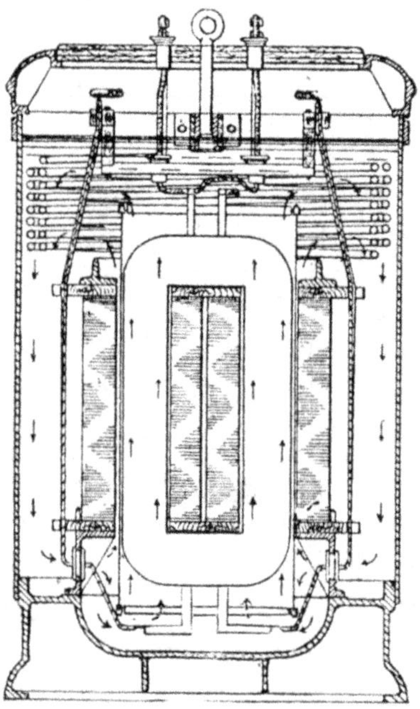

Fig. 150.

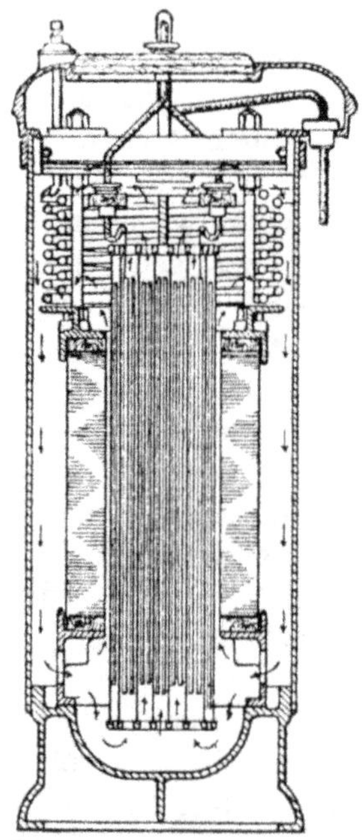

Fig. 151.

Öltransformer der General Electric Co.

licher Luftkühlung gebaut (Fig. 152 und 153). Die allermeisten Ausführungen gehören der Manteltype an, abgesehen von einzelnen Firmen, welche bis etwa 100 KW Kerntransformatoren bauen. Für groſse Leistungen

[1]) Der Heylandmotor kann auch einphasig erregt werden, der Görgesmotor nicht. Durch Verwendung von 2 um $^1/_2$ Polteilung versetzten Bürstensätzen im Rotor, wovon der eine Satz wie beim Repulsionsmotor kurzgeschlossen, der andere vom Netzstrom abhängt, erhält man ebenso günstige Verhältnisse wie beim Mehrphasenkommutatormotor (Latour Ecl.-El. 14. Febr. 1903).

hat sicher auch die Manteltype bezüglich Preis und Spannungsregulierung sowie Leichtigkeit der Isolierung bei hohen Spannungen unverkennbare Vorteile. In Europa, speziell in Deutschland, ist, abgesehen von der Union-E. G., bis vor kurzem der selbstkühlende Lufttransformator und die Kerntype auch für grofse Leistungen die Regel gewesen, neuerdings betritt man jedoch auch hier, namentlich was Kühlung anlangt, die amerikanischen

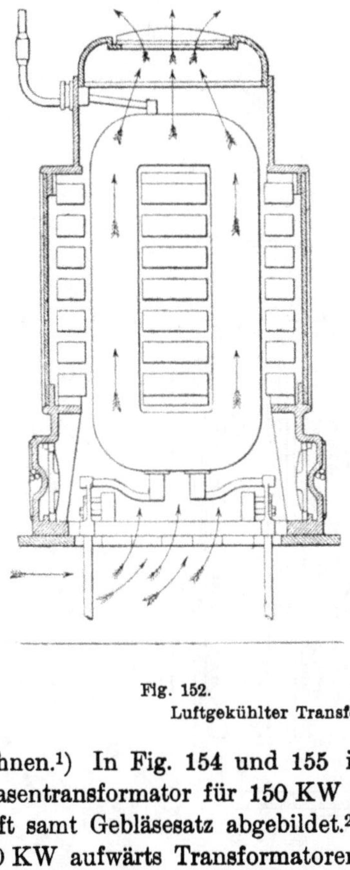

Fig. 152.

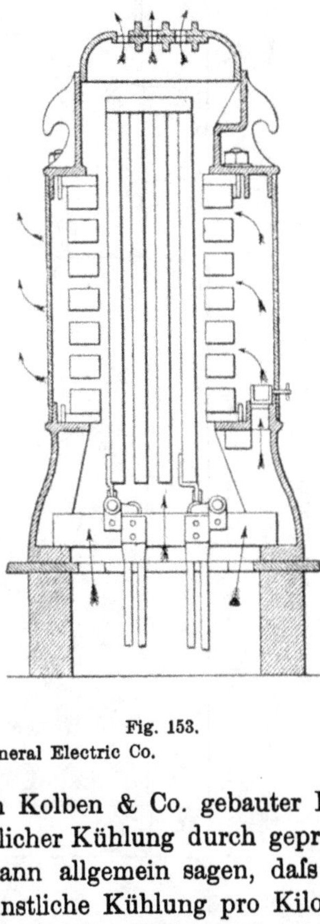

Fig. 153.

Luftgekühlter Transformer der General Electric Co.

Bahnen.[1]) In Fig. 154 und 155 ist ein von Kolben & Co. gebauter Dreiphasentransformator für 150 KW mit künstlicher Kühlung durch geprefste Luft samt Gebläsesatz abgebildet.[2]) Man kann allgemein sagen, dafs von 200 KW aufwärts Transformatoren ohne künstliche Kühlung pro Kilowatt eher teurer werden als kleinere Typen; bei künstlicher Kühlung kann man 1000 KW fast mit der Hälfte des. Gewichtes pro Kilowatt bauen wie bei

[1]) Brown & Boveri haben allerdings schon vor Jahren Öltransformatoren der Manteltype mit Wasserzirkulation gebaut, siehe z. B. eine 250 KW-Type in El. World 1. März 1902, das Eisengerippe besteht allerdings wie bei einem Drehstromtransformator aus drei Schenkeln, wovon indes nur der mittlere bewickelt ist. Die Union baut seit vielen Jahren ihre kleineren Typen in Öl, über 50 KW mit künstlicher Luftkühlung.

[2]) Electrician 27. Dez. 1901.

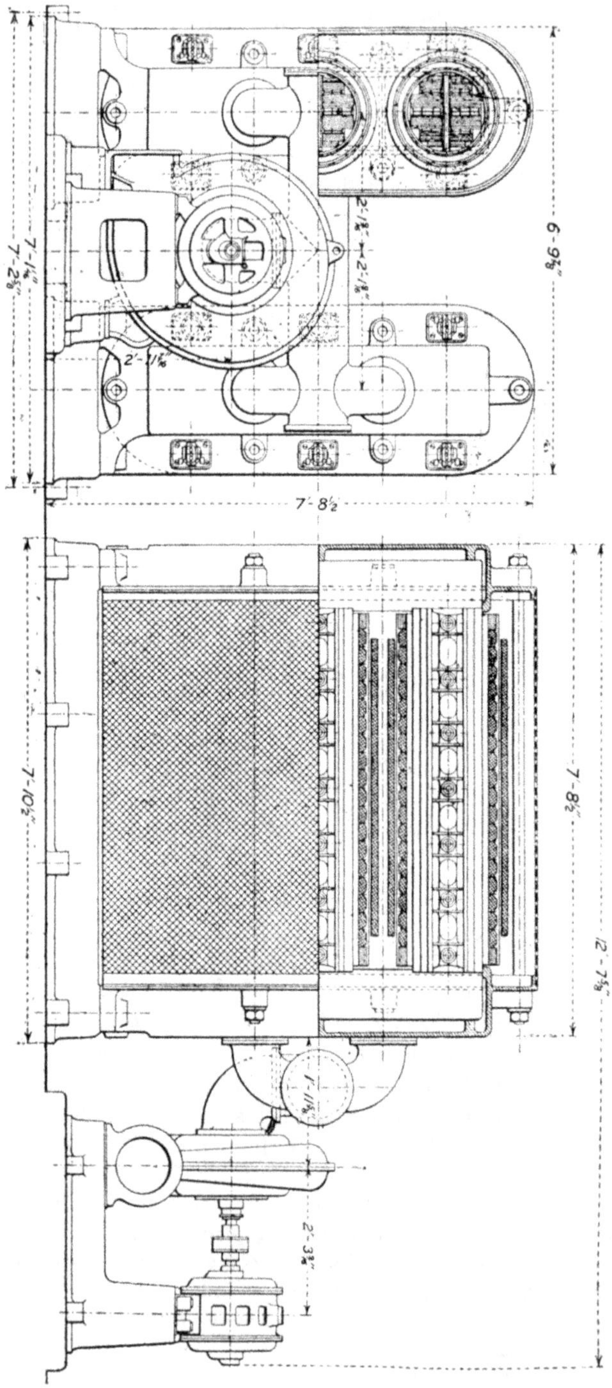

Fig. 154.

Fig. 155.

Luftgekühlter Drehstromtransformer von Kölben & Co.

100 KW. Die Spannungsregulierung künstlich gekühlter Transformatoren ist meist wesentlich besser als bei nicht gekühlten Typen; der Wirkungsgrad dürfte in beiden Fällen gleich sein. Im eben Gesagten liegt wohl auch der Hauptgrund, warum man in Amerika früher zur künstlichen Kühlung geschritten ist, da dort einphasige Einheiten von 1000—2500 KW[1]) schon längere Zeit verlangt und gebaut wurden, während hierzulande Modelle über 200 KW bis vor kurzem kaum vorkamen.

Die Ölkühlung hat die Vorteile, die Abmessungen zu reduzieren, die Isolation vor Eindringen von Schmutz und Feuchtigkeit zu schützen und sie geschmeidig zu halten; das Öl dringt als gut isolierende Schicht in alle Ritzen und Spalten ein, so daſs diese Kühlung für sehr hohe Spannungen eigentlich die allerbeste, überhaupt die einzige zur Verhinderung von schädlichen Glimmentladungen ist. Es ist jedoch erforderlich, daſs das Öl absolut wasser- und säurefrei ist, es sind an Öltransformatoren alle Stoffe zu vermeiden, die irgendwie zur Karbonisation neigen, da sich sonst leitende Kohlenpartikelchen bilden; das Öleingieſsen in den gut gesäuberten, getrockneten und event. evakuierten Transformator darf nicht vergessen werden und das Öl muſs bis oben stehend erhalten werden[2]); Reparaturen von Öltypen, die allerdings bei zweckentsprechender Konstruktion fast ausgeschlossen sind, sind etwas schmierig und lästig; das Öl kann feuergefährlich werden, falls der Aufstellungsort nicht richtig gewählt wird. Das Öl hat häufig die Tendenz, vermöge Kapillarwirkungen am Gehäuse oder an den Zuleitungen nach auſsen zu kriechen, was sich aber durch sorgfältig gewählte Isolationsmaterialien und entsprechende Konstruktion der Anschlüsse vermeiden läſst. Bei gröſseren Transformatoren wird Luftkühlung billiger als Ölkühlung, immer Zirkulation vorausgesetzt. Einzuwerfen ist gegen die künstliche Luftkühlung, die Notwendigkeit eines rotierenden Motorgebläses[3]), für das Reserve vorzusehen ist; durch Unvorsichtigkeit kann auch vergessen werden, das Gebläse einzuschalten, wodurch der Transformator ruiniert werden kann. Bei hohen Spannungen treten bei reiner Luftkühlung statische Oberflächenentladungen auf, die zerstörend wirken, was sich nur durch Öl vermeiden läſst.

§ 56. Konstruktionseinzelheiten.

Besonders beim Entwurf nicht gekühlter Transformatoren muſs man bestrebt sein, die ausstrahlende Oberfläche von Wicklung und Eisen (kreuzförmiger Querschnitt event. mit Kanälen) so groſs als möglich zu halten, dabei ist es zu vermeiden, daſs einzelne Wicklungspartien total eingepackt werden, wie dies bei manchen Manteltypen der Fall ist, ohne daſs es leicht möglich wäre, die lokale Maximaltemperatur zu ermitteln. Eine Konstruktion mit besonders gut gewählter Oberfläche ist in Fig. 156 entworfen.

---

[1]) El. World 22. Juni 1901, Peck.

[2]) Es ist ein Ölstand vorzusehen. Die Ölgehäuse sind mit Hilfe einer besonderen Klemme zu erden.

[3]) Ausgedehnte Erfahrungen zeigen, daſs dieser Einwurf nicht stichhaltig ist.

Die Wicklung wird heutzutage allgemein so hergestellt, dafs man einzelne Spulen bequem auf die Kerne schieben und wieder abnehmen kann. Für die Niederspannung empfiehlt sich u. a. die von Drehstromgeneratoren her bekannte Hochkantwicklung, welche die Wärme ohne Durchdringung von Zwischenlagern ausstrahlt. Überlappt man die Eisenbleche in den

Fig. 156.

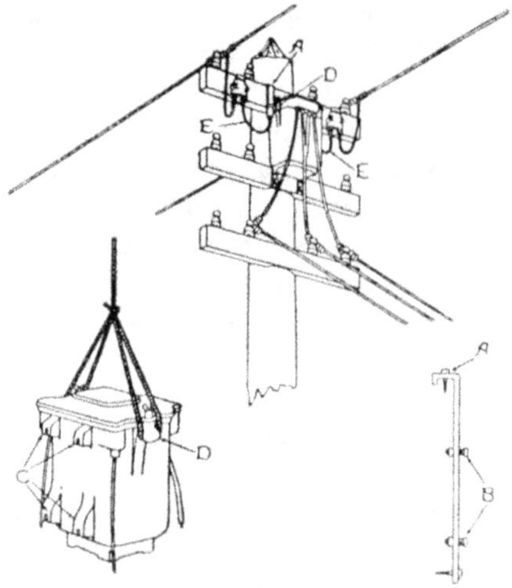


Fig. 157.

Fugen, wie dies in Amerika und auch bei der Union E.-G. die Regel ist, so erhält man einen ganz geräuschlos arbeitenden Transformator, was bei Typen mit glatten Stofsfugen nicht immer der Fall ist; auch Ölfüllung dämpft das durch Ummagnetisierung erzeugte Geräusch. In Fig. 157 ist noch eine in Amerika verbreitete Aufhängung von Transformatoren am Gestänge im Freien gezeigt; es ist dies nur für gut geschützte Öltypen möglich (bis 2500 Volt üblich).

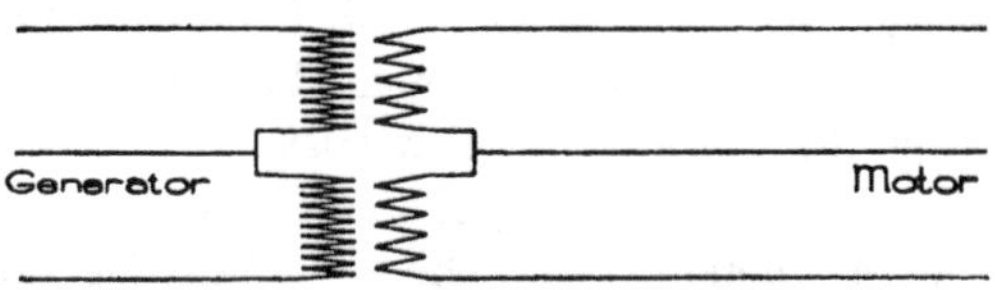


Fig. 158.

Transformatoren gleicher Leistung und Spannung werden mit abnehmender Periodenzahl schwerer und teurer, bei einer Änderung von 50 auf 25 Perioden immerhin um 10 bis 20 %.

§ 57 Drehstromtransformatoren. Für Drehstrom lassen sich zwei Transformatorenanordnungen wählen, nämlich entweder 3 schenklige Typen oder 3 Einzeltransformatoren und zwar zweckmäfsig in Dreieckschaltung. Die erste Type empfiehlt sich wohl bis etwa 100 KW, die zweite Anordnung hat jedoch folgende Vorteile: Wird einer der drei Transformatoren defekt, so kann man (Fig. 158) mit zweien regelrecht in den drei Leitungen weiterarbeiten, allerdings nur mit $^2/_3$ des normalen Effektes; als Reserve für $A$ KW Drehstrom ist nicht eine Type für $A$ KW, sondern eine für $\frac{A}{3}$ KW erforderlich; die drei einzelnen Transformatoren sind leichter aufzustellen und zu ersetzen wie ein großer, sie nehmen allerdings mehr Platz weg. Falls man in eine Phase mehr Belastung (Licht) legt, so kann man parallel zu einem Schenkel des Dreiecks noch einen Transformator mit $\frac{A}{3}$ Leistung schalten.

## 12. Vorrichtungen zum Anlassen und Tourenregulieren.

Der Apparatenbau hat sich noch weit weniger zu einwandfreien maschinentechnischen Konstruktionen durchgearbeitet als der Dynamobau; er ist noch viel zu sehr Feinmechanik und darin liegt der Grund, daſs man oft mehr Klagen über schlechte und verbrannte Anlasser hört als über schlechte Motoren. Es ist der Apparatenbau noch ein dankbares Gebiet für tüchtige Konstrukteure, welche die elektrischen Betriebsverhältnisse aus eigener Erfahrung kennen. Für ungeübtes Personal sollte man nur Apparate verwenden, die man nicht falsch bedienen kann; das Umgekehrte ist aber die Regel. Ein Laie sieht nicht ein, warum er erst den Schalter und dann den Anlasser schlieſsen soll und macht es häufig umgekehrt. Solche Bewegungen sind zwangsläufig fest zu legen. § 58. Anforderungen an Anlasser.

Ein Anlasser kann bestimmt sein:

a) für Leeranlauf (Leerscheibe!)

b) für Lastanlauf, wobei die Last mit $v$ von Null an steigt (Ventilatoren),

c) für konstante Last von $v = 0$ bis $v_{max}$ (Pumpen),

d) für Anlauf = Vollastmoment und überdies mäſsige Beschleunigungsmomente,

e) für sehr groſse Beschleunigungsmomente, die alle andern Momente überwiegen.

Von einem Anlaſsapparat ist zu verlangen, daſs er gestattet, dauernd betriebssicher, ohne groſsen Stromstoſs, d. h. ohne unzulässige Rückwirkung aufs Netz und ferner ökonomisch anzufahren.[1]) Für Transmissionsantriebe und ähnliche einfache Betriebe, wo nur selten und ohne groſses Moment anzulassen ist, genügen gewöhnliche Flachschalter mit leicht ersetzbaren Kupfer- oder Messingkontakten, auf denen entweder gut federnde Klotzbürsten oder fein lamellierte Kupferbürsten oder, was häufig noch besser § 59. Einfache Anlasser.

[1]) Etwas schwierig ist die Forderung zu erfüllen: Einschaltung ganz langsam (mit Schnecke oder mit Schaltklinke) und unbedingtes Zurückschnellen beim Stehenlassen des Schalthebels in einer Zwischenlage.

ist, Kohlenplunger (Fig. 159) schleifen, im letzten Fall ist als Endkontakt noch eine geblätterte Kupferbürste zu empfehlen. Eine Kohle ist als Hilfskontakt zur Aufnahme der Funken stets zweckmäfsig. Das Arbeiten der gleich zu besprechenden Kontroller ist so einwandfrei, dafs man die Ausführung der Kontrollerfinger möglichst auch auf Flachschalter übertragen sollte; ferner hat der Kontroller den Vorteil, dafs jeder Kontaktfinger nur einen Kontakt bestreicht, also nicht unter Überbrückung der Zwischenstufe durch einen Lichtbogen auf einen nächsten Kontakt übergeht. Einigermafsen läfst sich das auch beim Flachschalter durch die Anordnung

Fig. 159.

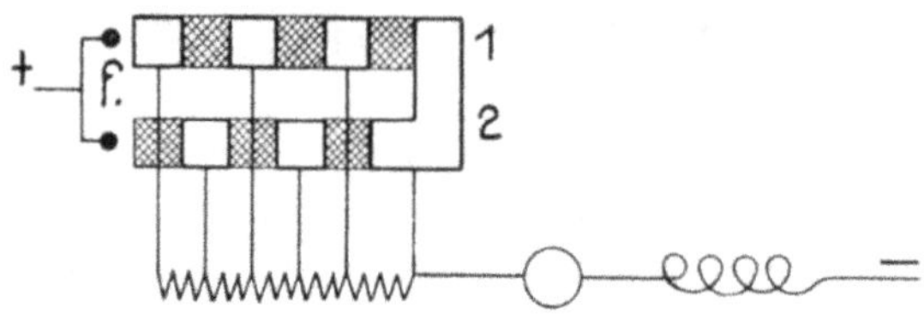


Fig. 160.

Fig. 160 erreichen, wo 2 Kontaktreihen 1 und 2 angeordnet sind, die nur abwechselnd an einen oder zwei parallel geschalteten Finger *f* angeschlossen werden, dazwischen liegt je das schraffierte Isolationsstück. Die Kontakte werden dadurch viel weniger zerfressen. Eine einwandfreie Schaltkonstruktion erhält man auch dadurch, dafs man den Schalthebel nach Art eines Momentschalters nur schnappend von Stufe zu Stufe vorwärts bewegt (Fig. 161), in die Nullage mufs der Hebel rasch zurückschnellen. (Ausführung der Union-E.-G., D. R.-P.)

Einen nach Art eines Hebelschalters ausgeführten billigen Schaltbrettanlasser der Union E.-G. für Leeranlauf zeigt schematisch Fig. 162.[1]) Für kleine Motoren eignet sich seines geringen Preises halber der Relaisanlasser Fig. 163: Beim Einschalten des Hauptschalters öffnet das Relais *a* den Kurzschlufs des Widerstandes *b*; sobald der Strom nachgelassen, fällt der Kurzschlufshebel wieder ein und so spielt der Apparat eine Zeitlang hin und her.[2]) Aufser dem Widerstand *a* wirkt die Selbstinduktion der Relaisspule und des Motors dämpfend auf den Anlafsstrom. Für Drehstrom läfst sich eine wesentliche Vereinfachung des Anlassers und des Widerstandsmaterials durch die Schaltung Fig. 164 erzielen (D.R.-P. 131854). Um ein langsames Anlassen zu gewährleisten, kann man den Schalthebel durch Schnecke und Schneckenrad oder Sperrad und Sperrklinke betreiben, im letzteren Falle ist ein rasches Zurückschnellen möglich.

[1]) Die Skizze ist an Hand einer Figur der Elektromechanischen Konstruktionen von Prof. Klingenberg reproduziert.

[2]) Siehe auch Hebezeuge, Niethammer Fig. 379.

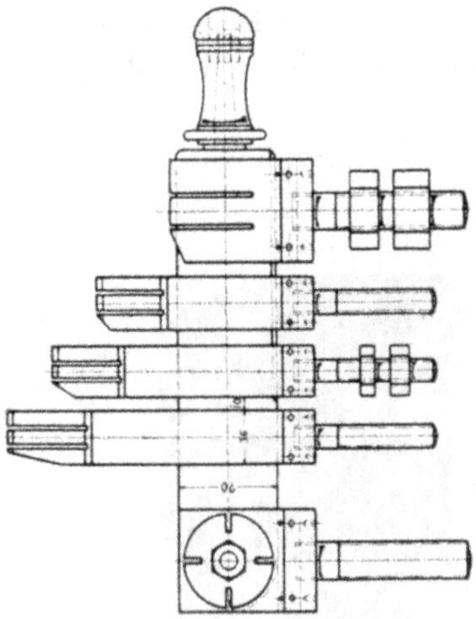

Fig. 162.

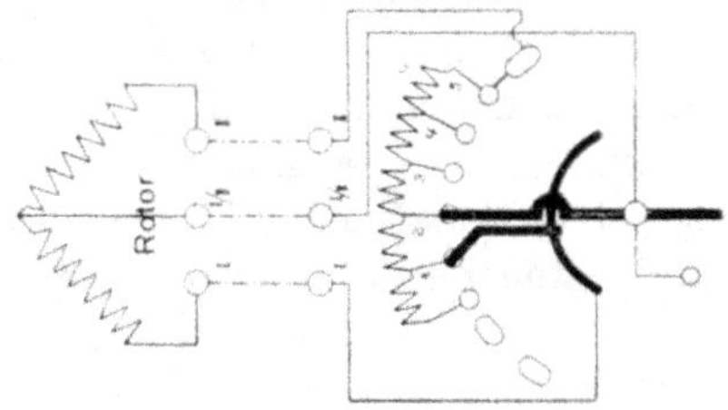


Fig. 164.

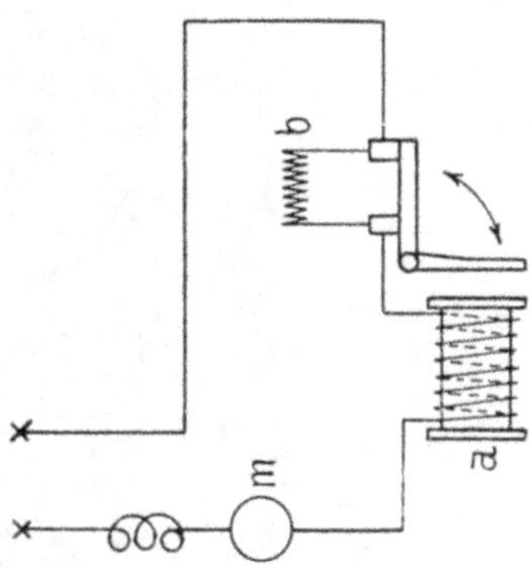


Fig. 163.

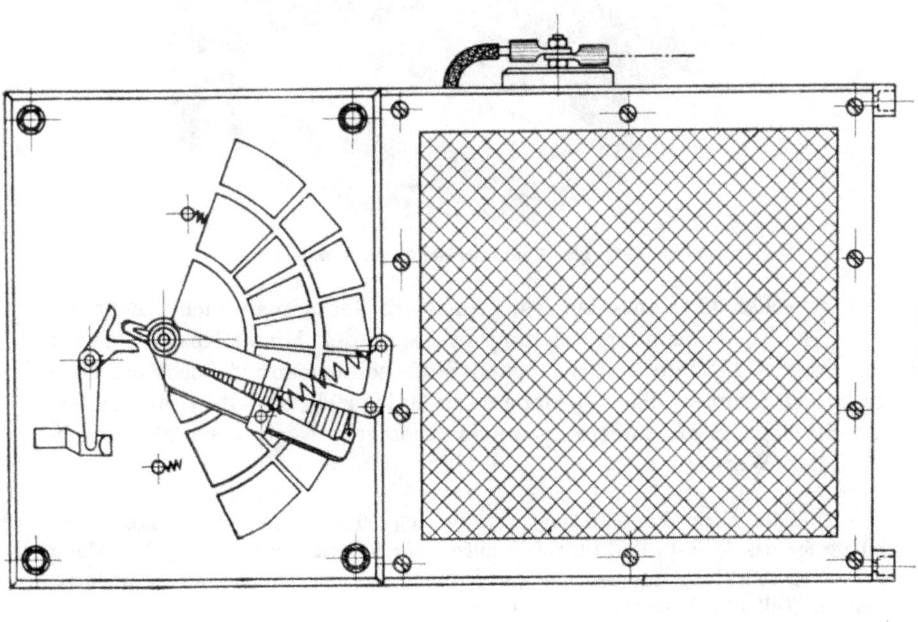

Fig. 161.
Anlasser der Union E.-G.

Serien- und auch Compoundmotoren haben günstigere Anlaufverhältnisse als Nebenschlufsmotoren, weshalb für die meisten Betriebe entsprechend compoundierte Motoren (eine Lage Serienwicklung) sehr zu empfehlen sind.[1]) Es gibt neuerdings auch Anlafsvorrichtungen, die in einem kleinen Anlafsmotor bestehen, der nach der Beschleunigungsperiode und nach stofsfreiem Einschalten des Hauptmotors sich selbst abschaltet.

Fig. 165. Kontroller der Union E.-G.

Zwischen 2 Kontakten von Anlassern sollte man nicht mehr als 30 bis 40 Volt Spannungsänderung zulassen, der Minimalabstand zweier Kontakte ist $1\frac{1}{2}$ mm, auf der ersten Stufe sollte man möglichst nur 50% des vollen Stromes, über 50 Ampere nur 30 bis 20% desselben einschalten. Von Stufe zu Stufe ändere man den Strom um weniger als 20 bis 25% des vollen Wertes.

[1]) Siehe auch die Schaltung von Sengel, Niethammer, Hebezeuge S. 192 und ferner das D. R.-P. 133218, worin aufser der Nebenschlufserregung dem Motor eine Erregerwicklung gegeben ist, die parallel zu dem jeweils noch stromdurchflossenen Teil des Anlafswiderstandes liegt.

Sowohl bei Gleich- als bei Drehstrom sind elektrische oder mechanische Vorrichtungen erwünscht, die ein Einschalten des Netzschalters verhindern, solange der Anlafshebel nicht in seiner Anfangstellung steht.

§ 60. Kontroller.

Für alle Bahnen, viele Hebezeug-, Hütten- und Grubenbetriebe, wo man oft in 2 bis 3 Sek. die Motoren ein- oder ausschaltet und pro Tag mehr als hundertmal umgesteuert wird, versagen die gewöhnlichen Flach-

Fig. 166. Schaltwalze von Siemens & Halske A.-G.

schalter. Für solche Zwecke sind in erster Linie die sog. Kontroller oder Schaltwalzen geeignet. In Fig. 165 ist eine durchaus bewährte Konstruktion der Union E.-G. abgebildet. Bei robuster Konstruktion der Schaltwalze, zweckmäfsiger Ausbildung der Kontaktfinger (Schleifkontakt, so dafs sich Brandspuren von selbst wieder blank reiben, bezw. an Stellen auftreten, wo kein Kontakt nötig ist), bei richtiger Verteilung der Kontakte, so dafs nicht zu hohe Spannungsdifferenzen zwischen 2 benachbarten Kontakten auftreten, sofern die Abstände von Finger zu Finger, von Kontakt zu Kontakt und gegenseitig, d. h. die Funkenstrecken überall genügend grofs sind, ferner bei Verwendung feuersicherer Isolation und kräftiger Funkenlöschung lassen sich mit Kontrollern alle Ansprüche der Praxis für Gleich- und Drehstrom bis etwa 400 PS erfüllen und zwar falls man die Hochspannungsunterbrechung unter Öl vornimmt auch noch für Spannungen von 3000 bis 5000 Volt. In der Regel sind 2 Walzen vorgesehen, eine zum Umschalten und eine zum Schalten der Widerstandsstufen, beide sind häufig durch sinnreiche kinematische Elemente zwangsläufig miteinander verbunden. Die Zahl der Stufen ist bei Kontrollern oft sehr gering, z. B. bei 50 PS nur 5 bis 7 Widerstandsstufen, was sich aber im Betrieb trotzdem gut bewährt hat. Will man sich zur Tourenregulierung im Hauptstrom oder im Nebenschlufs eine grofse Zahl Stufen verschaffen, so kann man an den Kontroller, der nur die Hauptschaltung besorgt, einen vielstufigen Flachschalter anbauen, der direkt auf der Verlängerung der Kontrollerachse sitzt oder vermittelst Rolle oder Räder angetrieben wird. Ich erwähne in dieser Hinsicht die von Siemens & Halske ausgeführte Konstruktion Fig. 166 für den Rotterdammer Kohlenkipper[1]), den Buchdruckerpressenkontroller der General Electric Co. Fig. 167, sowie das abgewickelte Schema Fig. 168. Häufig sind auf der Schaltwalze noch Kontakte für Bremsstellungen (Motor als Dynamo oder auf Widerstände), für Bremsmagnete und für Umschaltungen z. B. von Serie- in Parallelschaltung von mehreren Motoren vorgesehen und überdies ein Wellenstumpf zur zwangsläufigen Bedienung der mechanischen Bremse. Zur Reduktion der Kontaktzahl dreiphasiger Motoren kann man entweder die vereinfachte Schaltung Fig. 164 oder wenigstens die von der E. A.-G. vorm. Lahmeyer & Co. Fig. 169 verwenden.[2])

Fig. 167.
Kontroller der General Electric Co.

§ 61. Kohlenanlasser. Am nächsten den Kontrollern kommen bezüglich Betriebssicherheit bei schwierigen Anforderungen die Kohlenanlasser, wie sie von Siemens & Halske[3]) und von Schuckert Fig. 170 gebaut werden: Zur Kontaktbildung werden Kohlen- oder Kohlen- und Metallstücke flach aufeinander gepreſst. Wenn auch Kohlenteilchen abbröckeln, so bleiben doch die

---

[1]) Z. V. D. I. 1901 S. 800.
[2]) Z. V. D. I. 1902 S. 1571 (Ernst).
[3]) Siehe Niethammer, Hebezeuge S. 168 ff.

Kontakte dauernd betriebsfähig, von Zeit zu Zeit sind allerdings die Kohlenstücke zu erneuern. Diese Kohlenschalter gestatten allerdings nicht die vielseitigen Schaltungsmöglichkeiten (Bremsen und Serienparallel) wie die Kontroller.[1])

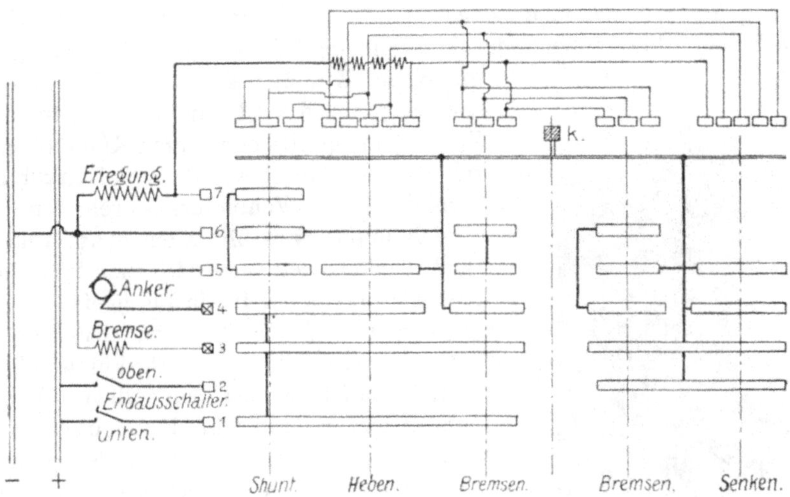


Fig. 168.

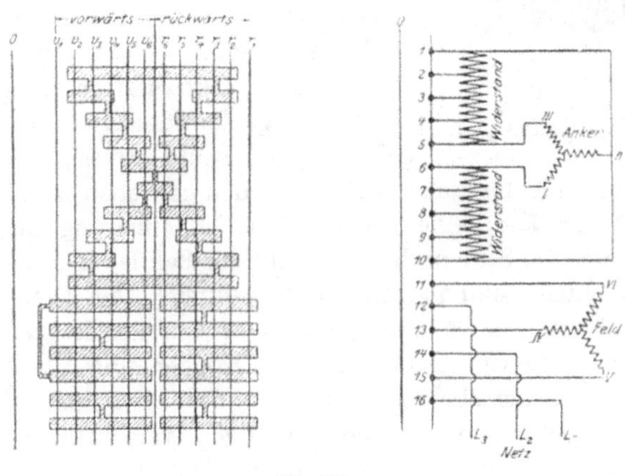


Fig. 169.

[1]) Eines der schwierigsten Probleme für Anlaſsapparate bietet die direkte Umsteuerung von Hobelmaschinen (innerhalb weniger als 10 Sek. ein Hub) durch den Elektromotor selbst, sowie der Betrieb von umsteuerbaren Rollgängen (in 2—3 Sek. auf Touren), die Umsteuerung und Beschleunigung wird dabei äuſserst rasch verlangt, im ersten Falle sogar automatisch und mit beschleunigtem Rücklauf.

§ 62. Gekühlte Widerstände. Bei grofsen Leistungen und langen Anlafsperioden[1]) kommt man mit gewöhnlichen Hilfsmitteln zu äufserst voluminösen Widerständen, falls man die üblichen Nickelinspiralen o. ä. verwendet. Durch Verwendung kompakter Gufseisenspiralen, die rotglühend werden können (Union E.-G.), ferner durch Aufwickeln des Widerstandsdrahtes auf Röhren oder durch Packetierung des Widerstandsmaterials oder auch durch Verlegen in Email erreicht man schon einige Reduktion. Ein radikaleres Mittel ist allerdings die künstliche Kühlung durch Öl (Fig. 11), besonders wenn das Öl durch eine Pumpe in Zirkulation versetzt oder durch Kühlschlangen mit Wasser gekühlt wird. Auch Luftkühlung vermittelst eines Ventilators ist sehr rationell. Bei Ölkühlung wird öfters der ganze Anlasser samt Kontaktbrett unter Öl montiert, dann läfst sich das Ganze in ein Blechgefäfs setzen, in dem z. B. Tropfwasser zur Kühlung gesammelt werden kann. Luftgekühlte Widerstände empfehlen sich namentlich für häufiges Anlassen und für Dauereinschaltung, während Ölanlasser sich mehr für seltenes Einschalten eignen, wobei sie sehr grofse Wärmemengen absorbieren können.

Fig. 170.
Kohlenanlasser von Schuckert & Co.

Neuerdings hat man verschiedener bestechender Eigenschaften halber selbst für Vollbahnen und grofse Fördermaschinen[2]) (Allgemeine Elektrizitätsgesellschaft, Ganz & Co.) Flüssigkeitswiderstände empfohlen und gebaut, wobei die Flüssigkeit durch eine Pumpe zwischen die feststehenden Elektroden getrieben wird. Tatsache ist, dafs solche Widerstände eine ebenso stetige Regulierung zulassen wie ein Dampfventil, was bei Stufenschaltern nicht der Fall ist; sie sind einfach und billig. Die Nachteile sind jedoch ebenso zahlreich: bei Gleichstrom treten elektrolytische Zersetzungen u. a. sogar Explosionen ein, die auch bei Wechselstrom nicht ganz zu vermeiden sind, das Kochen und Überschäumen der Flüssigkeit, bei transportabeln Anordnungen, der schwankende Wasserspiegel können zu unangenehmen Nebenerscheinungen (verschiedene Belastung der Phasen) führen; in vielen Fällen ist auch die Manövrierfähigkeit zu gering; Fördermaschinen müssen gegebenenfalls in weniger als 10 Sek. auf volle Geschwindigkeit gebracht werden. Flüssigkeitsanlasser ergeben gewöhnlich in der ersten und letzten Stellung einen Stromstofs, den man nur durch zweckentsprechende Formgebung der Elektroden etwas mildern kann, u. a.

---

[1]) Falls z. B. grofse Schwungmassen zu beschleunigen sind.
[2]) Beschreibung einer solchen Fördermaschine siehe Z. V. D. I. 1902 S. 1093.

durch Auslegen des oberen Gefäſsteils mit Email. Die Gefahr des Einfrierens und des Auslaufen ist nie ganz zu vermeiden, wohl aber durch Glyzerin oder Graphitbeimengung oder -anstrich zu reduzieren.[1])

Eine sehr sinnreiche Anlasseranordnung, die auch noch möglich ist, wenn gewöhnliche Konstruktionen und Kontroller versagen, besteht darin, daſs man eine Serie automatischer Schalter verwendet, welche der Reihe nach die einzelnen Widerstandsstufen kurzschliessen. Die einzelnen Schalter können von Hand oder elektrisch betätigt werden, im letzteren Fall läſst sich die ganze Anlaſsperiode automatisch regulieren. In Fig. 171 ist ein solcher Apparat der Cutler Hammer Co. mit elektrischer Steuerung für 200 PS und in Fig. 172 mit Handeinschaltung für 700 PS und automatischer elektrischer Auslösung gezeichnet. Der oben links in Fig. 171 angegebene Stufenschalter schlieſst der Reihe nach die einzelnen Relaisspulen an die Netzspannung, der Schalthebel selbst wird durch ein Solenoid gesteuert. Dieses System eignet sich in etwas veränderter Form besonders auch für Vorort- und Vollbahnen, wobei durch einen kleinen Handkontroller (Masterkontroller) der Reihe nach die auf verschiedenen Wagen befindlichen, nach Kontrollerart ausgeführten Schalter elektrisch betätigt werden, welche die Anlaſswiderstände in der besprochenen Weise schalten. Auſserdem ist ein elektrisch gesteuerter Umschalter vorhanden, siehe z. B. U.S.P. 673 731 der General Electric Co., sowie das Schema Fig. 173 eines solchen von der General Electric Co. und der Union E.-G. gebauten Zugsteuerung.[2]) Die Serie von Anlaſsschaltern kann auch pneumatisch ge- § 63. Anlasser als Einzelschalter.

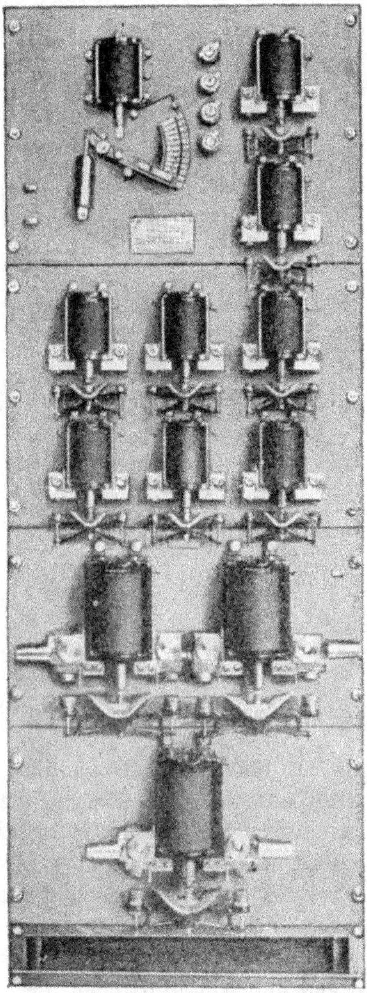

Fig. 171.
Anlasser von Cutler Hammer.

[1]) Die Graphitanlasser, die den Flüssigkeitsanlassern nahe stehen, haben sich in der Praxis kaum bewährt.

[2]) Spragues System der Zugsteuerung D. R.-P. 116 794, s. ferner Kubierschky E.-T. Z. 1900.

steuert werden, wie dies z. B. von Siemens & Halske Fig. 174[1]) für die später zu erörternd Batterieschaltung ausgeführt wird.

§ 64. Serienparallelschaltung. Alle bis jetzt behandelten Anlasser verzehren während des Anlaufs ca. 50% der Anlaſsenergie nutzlos; wirtschaftlicher werden die Verhältnisse beim Serienparallelsystem, wenn man unter Verwendung zweier Motoren oder eines Doppelkollektormotors in Serienschaltung der beiden Motoren

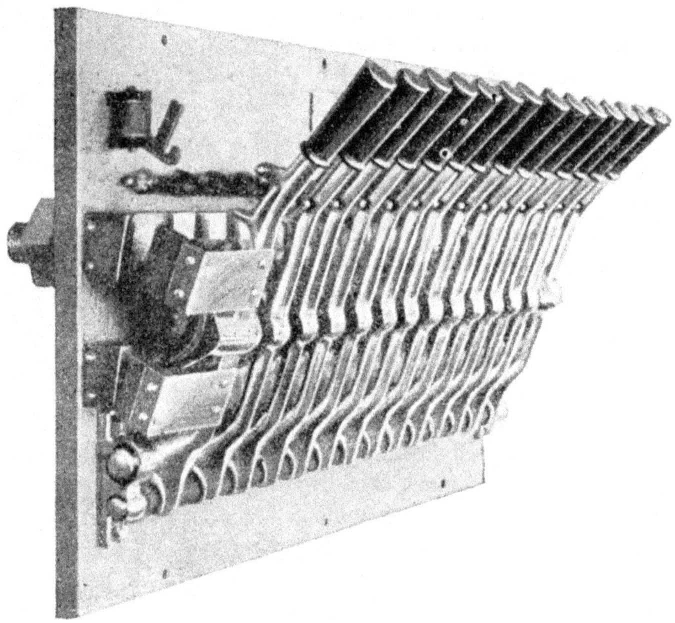

Fig. 172.
Anlasser von Cutler Hammer.

anfährt und sie dann parallelschaltet. Die Anlaufverluste sind in diesem Falle nur noch die Hälfte wie vorhin. Durch ein mehrfaches Serienparallelsystem, wie es z. B. in D.R.-P. 111 123 niedergelegt ist, kann man die Anfahrverluste noch um weitere 5 bis 10% reduzieren. Die erste und letzte Anlaufstellung nach dieser Anordnung ist in Fig. 175 und Fig. 176 gezeichnet. Anfangs sind die 4 Anker *a* in Serie, das Serienfeld *s* und das Nebenschluſsfeld *n* ist je voll erregt; in der Schluſsstellung (Fig. 176) liegen alle Anker parallel, das Nebenschluſsfeld ist unterbrochen und das Serienfeld ist nebengeschlossen. Burke verwendet nach D.R.-P. 124 735 zu ähnlichem Zwecke einen Nebenschluſsmotor und einen Serienmotor auf gemeinsamer Achse; beim Anlassen sind die Anker in Serie und hinter

[1]) E. T. Z. 1902 S. 605. Die Westinghouse Co. hat ein elektropneumatisches Zugsteuerungssystem ausgebildet.

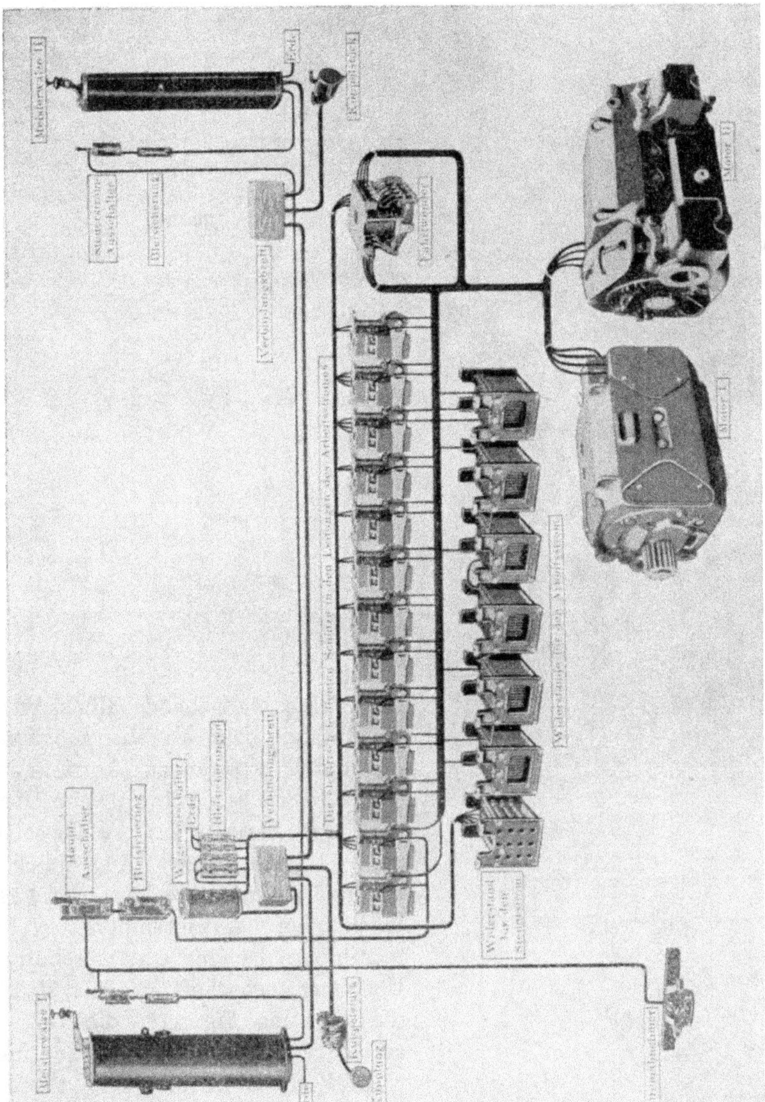

Fig. 173.
Zugsteuerung der General Electric Co.

dem Anker des Nebenschlufsmotors liegt ein Widerstand (Fig. 177.[1]). In beiden genannten Fällen ist auch eine energische Bremsung und im ersten

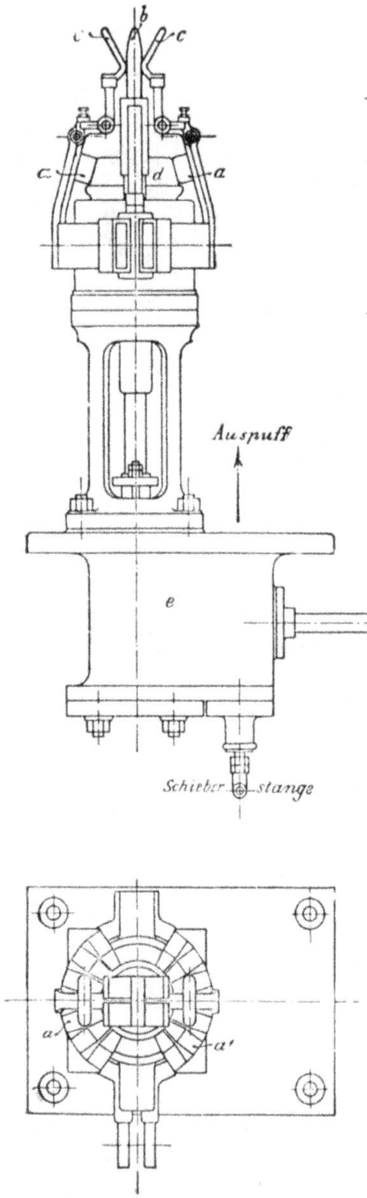


Fig. 174.
Pneumatischer Schalter
von Siemens & Halske.

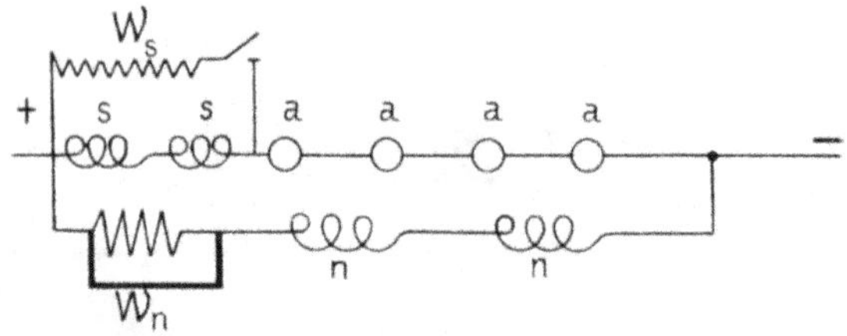


Fig. 175.

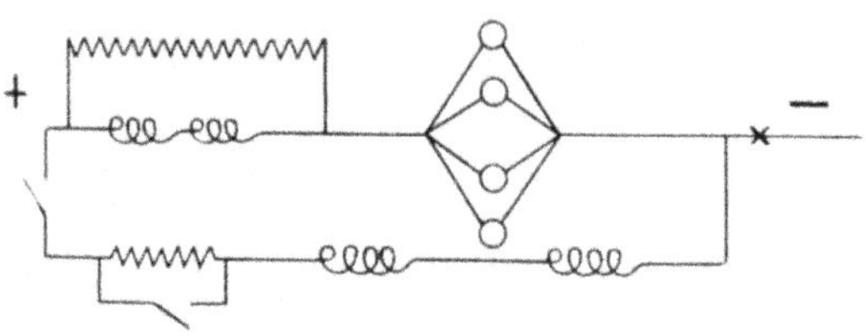


Fig. 176.

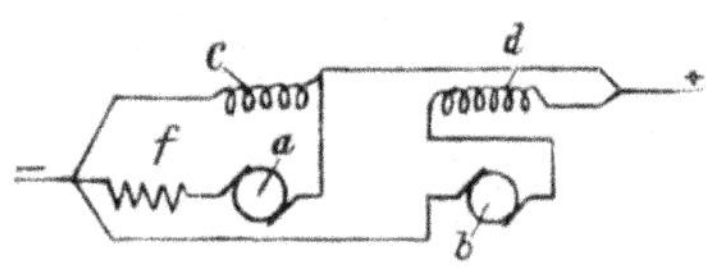


Fig. 177.

Falle eine weitgehende Rückgewinnung von Energie beim Abstellen möglich. Bei horizontal arbeitenden Antriebsmotoren (Bahnen), ist es angängig beim Übergang von der Serien- zur Parallelschaltung von Motoren einen Augenblick vollständig zu unterbrechen; bei vertikal arbeitenden Antriebsmotoren (Fördermaschinen) ist eine Unterbrechung beim Übergang unstatthaft. Sie läfst sich durch die Schaltung Fig. 178, die sich selbst erklärt, vermeiden[2]), wobei allerdings gewisse Verluste in den Widerständen in den Kauf zu nehmen sind. Ein Nachteil

[1]) Dieser Doppelmotor von Bergmann ist allerdings etwas kompliziert.

[2]) Köttgen, E.-T. Z. 1902 S. 602. D. R.-P. 123711 (Kramer), siehe auch E.-T Z. 1902 S. 993 und D. R.-P. 90968.

des Serienparallelsystems, der aber für Bahnen nicht in Frage kommt, ist der, daſs 2 Motoren von $^1/_2$ Leistung erforderlich sind, die teurer sind wie 1 Motor von voller Leistung. Bei Bergbahnen ist es nicht ratsam, das Serienparallelsystem zu verwenden; wenn eine Achse gleitet, so bekommt bei Serienschaltung der eine Motor volle Spannung, der andere nichts; es ist am besten, dauernd in Parallelschaltung zu fahren.

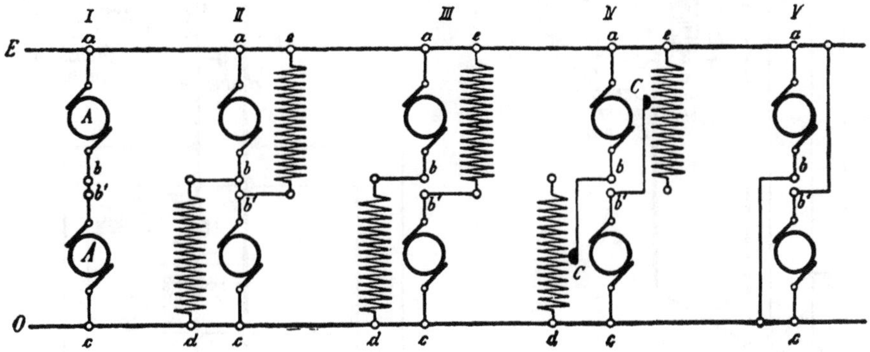


Fig. 178.

Wesentlich ökonomischer und auch für die gröſsten Leistungen verwendbar sind die neuerdings sehr in den Vordergrund getretenen Anlaſsmaschinen. Es werden dabei zur Kompensierung der Netzspannung nicht Widerstände, sondern variable elektromotorische Kräfte, die in gewöhnlichen Gleichstrommaschinen erzeugt werden, benutzt. Für Drehstrom eignen sich diese Methoden vorerst noch nicht. Die Steuerung der starken Hauptströme wird dadurch auf die Schaltung ganz geringer Erregerströme zurückgeführt. Das Umschalten der Hauptkreise wird in stromlosem Zustande ausgeführt. Eine der ältesten dieser Anlaſsschaltungen ist diejenige von Leonard[1]): Ein Motor betreibt eine Dynamo, welche ausschlieſslich zum Anlassen des in Frage kommenden Förder- oder Bahnmotors dient, letzterer ist vom Netz voll erregt, seinen Ankerstrom bekommt er aber von jener Anlaſsdynamo, deren Spannung durch Steigerung des Erregerstromes allmählich von Null auf ein Maximum gebracht wird. Der die Anlaſsdynamo betreibende Motor kann auch für ein- oder mehrphasigen Wechselstrom gebaut sein (Vollbahnsystem der Maschinenfabrik Örlikon). Die Leonardschaltung in Verbindung mit einem Drehstrommotor ist in Fig. 179[2]) gezeichnet. Fuller-Fraser[3]) haben folgende Anordnung zum

§ 65. Anlaſsmaschinen.

[1]) Niethammer, Hebezeuge S. 213. D. R.-P. 77266; Leonard hat auch in seinem amerikanischen Patent die Umschaltung des Erregerstroms aufgeführt, so daſs damit Prioritätsfragen erledigt sind.

[2]) Es dürfte äuſserst zweckmäſsig sein, in Fig. 179 auch die Dynamo mit einer verstärkenden Serienwicklung zu versehen.

[3]) Niethammer, Hebezeuge S. 292.

Anlassen von Aufzügen: Zwei Motoren, über deren Scheiben ein Seil ohne Ende führt, das zugleich über die Antriebscheiben des Aufzuges läuft,

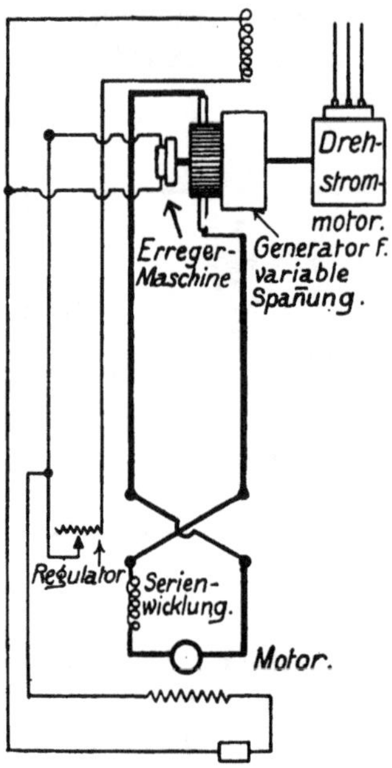


Fig. 179.

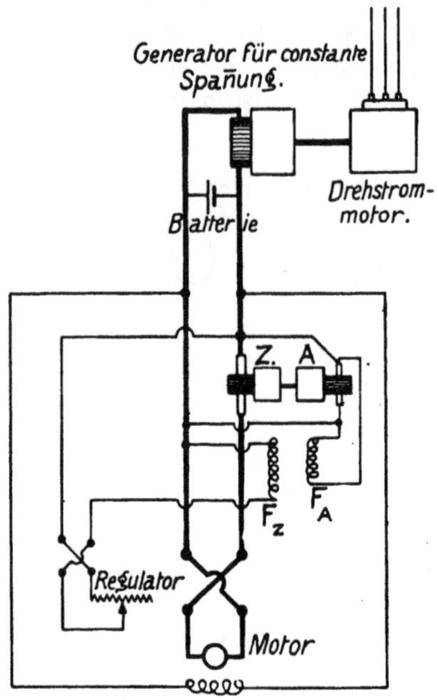


Fig. 181.

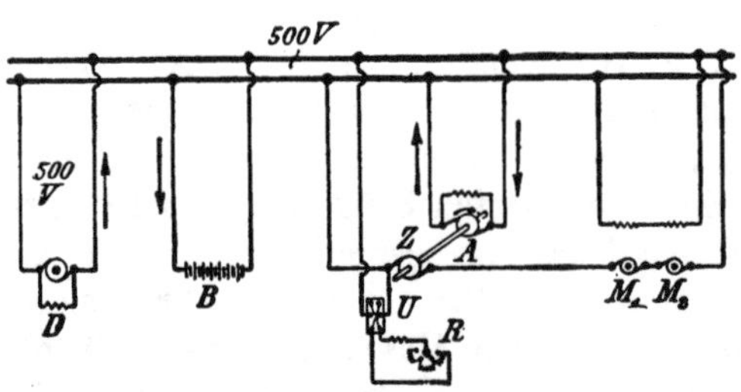


Fig. 180.

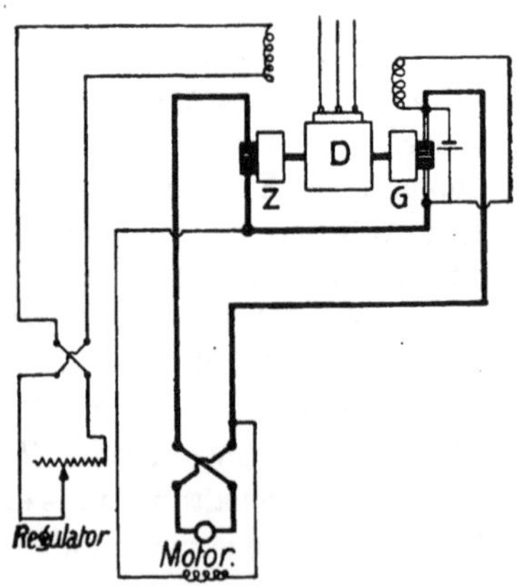


Fig. 182.

drehen sich zunächst gleich rasch, wobei der Aufzug stillsteht. Erhöht man nun die Tourenzahl des einen Motors und erniedrigt man die des anderen, beides durch Feldänderung, so kommt der Aufzug allmählich auf seine Geschwindigkeit. Die eigentlichen neueren Anlafsmaschinen bestehen darin, dafs man in den Anlafskreis eine variable Gegen-EMK[1]) legt, am zweckmäfsigsten derart, dafs man (Fig. 180) die Motorspannung $E_m$ von $M_1 + M_2$ gleich der doppelten Netzspannung $E_k$ wählt und die von $Z$ erzeugte Zusatzspannung zwischen $-E_k$ und $+E_k$ variiert, also das Feld von einem negativen zu einem positiven Maximum durch Null ändert (Anordnung der Union E.-G.). Um billige Anlafsmaschinen zu bekommen, hat man die Tourenzahl der durch einen Motor $A$ angetriebenen Anlafsmaschine $Z$ sehr hoch zu wählen, was aber bei der starken Feldschwächung ohne Verwendung kompensierter Maschinen zu Schwierigkeiten bezüglich der Kommutierung führt. Mit gewöhnlichen Gleichstrommaschinen läfst sich nur ein Betrieb durch Anwendung grofser Umfangsgeschwindigkeiten, schmaler

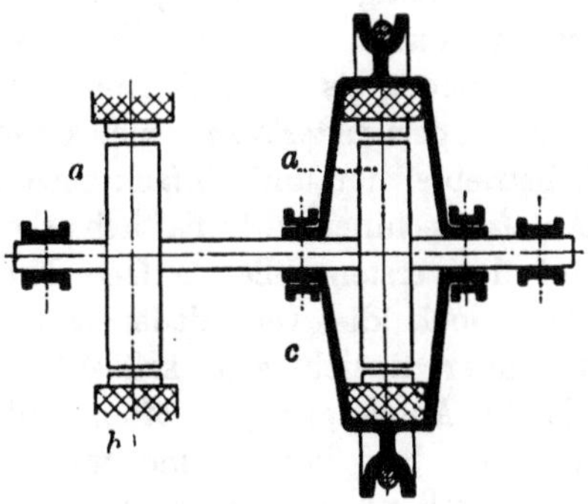


Fig. 183.

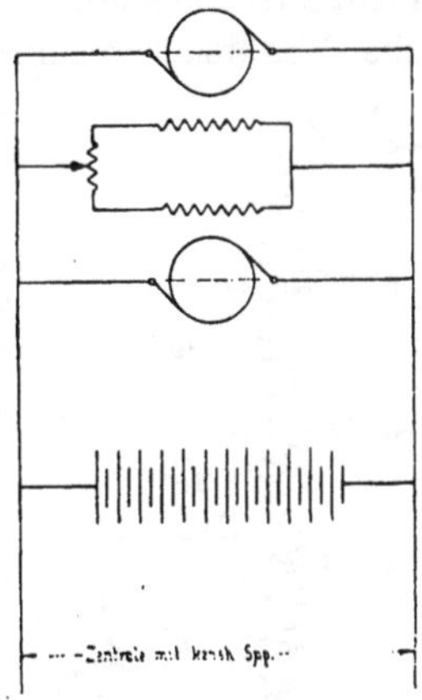

Fig. 184.

Anker und eventuell automatischer Bürstenverstellung entsprechend dem variabeln Erregerstrom und der Belastung erreichen.[2]) In Fig. 181 und 182 sind noch zwei für Drehstromnetze passende Anlafsschaltungen gezeichnet: Fig. 181 entspricht vollständig der normalen Gegenschaltung, wie sie schon aus Fig. 180 hervorgeht, nur dafs die Umformung noch dazu kommt: In Fig. 182 wird dagegen die Dynamo $G$ für konstante Spannung und die Anlafsdynamo $Z$ durch denselben Drehstrommotor $D$ betrieben. In beiden Fällen ist die Verwendung einer Akkumulatorenbatterie zum Kraftausgleich möglich, was bei der einfachen Leonardschaltung nicht angeht. Prof. Kammerer hat zum Anlassen von Fördermaschinen, wofür die besprochenen Anlafsmaschinen hauptsächlich in Frage kommen, die Anordnung Fig. 183 und 184 vorgeschlagen[3]): Auf einer Achse sitzen fest die zwei Anker $a$,

[1]) Siehe auch die Fig. 378 in eben genannten Hebezeugen.

[2]) Eine Ausführung einer solchen Schaltung von Schuckert siehe Z. V. D. I. 1902 S. 1689.

[3]) Z. V. D. I. 1902 S. 1382. D. R.-P. 122777.

das Gehäuse *b* der einen Maschine steht in normaler Weise fest, das Gehäuse *c* ist dagegen auf der Welle der Anker *a* drehbar angeordnet und zugleich als Förderscheibe oder -trommel ausgebildet. Solange beide Felder gleich stark sind und verschiedenen Drehsinn haben, bleibt die Fördertrommel stehen, stärkt man das eine Feld, während man das andere schwächt (Fig. 184), so tritt eine Rotation von *c* ein, wobei die Maschine als Generator arbeitet. Die Felder brauchen nicht bis Null geschwächt werden, was wegen der Funkenbildung von Wert ist, die Last kann elektrisch, ohne Bremse frei schwebend gehalten werden; nachteilig ist die Notwendigkeit rotierender Bürsten für die Maschine *ac*. Beim erstmaligen Anlassen ist ein einfacher Anlasser erforderlich. Alle diese Anlaſsmethoden durch Feldänderung sind, was für Fördermaschinen wichtig ist, sehr manövrierfähig, die Primärstation samt Batterie kann im Gegensatze zur Leonardschaltung auch anderweitig gleichzeitig benutzt werden, sie gestatten auch eine rationelle stoſsfreie, elektrische Bremsung bis zum Stillstand und werden sich auch bei geeigneter Wahl der elektrischen Typen als betriebssicher und einfach bewähren. Daſs die Anlaſsmaschinen wirtschaftlich arbeiten, scheint auf den ersten Blick auſser Zweifel; man muſs jedoch die verschiedenen Anordnungen in dieser Hinsicht stets kritisch untersuchen, da die Anlaſsaggregate öfters mit geringer Last oder leer laufen und wegen der scharfen Kommutierungsbedingungen groſs gebaut werden müssen, so daſs sich hin und wieder bei Betrachtung einer längeren Arbeitsperiode ganz erkleckliche Verluste herausrechnen lassen. Auch der Preis der Anlaſsmaschinen ist ziemlich beträchtlich, aber kaum höher als der eines einwandfreien Anlassers.

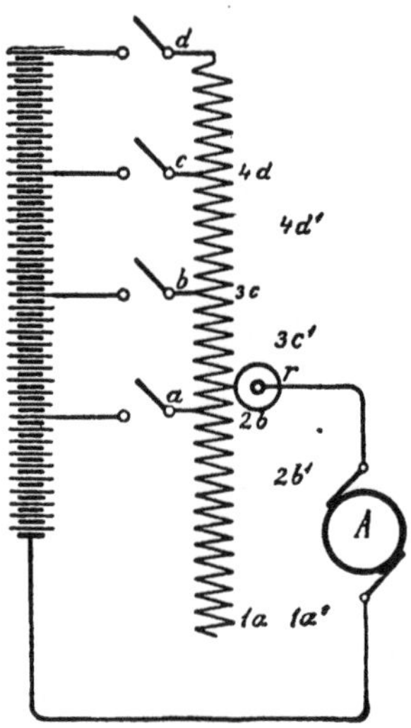


Fig. 185.

§ 66. Batterieschaltung. Eine allmählich ansteigende EMK zum Anlassen läſst sich auch durch Verwendung von Akkumulatoren[1]) erzielen, die man nach Fig. 185 absatzweise zu- und abschaltet (Schalter *a, b, c, d*); die Zwischenstellungen werden durch Widerstände und die mit den Schaltern in zwangsläufiger Verbindung stehende Rolle *r* abgestuft. Um die einzelnen Batteriegruppen möglichst gleichmäſsig zu beanspruchen, wird abwechselnd mit der vordersten und hintersten Gruppe angefangen. Der Hauptnachteil dieser Anordnung gegenüber den Anlaſsmaschinen ist der, daſs man die starken Ströme direkt steuern muſs, überdies werden die Batteriegruppen stets verschiedenartig beansprucht.

---

[1]) Siehe Niethammer, Hebezeuge S. 227 und Köttgen, E.-T. Z. 1902 S. 603. D. R.-P. 129049, 129493.

§ 67. Déri-Anlaſsmethoden.

Eine sehr sinnreiche Anlaſsmethode hat Déri in E. P. Nr. 11523, 20. Mai 1902, niedergelegt. Sie besteht darin, daſs (wie bei Leonard) ein besonderer Generator vorgesehen wird, dessen Anker *a* direkt auf den Motoranker *b* geschlossen ist (Fig. 186). *a* wird einmal durch eine ebenso wie der Generator mit konstanter Tourenzahl angetriebene Erregerdynamo *e* (Wicklung) und dann in entgegengesetztem Sinne durch eine Serienwicklung *s* erregt. Schaltet man bei voller Erregung von *n* den Anker *a* auf *b*, während der Motor *b* durch eine Batterie oder sonstwie stark fremderregt ist, so tritt ein kräftiger Anzugstrom auf, der die Spannung von *a* fast auf Null herunterdrückt. Je mehr nun der Strom von *a* nach *b* nachläſst, desto mehr steigt die Spannung von *a* und desto rascher läuft der Motor *b*, ähnlich wie ein Serienmotor. Mit zunehmender Last sinkt die Umlaufzahl, mit abnehmender nimmt sie zu. Weitere Tourenänderungen sind durch die Beeinflussung der Motorerregung möglich.[1])

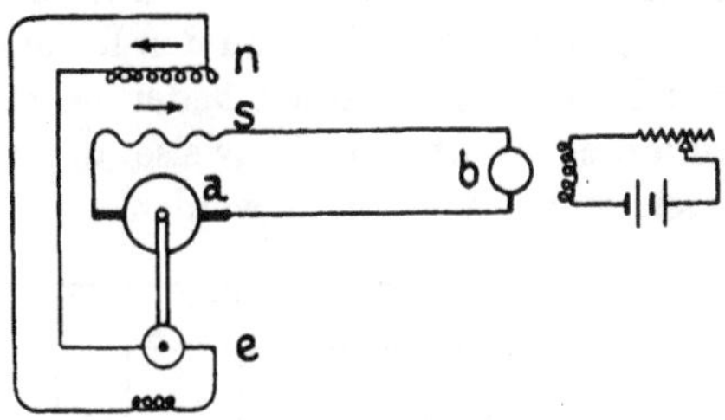


Fig. 186.

§ 68. Drehstrom-Anlaſsmethoden.

In Drehstrom- und besonders in Einphasennetzen empfiehlt es sich, sofern es sich um stark stoſsweises Anlassen groſser PS-Zahlen handelt, eine Umformung in Gleichstrom vorzunehmen, wobei dann alle Vorteile der Gleichstromsysteme benutzt werden können (auch Pufferbatterien und -maschinen), und zwar der Regulierung halber mittels Motorgeneratoren. Dabei kann man zugleich zur Belastungsausgleichung für das Drehstromnetz Akkumulatoren oder die gleich zu besprechenden Puffermaschinen mit der Umformung kombinieren. Verwendet man zum direkten Antrieb Drehstrom oder gar Einphasenstrom, so kann man in folgender Weise anfahren: Der Motor läuft dauernd, wird aber nur von Fall zu Fall mittels beweglicher magnetischer oder Lamellenwendekupplung mit der anzutreibenden Maschine gekuppelt. Die Kommutatormotoren sind wahrscheinlich dazu bestimmt, auch für Drehstrom und Einphasenstrom rationelle Anfahr- und Tourenregelungsmethoden zu ermöglichen, so daſs sie in dieser Beziehung den Wettbewerb mit Gleichstrom voll und ganz aufnehmen können. Ein beachtenswerter Schritt in dieser Hinsicht ist der von der Westinghouse Co. übernommene Bau der Einphasenbahn Washington—Baltimore unter Verwendung von Serienmotoren mit Kommutator (Seite 123). Das Anlassen geschieht nur durch Variation der Klemmenspannung. Eine äuſserst sinnreiche Anordnung zum direkten Antrieb mittels Einphasenmotoren für Vollbahnzwecke rührt von dem Amerikaner Arnold[2]) her. Es handelt sich um einen gewöhnlichen Ein-

---

[1]) Sowohl im Hauptstrom wie im Motorerregerkreis kann ein Umschalter liegen.

[2]) El. World 1902 oder Trans. Am. Inst. El. Eng. May 1902

phaseninduktionsmotor, dessen Stator und Rotor drehbar sind und der dauernd am Netze liegt. Entweder rotiert der Stator oder der Rotor oder aber beide. Beide Teile sind je direkt mit einem Luftkompressor gekuppelt. Steht der Wagen still, so läuft nur der Stator annähernd synchron und komprimiert Luft, zum Anlassen wird der Statorkompressor gedrosselt, worauf der Rotor zu rotieren beginnt und den Wagen antreibt. Allmählich drosselt man den Stator vollständig, so dafs der Rotor auf volle Touren kommt. Zur weiteren Tourensteigerung kann man den Stator durch seinen Kompressor rückwärts betreiben. Zur Erzielung eines hohen Anzugsmomentes läfst man den Rotorkompressor mitarbeiten. Beim Bremsen und Bergabfahren arbeitet der Rotor auf seinen Kompressor. Wenn erforderlich, kann streckenweise der Betrieb auch nur durch die Kompressoren aufrecht erhalten werden.

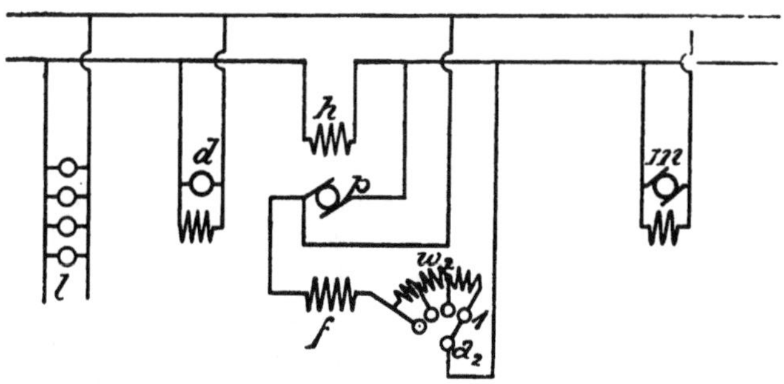


Fig. 187.

§ 69. Puffer-maschinen. Diese letzte Anlafsmethode hat uns besonders nahe der Frage des Kraftausgleiches gebracht. Motoren, die oft und mit grofsem Moment stofsweise[1]) angelassen werden, üben auf das Netz eine störende Wirkung aus, die Spannung der übrigen Stromverbraucher schwankt, die Primärmaschinen arbeiten bei der stark variablen Last unwirtschaftlich, man braucht viel gröfsere Primärmaschinen als der mittleren Leistung entspricht, und zwar geht das bis auf die nötige Kesselzahl zurück, was auch für Hütten- und Grubenbetriebe ins Gewicht fällt, wo an sich etwas mehr oder weniger Wirkungsgrad ohne Belang ist. Ein Kraftausgleich ist möglich

1. durch elektrische Akkumulatoren, die aber teuer, voluminös und heikel sind,

2. durch Schwungmassen, zunächst in Form von Schwungrädern auf den Primärmaschinen, wo sie aber nicht sehr wirksam sind wegen der meist üblichen kleinen Umdrehungszahl. Zweckmäfsig bringt man auf allen Motoren für stark variable Belastung Schwungräder an. Am vorteilhaftesten ist die Verwendung von besonderen Puffermaschinen mit grofsen Tourenzahlen und grofsen Umfangsgeschwindigkeiten,

[1]) Fördermaschinen, Bahnen, Walzenzüge etc.

3. durch Luftkompressoren, wie dies im System von Arnold oben angegeben ist; auch hydraulische Kraftspeicher sind möglich. — Für die Wirksamkeit der Puffermaschinen (Nr. 2) ist es erforderlich, dafs sie eine gewisse Tourenschwankung erfahren; ändert sich ihre Geschwindigkeit von $v_1$ auf $v_2$, so wird eine Energie frei im Betrage von $m\ (v_1^2 - v_2^2)$, z. B. bei einer Tourenänderung auf die Hälfte $^3/_4$ der ganzen aufgespeicherten Energie. Die Union E.-G. hat auf derartige Anordnungen von Puffermaschinen zur Erzielung einer kräftigen Tourenvariation die von Meyersberg ausgearbeiteten Patente Nr. 125553, 131945 und 132927 erlangt[1]). Die Wirkungsweise geht aus Fig. 187 hervor: *d* ist die Hauptdynamo, *m* der Motor mit stark variabler Belastung, *l* das übrige Netz und auf *p* sitzt die Puffermaschine, die differentiell erregt ist und zwar zunächst durch ein konstantes justierbares Nebenschlufsfeld *f* und dann durch den Hauptstrom *h*. Steigt der Strom in *h*, so wird das Feld des die Schwungmassen antreibenden Motors *p* verstärkt, er läuft langsamer und gibt seine Schwungmomente in Form von Strom teilweise an das Netz ab; fällt der Strom in *h*, so wird das Feld geschwächt, und der Motor *p* sucht sich zu beschleunigen, wozu er Strom vom Netz aufnimmt. Er hält so die Netzbelastung innerhalb gewisser Grenzen konstant. Um bei längeren Pausen die Beschleunigung nach oben zu begrenzen, ist ein Zentrifugalpendel vorgesehen, welches bei einer bestimmten Maximaltourenzahl den Feldwiderstand $w_2$ kurzschliefst und so die Tourenzahl begrenzt. Dies läfst sich übrigens auch durch Verwendung einer mit dem Antriebsmotor gekuppelten Erregermaschine erreichen, die den Motor um so stärker erregt, je rascher er läuft, siehe bei Einankerumformer. Des weiteren sind in den Patenten Anordnungen verzeichnet, um die Puffermaschine, d. h. das kräftige Schwungrad direkt auf die früher erwähnten Anlafsaggregate zu setzen. Es ist dies in beschränktem Mafse auch bei Umformung von Drehstrom in Gleichstrom angängig, wobei man allerdings dem Drehstrommotor erhebliche Schlüpfung geben mufs, 10 % oder mehr. Ilgner[2]) schaltet zu diesem Zwecke durch einen Zentrifugalregler bei zunehmender Belastung des Anlafsaggregats Widerstand in den Rotor. Das ganze Schema einer nach dem System Ilgner von Siemens & Halske ausgelegten Fördermaschine ist in Fig. 188 (E.-T. Z. 1902 S. 961) gezeichnet. Bei dem Entwurf solcher Pufferschwungräder, die leicht billiger herzustellen sind als Akkumulatorenbatterien, sollte man mit der Umfangsgeschwindigkeit so hoch als möglich gehen, z. B. auf 50 bis 100 m, was vorzügliches homo-

---

[1]) Siehe den Vortrag des Herrn Meyenberg E.-T. Z. 1903 und die Diskussion. Die prinzipiell richtigeren Spannungsausgleicher und Spannungsregulatoren sind solche, welche nicht erst auf eine Spannungsschwankung, die sie ja vermeiden sollen, sondern schon auf die Ursache, auf eine Stromschwankung reagieren.

[2]) D. R.-P. 138387, 138440, 138797.

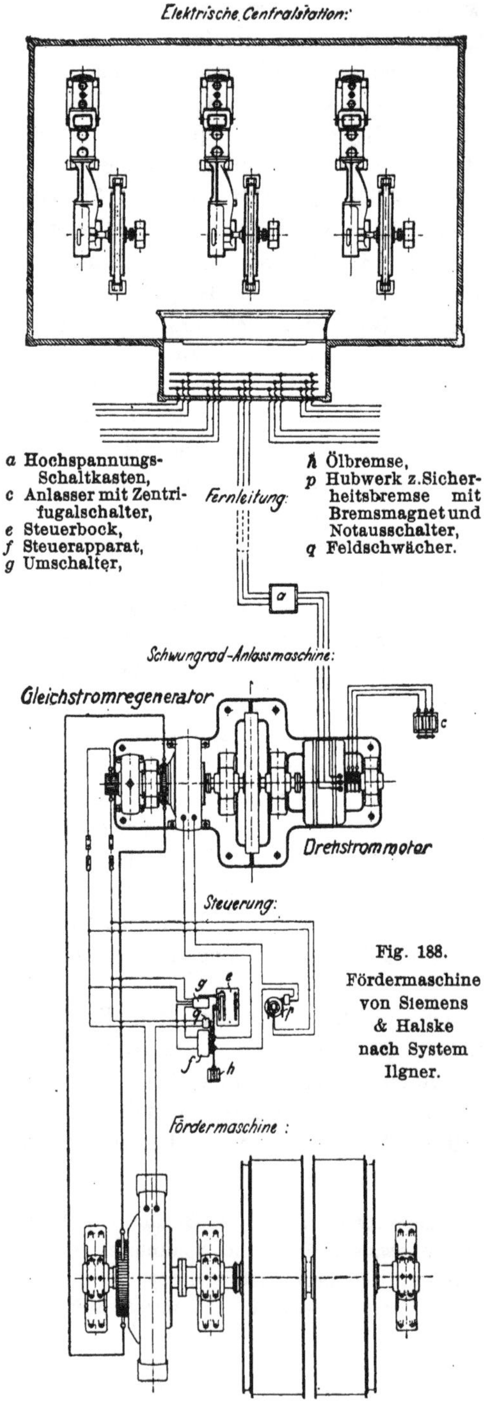


Fig. 188. Fördermaschine von Siemens & Halske nach System Ilgner.

genes Material und sorgfältigstes Ausbalancieren nötig macht[1]). Am zweckmäfsigsten sind wohl präzis gestanzte Schmiedeisenringe, die man wie Dynamoanker zusammenbaut, oder abgedrehte, solid auf die Welle gezogene Stahlgufskörper. Die Gröfse der Puffermaschinen hängt von der Höhe der Stöfse und der Länge der Pausen ab. Auch andere als die genannten Massenausgleiche können von Wert sein, bei Fördermaschinen der Ausgleich des Oberseils durch Unterseil oder durch kegelförmige Trommeln, wodurch das Moment bei der ganzen Fahrt fast konstant gehalten werden kann. Wesentlich ist auch, dafs die zu beschleunigenden Massen der Fördermaschine selbst klein sind, weswegen sich langsamlaufende Antriebsmotoren empfehlen. Es ist zu bemerken, dafs durch obengenannte Kraftausgleicher die Schwierigkeit (Funkenbildung!), elektrische Maschinen für stark schwankenden Betrieb zu bauen, nicht behoben ist, da z. B. in Fig. 187 der Antriebsmotor $p$ sehr stark schwankenden Belastungen ausgesetzt ist; die Primärmaschine wird allerdings geschont; sitzen die Schwungmassen auf der Primärmaschine, so wird nur die Dampfmaschine, nicht der elektrische Generator entlastet. Für Drehstromnetze

[1]) Es gibt sogar massive Stahlräder mit 450 mm Durchmesser, die mit 230 m Umfangsgeschwindigkeit laufen.

liegt bis jetzt noch keine ausgearbeitete Methode zur Anwendung von Puffermaschinen vor, durch weitere Verfolgung der Kommutatormotoren werden sich aber auch dafür Mittel und Wege finden. Um die Spannung konstant zu halten, müfste die Puffermaschine entweder direkt auf Spannung oder aber auf den Strom unter Berücksichtigung des cos $\varphi$ reagieren.

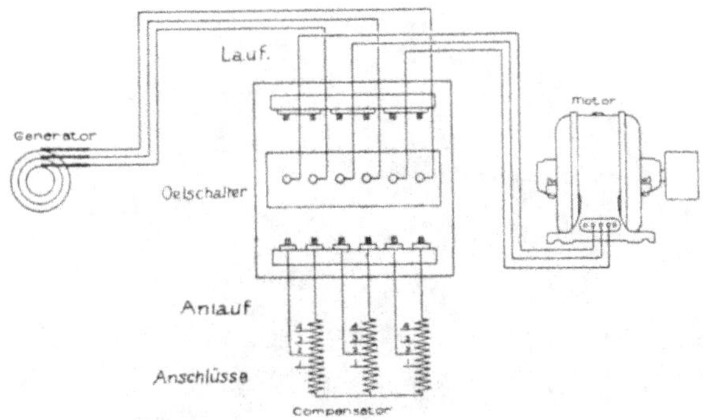


Fig. 189.

§ 70. Kurzschlufsrotoren und eingebaute Anlasser.

Während man in Amerika in ausgedehntem Mafse die mechanisch einfachste Drehstromtype mit Kurzschlufsanker für alle Gröfsen verwendet und das Anlassen durch einen Kompensator in der Schaltung Fig. 189 (General Electric Co.) besorgt, wobei bei entsprechend gewählten elektrischen Verhältnissen volles Moment und mehr mit zwei- bis dreifachem Strom, allerdings bei einem cos $\varphi = 0{,}6$ bis 0,4 erreicht wird, verlangt man in Deutschland über 3 PS allgemein die Verwendung von Anlafswiderständen. Um dennoch eine gewisse Vereinfachung zu erzielen, baut man wohl die Anlafsvorrichtung in den rotierenden Anker ein und vermeidet so die Schleifringe und Bürsten. Eine der ältesten Anordnungen ist die Gegenschaltung von Siemens & Halske; [1]) es wurden auch zwei Ankerwicklungen mit verschiedenem Widerstand für Anlauf und für Lauf verwendet, wovon erstere kurzzuschliefsen ist. Das sicherste ist jedoch wohl der direkte Einbau des Widerstandes, der wie im gewöhnlichen Anlasser einstufig oder mehrstufig von Hand oder automatisch kurz geschlossen wird. In Amerika werden solche eingebauten Widerstände in Form von Eisenrösten viel gebaut. [2]) Es ist allerdings eine solide, gut abgeschlossene Konstruktion erforderlich, welche keine Betriebsstörungen durch Verstauben, Verbrennen der Kontakte und ähnliches verursachen darf. Die Güte des Kontaktes darf durch die Zentrifugalkraft nicht vermindert werden, zweckmäfsig verstärkt dieselbe die Anpressung der Prefskontakte (nicht Messer). Die auto-

[1]) Niethammer, Hebezeuge S. 200 ff. und Hdb. d. Elektr. Bd. IX, wo noch andere Anordnungen zu finden sind.

[2]) Niethammer, Hdb. d. Elektr. Bd. IX Fig. 194.

matische Schaltbewegung ist durch eine Luft- oder Flüssigkeitsdämpfung (ersteres besser) zu regulieren, überhaupt ist Sorge zu tragen, daſs die periodisch in verschiedenem Sinne zusammenwirkende Schwerkraft und Zentrifugalkraft bezw. Tangentialkraft keine Pendelungen des Schalthebels hervorrufen, da dies in der Regel zu zerstörend wirkendem Feuer Veranlassung gibt. Eine für jede Motorgröſse verwendbare Konstruktion eines

Fig. 190.
Drehstrommotor der Union E.-G.

eingebauten automatischen Drehstromanlassers der Union E.-G., der in jeder Hinsicht einwandfrei arbeitet, ist in Fig. 190 abgebildet. In dem einstufigen Anlasser der E.-A.-G. vorm. Schuckert & Co. (Fig. 191) D.R.-P. 133339, spannt die Zentrifugalkraft zunächst eine Feder und nach Erreichung einer gewissen Spannung schnappt der Schalthebel in die Kurzschluſsstellung.[1]) Solche automatische Anlasser mit Widerstandsstufen

[1]) Der erste Patentanspruch lautet: Fliehkraftregler für Induktionsmotoren mit Kurzschluſsanker zum selbsttätigen stufenweisen Ausschalten der in den Ankerstromkreis geschalteten Widerstände, dadurch gekennzeichnet, daſs bei gewissen, den Stufen entsprechenden Umdrehungszahlen die einzelnen von Fliehkraft und Federkraft beeinfluſsten Messerkontakte des Ausschalters durch eine hiervon unabhängige, unter Wirkung eines besonderen Fliehgewichtes stehende Auslösevorrichtung freigegeben werden. Siehe auch D. R.-P. 91135 und D. R.-P. 114053.

haben allen anderen Vorrichtungen gegenüber den Vorteil, dafs sie wie bei Schleifringmotoren ein Anlassen mit beliebigem Moment bei gutem cos $\varphi$ gestatten. Ist allerdings das erforderliche Moment gröfser als dasjenige, das dem Widerstand auf der ersten Stufe entspricht, so läuft der Motor gar nicht an, und er ist deshalb durch eine Sicherung im Rotorkreis zu schützen; bei Handausschaltung ist das nicht nötig. Der Stromstofs auf der ersten Stufe wird bei der automatischen Konstruktion stets dem maximal eingestellten Drehmoment entsprechen.

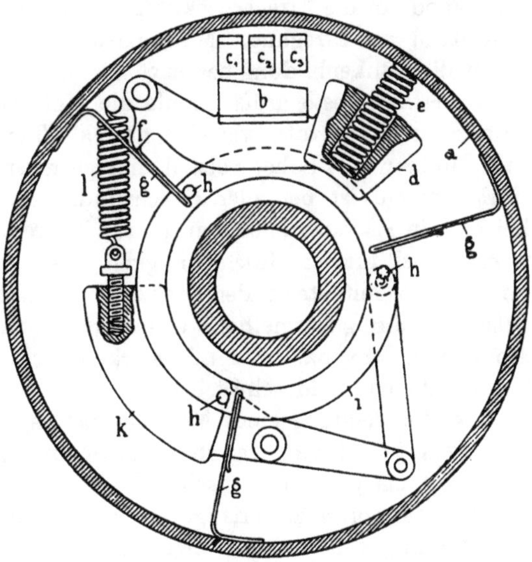


Fig. 191.

§ 71. Selbstanlasser.

Die üblichen aufserhalb des Motors liegenden selbsttätigen Anlasser, die für Aufzüge, Kompressoren von Druckluftverteilungen, für Pumpen von Druckwassernetzen und überhaupt für Fernschaltungen[1]) ausgedehnt gebraucht werden, steuert man entweder durch ein pendelndes Hemmwerk oder durch einen Zentrifugalregulator oder durch ein Solenoid, das an der Netz- oder Motorspannung liegt, Fig. 171, oder durch einen am Netz liegenden Hilfsmotor.[2]) Letzterer Antrieb verbreitet sich stetig für Gleich- und Drehstrom.[3])

§ 72. Tourenregulierung von Gleichstrommotoren.

Im vorstehenden habe ich im wesentlichen Anlafsmethoden behandelt, viele derselben können allerdings direkt zur Tourenregulierung[4]) benutzt werden, so dafs ich die Anordnungen zur Geschwindigkeitsvariation etwas mehr in schematischer Kürze behandeln kann. Für Gleichstrom kommen praktisch gegenwärtig folgende Verfahren in Frage:

1. Die natürliche Tourenänderung des Serienmotors, der bei geringer Last rasch, bei grofser Last langsam läuft. Der Wirkungsgrad ist bei allen Tourenzahlen gut.

---

[1]) Näheres siehe Niethammer, Hebezeuge S. 180 ff.

[2]) Siehe auch D. R.-P. 127 486.

[3]) Die Beschreibung von Druckknopfsteuerungen würde hier zu weit führen, siehe Werke über elektr. Hebezeuge; es handelt sich dabei um zahlreiche Relais, deren absolut sicheres Funktionieren die Hauptsache ist (Otis, Stigler u. a.).

[4]) Siehe Niethammer, Hebezeuge und Hdb. d. Elektr. Bd. IX.

2. Durch Vorschaltwiderstand vor dem Anker; die Tourenzahl ist bei gegebenem Widerstand abhängig von dem Strom bezw. dem Drehmoment, der Wirkungsgrad wird mit abnehmender Geschwindigkeit schlechter, kleine Drehzahlen bei kleinen Momenten sind nur mit sehr grofsen Widerständen und unsicher zu erreichen. Der Motor ist ganz normal.

3. Schwächen des Feldes, bei Nebenschlufsmotoren durch Vorschaltwiderstand vor die Erregerwicklung, beim Serienmotor durch Nebenschlufswiderstand zur Erregung. Man erzielt eine Tourensteigerung, deren Höhe durch die Funkenbildung begrenzt ist, d. h. je weiter die Tourensteigerung zu treiben ist, desto gröfser mufs die Motortype gewählt werden, bei 1 : 4 etwa zweimal so grofs, wie eine normale Type. Besonders geeignet hierfür sind Motoren mit hoher Polzahl und geringer Anker-AW-Zahl pro Pol. Der Wirkungsgrad ist bei allen Geschwindigkeiten annähernd gleich gut, die Leistung in PS kann über den ganzen Tourenbereich konstant angenommen werden, bei kleiner Geschwindigkeit eher gröfser; das zuläfsige Moment nimmt also mit steigender Drehzahl ab, was für viele Betriebe schlecht pafst. Diese Reguliermethode eignet sich auch zum Anlassen unter grofsem Moment, indem man erst mit starkem Feld anfährt und für die normale Tourenzahl das Feld schwächt.

4. Verwendung eines Mehrleiternetzes, so dafs man dem Anker und dem Feld je getrennt verschiedene Spannungen geben kann. Diese Methode hat bis jetzt in Deutschland viel zu wenig Beachtung gefunden; sie ist sehr ökonomisch, verlangt keine anormalen Motoren und gestattet bei Verwendung von vier Leitungen mit beispielsweise 25, 75 und 150 Volt zwischen zwei anstossenden Leitungen ohne weiteres eine Tourenänderung von 1 : 10 und mehr. Die Umschaltung geschieht zweckmäfsig mit soliden Kontrollern, da sonst zerstörende Funkenbildung zu erwarten ist. Diese Methode ist für Werkstätten mit Werkzeugmaschinen stark variabler Tourenzahl, für Zeugdruckpressen u. ä. die gegebene. Es ist nur erforderlich, in die vorhandene Anlage einen Spannungsteiler in Form eines Satzes mehrerer gekuppelter Maschinen aufzustellen, der gar nicht grofs ausfällt. Die Regulierung ist allerdings an sich sprungweise, durch Kombination mit Methode 2 oder 3 kann sie jedoch stetig gemacht werden.

5. Die schon erwähnte Serienparallelschaltung, auch die mehrfache nach Fig. 175 mittels mehrerer Motoren oder von Zweikollektormotoren. Das Verfahren ist ökonomisch, aber sprungweise, für Zwischentouren ist es mit einem anderen zu kombinieren. Die zwei Anker können auch für zwei verschiedene Tourenzahlen gewickelt sein, d. h. sie brauchen nicht gleich zu sein.

6. Die rationelle Tourensteigerung durch Vergröfserung des Luftspaltes ist neuerdings für kleinere Motoren öfters angewandt worden, siehe Fig. 192, von der Stow Mfg. Co.[1]): Die sämtlichen Pole können radial verstellt werden.

---

[1]) Siehe E.-T. Z. 1902 S. 236. Siehe auch Niethammer, Hebezeuge Fig. 598.

7. Variable Motorspannung erzeugt durch eine umschaltbare Batterie, siehe Fig. 185; bei längerdauernder Regulierung werden die einzelnen Batterieteile verschieden entladen und leiden darunter. Es lassen sich allerdings auf diese Weise sehr weitgehende Tourenänderungen, namentlich auch sehr kleine Tourenzahlen erreichen.

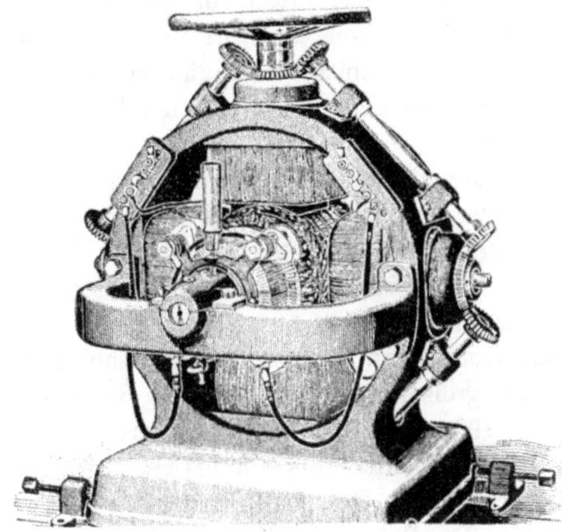

Fig. 192.
Motor der Stow Mfg. Co.

8. Tourenregulierung durch eine variable Gegen-EMK, erzeugt in den besprochenen Anlafsmaschinen. Diese Methode ist sehr ökonomisch, vollständig stetig von maximaler Geschwindigkeit bis Stillstand, und unabhängig von der Belastung.

9. Für sehr kleine Tourenzahlen eignet sich eine Parallelschaltung von Widerstand zum Motoranker und gleichzeitige Vorschaltung von Widerstand nach Fig. 193.[1]) Das Verfahren eignet sich besonders für Revisionsfahrten von Fördermaschinen.

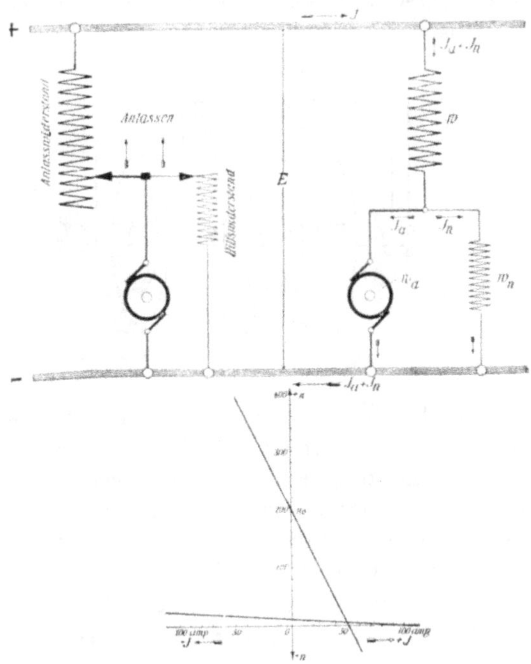


Fig. 193.

10. Aufstellung von mehreren Motoren, deren Tourenzahl an sich verschieden ist und die durch magnetische oder andere Kupplungen mit der zu betreibenden Maschine gekuppelt werden; der eine Motor kann auch in anderem Sinne laufen wie der andere. Auf diese Weise lassen sich bequem grofse Hobelmaschinen mit beschleunigtem Rückgang steuern.

---

[1]) Siehe Z. V. D. I. 1902 S. 1694 Fig. 81. Diese Methode ist schon angegeben: Niethammer, Hebezeuge Fig. 597.

11. Zur Erzeugung kleiner Geschwindigkeiten eines Motors kann man einen Umformer aufstellen, der die Netzspannung auf $^1/_{20}$ oder weniger reduziert (Revisionsfahrten von Fördermaschinen).

§ 78. Touren-regulierung von Drehstrom-motoren.

Für Drehstrom und in noch erhöhtem Maſse für Einphasenstrom liegen die Verhältnisse so ungünstig als nur denkbar. Es gibt wohl zahlreiche Methoden, aber sie haben alle mehr oder minder schwerwiegende Nachteile:

1. Regulierung der Induktionsmotoren durch Vorschaltwiderstand im Rotor. Der Wirkungsgrad wird mit abnehmender Geschwindigkeit schlechter, die Tourenzahl hängt bei gegebenem Widerstand vom Drehmoment ab; diese Methode ist bei Einphasenmotoren unzulässig.

2. Umschaltung auf verschiedene Polzahlen; die Methode ist ohne groſse Komplikation nur für Kurzschluſsanker brauchbar, der cos $\varphi$ ist bei der gröſseren Polzahl in der Regel schlecht. Wüst (Schweizer Bauzeitung 1901 Bd. 38 S. 40) hat neuerdings für Werkzeugmaschinen u. ä. zwei bis drei Kurzschluſsmotoren bis ca. 10 PS auf einer Achse zusammengebaut und erzielt durch Umschaltung der Statoren stark verschiedene Geschwindigkeiten. Dr. Behn veröffentlicht in der Schweizer Bauzeitung 1902 S. 167 (Bd. 40) wertvolle Resultate für einen Drehstrommotor, der auf 4, 6, 8 und 12 Pole geschaltet werden kann. Er verwendet eine patentierte Trommelwicklung.

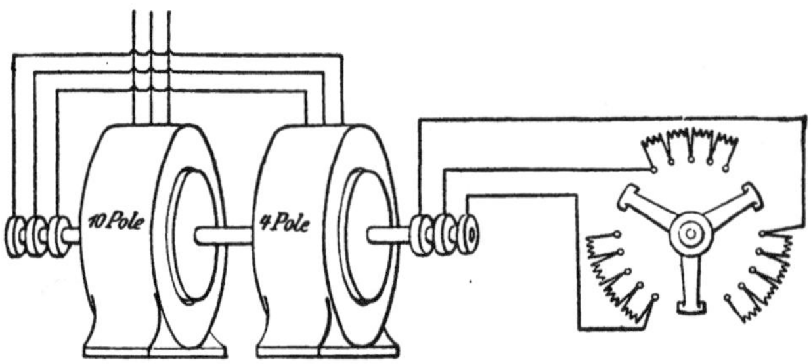

Fig. 194.

3. Die Kaskadenschaltung entspricht der Serienparallelschaltung bei Gleichstrom, ist aber viel unrationeller, da die Schaltung sehr kompliziert und der Leistungsfaktor bei der geringen Tourenzahl sehr schlecht ist. Die Schaltung ermöglicht immerhin, z. B. bei Bahnen, eine gewisse Rückgewinnung von Energie ins Netz, unter üblichen Verhältnissen allerdings kaum 10%. Danielson[1]) hat neuerdings eine Kaskadenschaltung für drei und mehr Tourenzahlen angegeben. Er setzt zwei Motoren (Fig. 194) verschiedener Polzahl $p_1$ und $p_2$ auf dieselbe Achse und kann durch entsprechende, allerdings komplizierte Schaltung die vier Tourenzahlen $\frac{120\,n}{2p_1}$,

[1]) E.-T. Z. 1902 S. 657.

$\frac{120\,n}{2\,p_2}$, $\frac{120\,n}{2\,(p_1+p_2)}$, $\frac{120\,n}{2\,(p_1-p_2)}$ erreichen, bezüglich der grofsen wattlosen Ströme bleibt das bereits Gesagte auch hier gültig. Die Leistung in der verketteten Schaltung ist in der Regel nur die Hälfte von der des einzelnen Motors in Parallelschaltung und das Drehmoment nur $^1/_4$. Für Bahnzwecke benützt Ganz & Co. den zweiten Motor aus diesem Grunde nur zum Anlassen und schaltet ihn dann ganz ab, so dafs er billiger und günstiger dimensioniert werden kann.

4. Die einachsige Schaltung[1]) bei einphasiger Wicklung des Rotors, die halbe synchrone Tourenzahl ermöglicht, ferner die von Grob[2]) beschriebene Schaltung, den Drehstrommotor, dessen Stator und Rotor in Serie geschaltet ist, mit doppelter Geschwindigkeit laufen zu lassen, sind praktisch kaum von Belang, erstere wegen des schlechten Leistungsfaktors und der Spannungsschwankungen, die solche Motoren im Netz hervorzurufen pflegen, letztere u. a., weil der Motor nicht von selbst auf die höhere Tourenzahl kommt.

5. Unter Drehstrommotoren S. 107 wurden die Versuche von Görges an Kommutatormotoren zitiert, die zeigen, dafs man durch einfache Bürstenverstellung solche Maschinen beliebig und rationell regulieren kann. Es ist dies noch ein wenig beackertes Feld, von dem noch vieles zu erwarten ist.[3]) Diese Tourenregulierung hängt von der Bürstenstellung des Rotors, von der Gröfse und Phase der Erregerspannung ab. Prof. Arnold gibt in der Diskussion zu dem Heylandschen Vortrag, E.-T.Z. 1902, S. 26 an, dafs ein Heylandmotor durch Änderung des Erregerstroms von 0 auf 115 Amp seine Tourenzahl von 1400 auf 1700 änderte (1500 synchron); auch Eichberg und Ziehl haben diese Tourenregulierung konstatiert. Die Westinghouse Co. baut neuerdings, wie S. 123 besprochen, eine ausgedehnte Vorortbahn mit einphasigem Wechselstrom. Die 100 PS-Serienmotoren mit Kollektor fahren mit hohem Moment an und werden nur durch Spannungsänderung rationell in den weitesten Grenzen reguliert, siehe Fig. 148.

6. Die von dem Amerikaner Arnold angegebene mechanische Regulierung S. 145 mittels Druckluft; es sind natürlich noch viele andere mechanische Regulierungen möglich.[4])

7. Verwendung zweier Motoren wie bei Gleichstrom Nr. 10; Aufstellung von Drehstrom-Gleichstromumformern und Verwendung einer der rationellen Gleichstrommethoden. Aufstellung eines mehrfachen Frequenzumformers, so dafs man sich nach Fig. 195 ein vielfrequenziges Netz ausbilden kann. Diese Regulierung ist allerdings sprungweise, aber sehr wirtschaftlich.

---

[1]) Niethammer, Handb. d Elektrot. Bd. IX S. 145.

[2]) E.-T. Z. 1901 S. 211.

[3]) Siehe Winter, Zeitschr. f. E., Wien 1903.

[4]) Die mechanischen Reguliermethoden sind hier unerwähnt geblieben, siehe Niethammer, Hebezeuge, dann die Zentratorkupplung E.-T. Z. 1902 S. 987.

8. Es gibt eine Reihe von Patenten[1]) für regulierbare Motoren, deren Stator und Rotor drehbar angeordnet ist; dadurch, daſs man dem Stator durch Hilfsmotor oder Bremse gewisse Geschwindigkeiten gibt, kann man die Rotortouren justieren; etwas Praktisches ist bis jetzt jedoch dabei noch nicht herausgekommen.

§ 74. Elektrische Schiffssteuerungen.

Eine der schwierigsten Aufgaben, Anlassen und Tourenregulierung betreffend, bietet sich im Bau elektrischer Schiffsteuermaschinen. Die zwei Hauptbedingungen sind, daſs keine Starkstromleitungen von der Kommandobrücke zum Steuerruder gehen dürfen und ferner: legt man das Steuerrad auf der Kommandobrücke um einen bestimmten Winkel, so muſs das Ruder dauernd absolut synchron sich auf denselben Winkel oder eine dauernd proportionale Gröſse einstellen. Überdies dürfen die Stromstöſse nicht zu groſs sein, d. h. ein Einschalten des Steuerrudermotors von der Ruhe aus ist ausgeschlossen. Eine der besten Lösungen ist die im D. R. P. 94 371 (Pfatischer) angegebene Schaltung Fig. 196. Auf der Kommandobrücke ist ein vielstufiger Widerstand *A* aufgestellt, über den ein Schalthebel bewegt wird, ein gleicher Apparat *B* wird vom Steuerruder betätigt (Brückenanordnung). Zunächst stehen beide Hebel *A* und *B* gleich. Dreht man nun in *A*, so flieſst durch den Verbindungsdraht von *A* nach *B* Strom und die kleine von einem Motor betriebene Maschine *m* wird erregt, sie ist schon bei dem geringsten Erregerstrom stark gesättigt. Die Erregermaschine *m* erregt die durch eine Dampfmaschine betriebene Hauptdynamo *D*, welche direkt auf den Rudermotor *R* geschlossen ist, der vom Netz erregt wird. Das sich drehende Ruder stellt nun den Schalthebel *B* wieder solange zurück, bis *A* und *B* gleichstehen, worauf der Erregerstrom in *m* aufhört, so daſs das Ganze wieder stillsteht.[2]) Ein Isolationsfehler in der Brücke stört das Arbeiten.

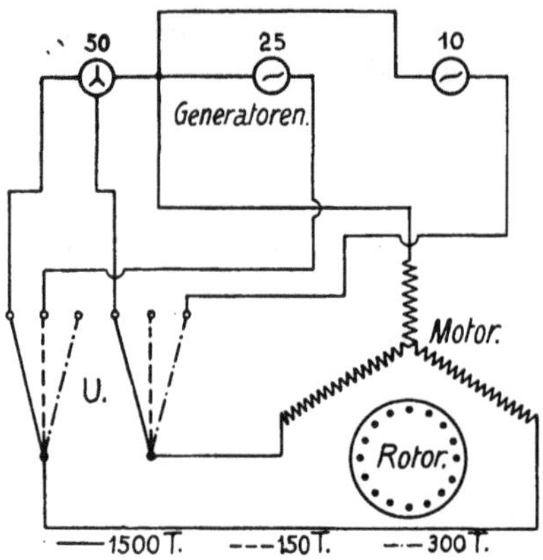

Fig. 195.

Eine andere Anordnung ist in Fig. 197 gezeichnet: Darin wird der Compoundmotor *m* durch eine magnetische Wendekupplung mit dem Ruder

[1]) D. R.-P. 128 266; 130 573.

[2]) Es gibt noch eine Reihe von Patenten auf Steuerrudermaschinen, siehe z. B. die elektrische Steuerrudermaschine (Schiffbau 1901 H. 22, Kreuzer Diana) der Union: Das Ruder wird durch zwei dauernd umlaufende Motoren angetrieben und zwar über ein Planetengetriebe; laufen beide Motoren gleich rasch, so bleibt das Ruder stehen, schwächt man das Feld des einen Motors, so dreht sich das Ruder in einem Sinne etc.; ferner siehe General Electric Co. U. S. P. 672 851.

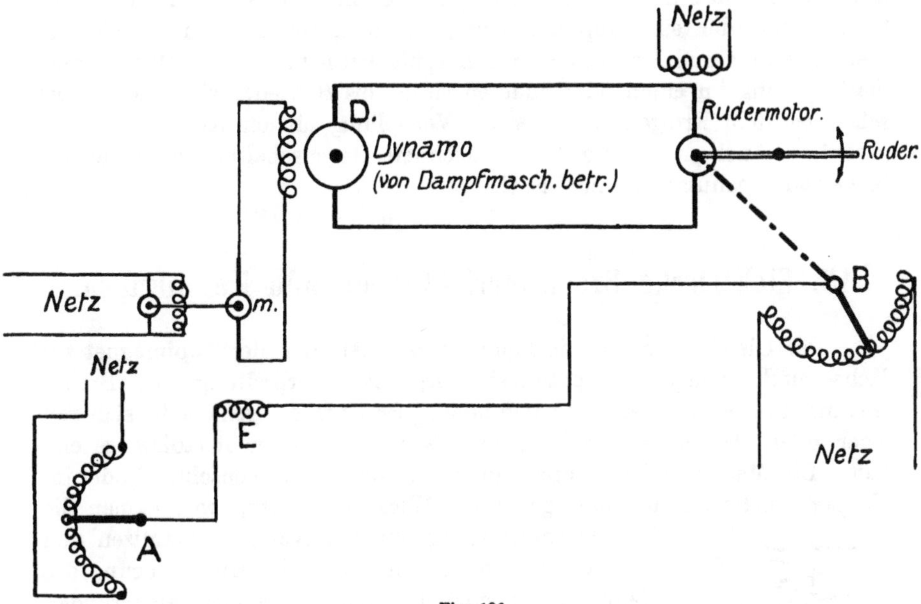


Fig 196.

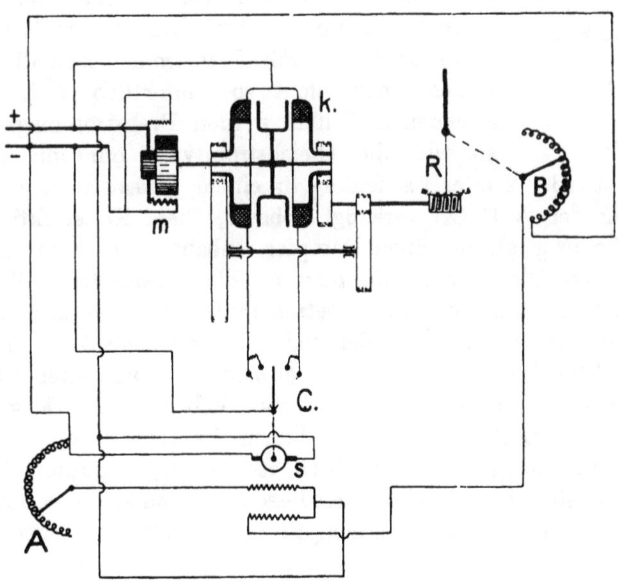


Fig. 197.

gekuppelt. Der Umschalter für die magnetische Kupplung wird ebenfalls durch eine Brückenanordnung betätigt: Legt man *A*, so wird der kleine Schaltmotor, der eine doppelte Erregung trägt, welche sich bei gleicher Stellung von *A* und *B* neutralisieren, einseitig erregt und der Schalter *C* erregt die Kupplung im einen oder anderen Sinne, bis *B* wieder wie *A* liegt. *s* ist schon bei dem Erregerstrom, der bei Verstellung um ein Kontakt ensteht, gesättigt. Auch die in Fig. 180 verzeichnete Gegenschaltung läſst sich für Steuerruder benutzen (Union E.-G.).

## 13. Elektrische Bremsvorrichtungen und Kupplungen.

§ 75. Elektrische Lüftungsbremsen.

Für Gleichstrom hat die Solenoidbremse[1]) oder der Topfmagnet für Hebe- und Transportvorrichtungen ausgiebige Verbreitung für Bremsleistungen bis etwa 1000 kgcm gefunden. Er ist fast allgemein in sich mit einer guten Dämpfung versehen, so daſs die Bremse nicht stoſsweise einfällt. Die Magnetspulen können direkt am Netz (im Nebenschluſs) oder im Hauptstrom liegen oder eine gemischte Wicklung tragen, wobei man die Hauptstromwicklung nur zum Anziehen benutzen und sie nachher automatisch durch die Hubbewegung des Magneten ausschalten kann. Aus gleichen Gründen der Stromersparnis läſst sich vor die fremderregten Magnete nach Einleitung der Hubbewegung Widerstand schalten und an serienerregten Magneten eine Anzahl Windungen abschalten (Union E.-G. Fig. 198, D.R.P. 124931). Für Drehstrom liegen die Konstruktionen noch nicht so einheitlich fest. Von verschiedenen Seiten werden Drehstrommagnete gerade so wie die Gleichstromtype, nur mit lamellierten Kernen, entweder 2 oder 3schenklig in einem Guſseisengehäuse (Fig. 199 Ausführung der A. E.-G.) vereinigt gebaut. Diese Konstruktion, an die man zweckmäſsig gleich einen Dämpfer anbaut, wird komplizierter und teuerer wie bei Gleichstrom, da man an die lamellierten Teile erst noch maſsive Teile zur Führung etc. ansetzen muſs, zum Ausgleich der Phasen möglichst drei Schenkel verwendet und bei der Konstruktion in der Nähe der starken Streufelder vorsichtig zur Vermeidung exorbitanter Wirbelströme vorzugehen hat. Zu Anfang des Hubes haben solche Magnete einen schlechten Leistungsfaktor (0,2) und hohen Stromverbrauch, der am Ende des Hubes auf einen geringen Bruchteil, etwa auf $^1/_{20}$ heruntergeht. Ist die Bremse überlastet und zieht sie infolgedessen nicht an, so verbrennt unter Umständen ein solcher Magnet, falls man ihn nicht durch eine Sicherung schützt.

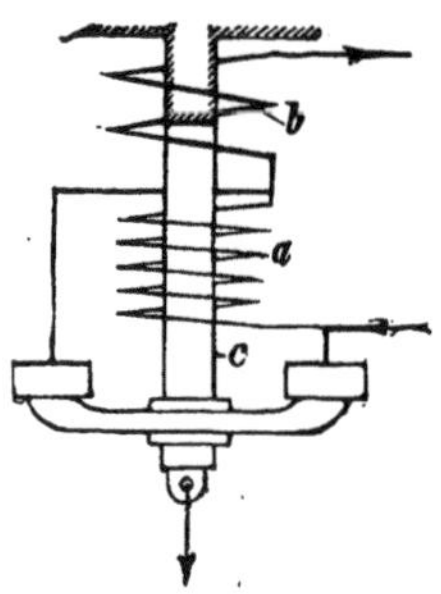


Fig. 198.

[1]) Siehe Niethammer, Hebezeuge Fig. 481 u. a., in diesem Werke finden sich zahlreiche Beschreibungen von Bremsen und Kupplungen.

Die Zugkraft ist während des ganzen Hubes viel gleichmäſsiger als bei Gleichstrom, da die Selbstinduktion mit abnehmendem Hub zunimmt. Eine Reihe Firmen bilden Drehstrombremsmagnete als kleine Drehstrommotoren[1]) in der

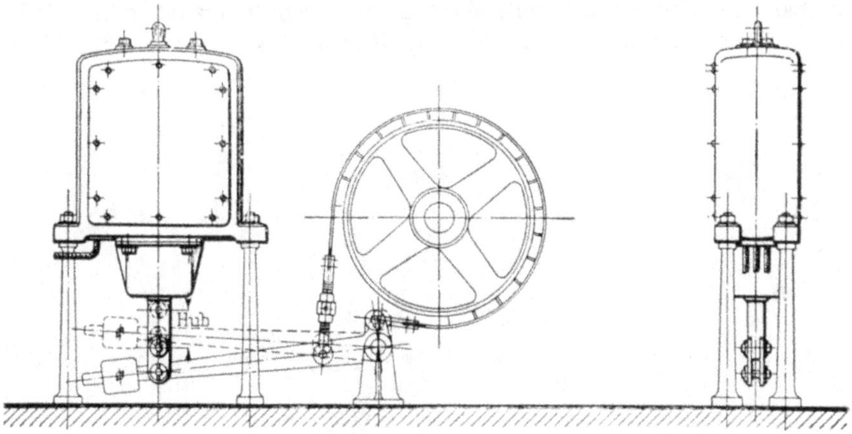


Fig. 199.
Drehstrommagnet der A. E.-G.

Regel mit Zahnradübersetzung aus, siehe z. B. die Anordnung Fig. 200. Der Rotor ist auf einen entsprechenden eingebauten Widerstand dauernd geschlossen, um genügendes Drehmoment zu erzielen, er macht für den vollen Hub nur einige Umdrehungen. Der Leistungsfaktor solcher Bremsmotoren ist in allen Stellungen sehr gut (0,85 bis 0,95), das Drehmoment ist über den ganzen Hub ziemlich konstant; für die anstrengenden Kranbetriebe muſs man diese kleinen Motoren robust bauen, was auch für die Vorgelegeräder gilt; es sind federnde Anschläge zur Aufnahme der Stöſse und eine gute Dämpfung zur Vermeidung von sehr störend wirkenden Pendelungen der Bremse vorzusehen. Auf jede Stromrichtung muſs das Gestänge in gleicher Weise ansprechen.

Fig. 200.
Drehstrombremsmotor.

Sobald es sich bei Gleichstrom um gröſsere Bremsarbeiten handelt, wie dies bei Fördermaschinen der Fall ist, greift man ebenfalls zu Bremsmotoren, siehe Fig. 201 und 201a, welche die elektrische Bremse des von Siemens & Halske für Rotterdam gebauten Kohlenkippers darstellt. Man

[1]) Diese Anwendung der Drehstrommotoren siehe Hebezeuge, Niethammer S. 237. Verschiedene Drehstrommagnete siehe D. R.-P. 116993, 134077, 130393, 125828.

kann auch den Bremsmagneten bei Sicherheitsbremsen nur ein aufgezogenes schweres Gewicht auslösen lassen.

§ 76. Motor als Dynamo

Die Bremsung durch Umschaltung des Motors als Dynamo hat sich im Bahn- und namentlich im Hebezeugbetrieb sehr verbreitet, während die Wirbelstrombremsen kaum an Boden gewinnen. Bei der in den Fig. 175 ff.

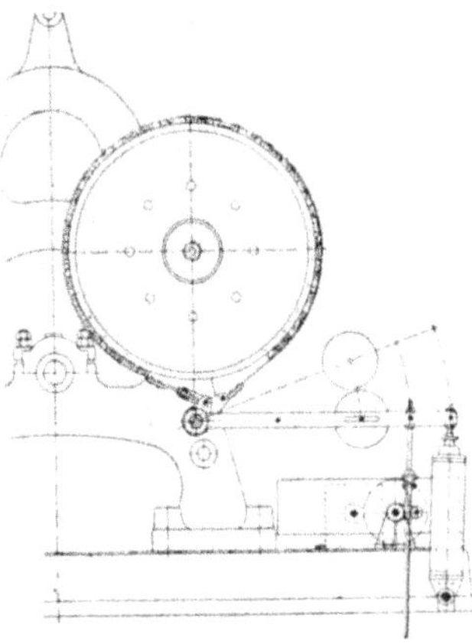

Fig. 201.

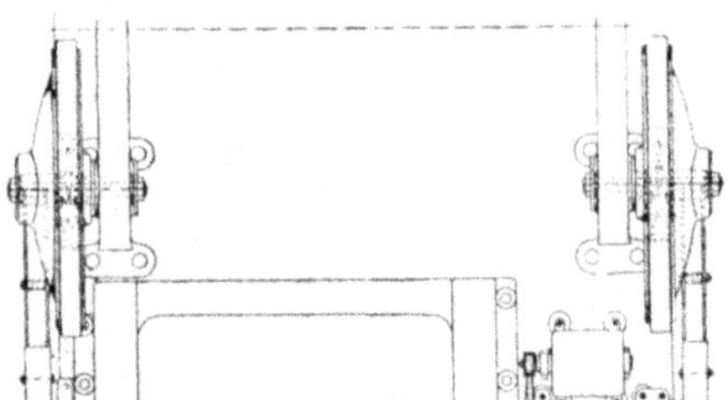

Fig. 201a.

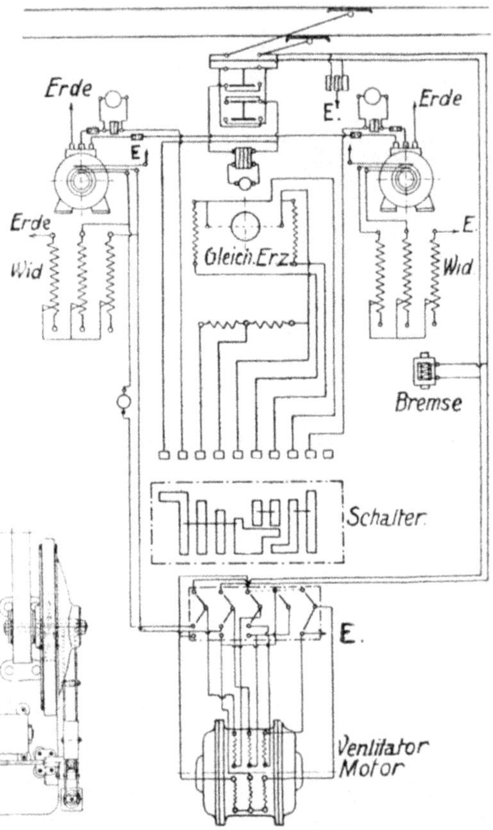


Fig 202. Bremsschaltung von Örlikon.

gezeichneten Schaltungen kann man bei Bahnbetrieben eine ganz erkleckliche Menge Energie ins Netz zurückarbeiten, auch die Drehstrom-Kaskaden-Schaltung gestattet dies in beschränktem Maſse. Auch die Anlaſsmaschinen erlauben eine wirksame Bremsung beim Zurückarbeiten. Eine einwandfreie Drehstrombremsung, z. B. für Drehstrombahnen, erhält man, wenn man die Drehstrommotoren im Rotor mit Gleichstrom erregt und als Gleichstromgeneratoren belastet, wie dies nach Schaltung Fig. 202 von Örlikon für die Jungfraubahn ausgeführt wurde.[1]) Schuckert setzt auf die Motor-

[1]) El. World 12. Mai 1900 S. 696.

achse direkt einen Kommutator und verwandelt so den Motor in eine Gleichstrommaschine. (D. R.-P. 138035.)

Von der Union E.-G. und der Westinghouse Co. werden neuerdings für Bahnwagen elektrische Schienenbremsen gebaut, die sehr viel Anklang für Anlagen mit großen Steigungen finden und deren Leistungsfähigkeit nicht durch das Schleudern der Räder begrenzt ist, siehe die Konstruktion Fig. 203 der Union E.-G. § 77. Schienenbremsen.

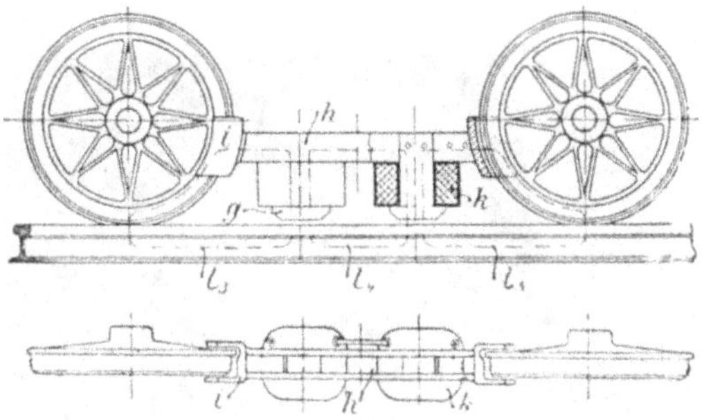

Fig. 203.

Die elektromagnetischen Schienenbremsen oder Reibungsvermehrer[1]) dienen beim Anfahren zur Erhöhung des Adhäsionsdrucks, also zur Verhinderung des Schleuderns der Räder und beim Abstellen zur energischen Erhöhung der Bremsung, wobei man ebenfalls vom Gleiten der Räder unabhängig wird. Im ersten Fall durfließt der vom Netz kommende Strom die Magnetspulen *k*, Fig. 203, welche zugleich als gut ventilierter Vorschaltwiderstand benutzt werden können, im letzten Fall kann der als Dynamo arbeitende Wagenmotor den erforderlichen (Kurzschluß-) Strom liefern. Die Westinghouse-Newell-Schienenbremse[2]) ist so eingerichtet, daß mit der magnetischen Aufpressung der Schienenklötze auf die Fahrschienen gleichzeitig die Radbremsklötze kräftiger angedrückt werden.

Die magnetischen Kupplungen in ihrer äußerst einfachen Ausführung, einem Stahlring mit Nute für die kreisförmige Erregerspule und gegenüberstehender voller Stahlscheibe als zweite Kupplungshälfte, verdienen noch viel mehr Beachtung; ordnet man die Kupplungshälften radial in einander[3]) an, so vermeidet man die Achsialdrücke. In Amerika werden magnetische Kupplungen und Wendekupplungen für Leistungen über 100 PS zum Antrieb und zur Umsteuerung großer Hobelmaschinen viel verwendet, siehe Fig. 204, einer Ausführung der General Electric Co. Schenectady. Benützt man rein die magnetischen Zugkräfte ohne Hinzuziehung der mechanischen Reibung, so erhält man ein Mittel, um große Lasten stoßfrei zu beschleunigen, da die Kupplung ganz allmählich ihre Schlüpfung von voller Tourenzahl auf Null ändert. Die magnetischen Kupplungen eignen sich aus Gründen der Zeitersparnis zum Ersatz von § 78. Magnetische Kupplungen.

---

[1]) Zeitschr. f. Kleinbahnen 1901 Heft 10.

[2]) E.-T. Z. 1902 S. 519.

[3]) Siehe Niethammer, Hebezeuge Fig. 506 und 512 zum Vergleich, ferner D. R.-P. 127077.

Zughaken an Hebemaschinen, sowie beispielsweise als Bohrlehre[1]) zum Zentrieren und Anpressen von Arbeitsstücken. Diese Kupplungen lassen sich leichter als alle anderen von der Ferne bedienen. Will man die gewöhnlich erforderlichen Schleifringe zur Stromzuleitung vermeiden, so verwendet man eine der bekannten Induktions-(Gleichpol-)Type von Wechselstrommaschinen ähnliche Anordnung (D.R.P. **119972** der Union E.-G.).

Fig 204
Magnetische Kupplungen der General Electric Co.

Drehstromkupplungen lassen sich nicht gleich einfach bauen, da die Kerne lamelliert sein müssen und leicht Neigung zu Wirbelstrombildung und zum Brummen vorhanden ist; letzteres läfst sich durch möglichst symmetrische Anordnung aller Teile, so dafs keine magnetischen Drehmomente auf treten, vermeiden. Die Phasenverschiebung des Erregerstromes ist be geöffneter Kupplung sehr grofs.

## 14. Stromabnehmer für Bahnen und Hebezeuge.[2])

§ 79. Rolle und Bügel. Für Strafsenbahnen und Gruben- und Hüttenlokomotiven mit verhältnismäfsig geringer Geschwindigkeit bietet die Stromzuführung zum Fahrzeug keine prinzipiellen Schwierigkeiten mehr. Man findet friedlich nebeneinander die Rolle, die die Einfachheit für sich hat, aber leicht aus dem Trolleydraht springt, was neuerdings durch Trolleyfänger (Union E.-G.) etwas verbessert ist, den Bügel, der einfache Oberleitung ergibt und sich zur Fahrtumkehr leicht durchschlagen läfst, ferner für Lokomotiven den

---

[1]) Am. Machinist 22. März 1902, ferner als Werkstückhalter.

[2]) Für Hebezeuge verweise ich auf Niethammer, Hebezeuge S. 325 und S. 362.

Parallelogrammabnehmer Fig. 205 und 206 (Lokomotive der Union E.-G.). Gewisse Komplikationen treten ein, wenn die Lokomotive innerhalb verschiedener Profile zu arbeiten hat, z. B. bei Stollenbetrieb über und unter Tag, da sich dann der Stromabnehmer automatisch auf verschiedene Höhen einstellen mufs; oder man hat zwei Abnehmer vorzusehen, wobei der für hohen Fahrdraht beim Übergang zur niedrig liegenden Zuleitung, die auch in einem U-Eisen bestehen kann, niedergeklappt wird. Statt der Rolle findet

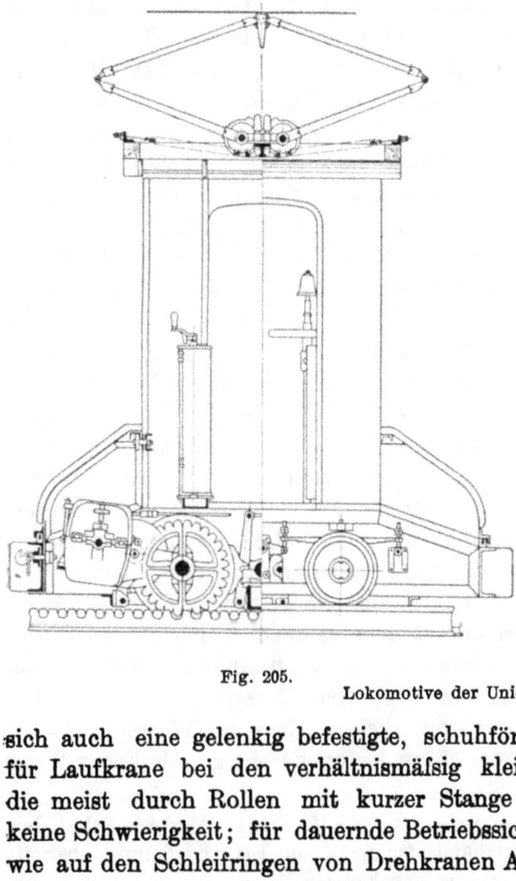

Fig. 205.

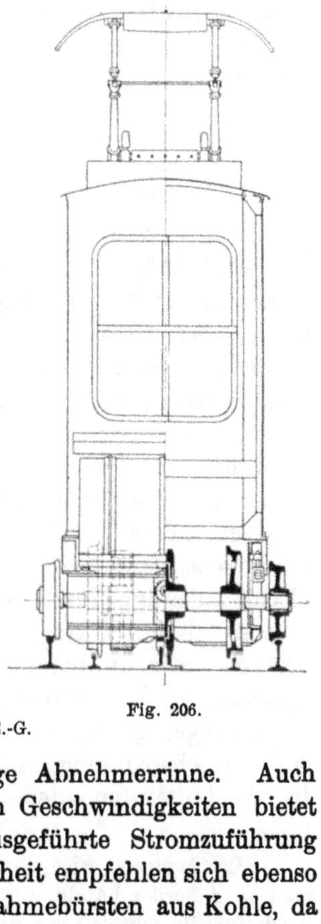

Fig. 206.

Lokomotive der Union E.-G.

sich auch eine gelenkig befestigte, schuhförmige Abnehmerrinne. Auch für Laufkrane bei den verhältnismäfsig kleinen Geschwindigkeiten bietet die meist durch Rollen mit kurzer Stange ausgeführte Stromzuführung keine Schwierigkeit; für dauernde Betriebssicherheit empfehlen sich ebenso wie auf den Schleifringen von Drehkranen Abnahmebürsten aus Kohle, da dabei ein Verschmoren und Anfressen kaum vorkommt. Für starke Stromstärken, wie sie bei Gleichstromvorortbahnen auftreten, wird fast ausnahmsweise zur Stromzuleitung eine dritte Schiene und ein Stromabnahmeschuh vorgesehen. Eine von der General Electric Co. Schenectady verwendete Konstruktion zeigt nach einem Aufsatz von Potter[1]) Fig. 207. Die Hauptaufgabe bei Verwendung der dritten Schiene ist die zuverlässige Abdeckung, namentlich in Bahnhöfen. Aus Fig. 207 ist diese deutlich zu ersehen. Die

[1]) Street Ry Journal 1902.

Schwierigkeit dieser Abdeckung bei sehr viel Geleisen in völlig einwandfreier und den Betrieb nicht hemmender Weise auszuführen, ist der Haupteinwand gegen die allgemeine Einführung der dritten Schiene. Die Eisenschiene in Fig. 207 hat zur Erhöhung der Leitfähigkeit einen Gehalt von 1,2 % C, 1,5 % Mn, 1 % P, ½ % Si. Zur Erreichung einer normalen Ausführung schlägt Potter vor, die dritte Schiene 75 mm höher als die normalen Schienen zu legen. Der Schuh ist um ein Gelenk drehbar[1]). Für Wechselstrom hat die Eisenschiene einen vielmal höheren Widerstand als für Gleichstrom. (Das Verhältnis wird mit höherer Periodenzahl ungünstiger.) Eine Oberleitung, bei der statt des Speisedrahts eine Eisenbahnschiene und als Abnehmer ein kräftiger unterteilter Bronzeschuh verwendet wird, findet sich in L'Electricité à l'Exposition (Paris) 8. Heft S. 21.[2]) Bei hohen Geschwindigkeiten wird es immer schwieriger, namentlich große Stromstärken sicher abzunehmen. Siemens & Halske haben

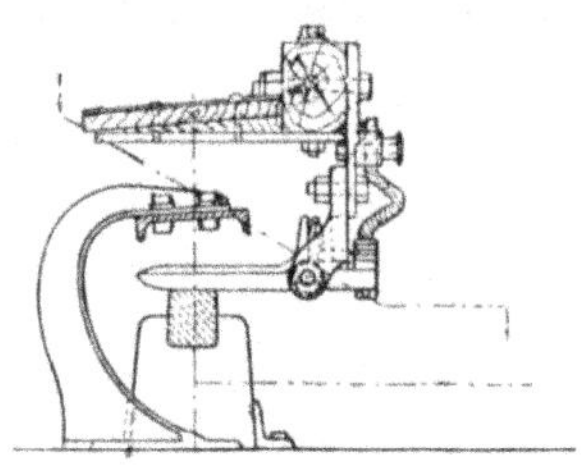

Fig. 207.

§ 80. Abnehmer für hohe Geschwindigkeiten.

bei den Schnellbahnversuchen mit Erfolg bis 160 km Geschwindigkeit die in Fig. 208 gezeichnete Konstruktion einer dreiphasigen oberirdischen Zuleitung verwendet. Es sind zwei Maste vorn und hinten am Wagen vorgesehen, je für etwa 10000 Volt und 100 Amp. Den Mast mit den drei Bügeln kann man vom Führerstande aus um eine vertikale Achse drehen[3]). In ganz radikaler Weise suchen einige patentierte, aber noch nicht praktisch verwertete Systeme die Schwierigkeit der Stromzuführung von Schnellbahnlinien zu umgehen, nämlich dadurch, daß die elektrische Energie ohne mecha-

§ 81. Induktive Übertragung.

nische Zuleitung durch Induktion durch die Luft hindurch in das Fahrzeug übergeführt wird. Nach einem Projekt von Dulait, Rosenfeld & Zelenay[4]), das allerdings noch wesentlich teuerer ausfällt als die bekannten Systeme, werden zwischen die Fahrschienen in Abständen von etwa einer Wagenlänge, gradlinige Stücke von mehreren Metern Länge als Stator eines Hochspannungsinduktionsmotors gelegt, dem im Wagen auf etwa 10 mm Luftabstand der ebenfalls ebene Rotor, der in gewöhnlicher Weise

---

[1]) Manchmal wird der Schuh pneumatisch aufgedrückt. Vor den Schuh legt man in Amerika häufig eine Kratzbürste (scraper), die Eis und Schnee abstreift. Auch für die Oberleitung findet man solche Kratzer.

[2]) Auf das Schlitzsystem der Zuleitung (Siemens & Halske, Union E.-G.) kann hier nicht weiter eingegangen werden (siehe D. R.-P. 76403, 116711, 86775, 111561). Bekanntlich ist ganz New York mit einem Schlitzsystem zur Zuleitung für die Straßenbahnen versehen, dasselbe bewährt sich sehr gut! Die Knopfsysteme (surface contact systems) dürften aus Preis- und Sicherheitsrücksichten kaum größere Verbreitung finden.

[3]) Die Zuleitungsdrähte sind seitlich übereinander angeordnet, so daß der Abnahmebügel durch den schwankenden Durchhang nicht beeinflußt wird.

[4]) El. World 5. Okt. 1901 und D. R.-P. 72104, 91767, 95149.

mit Widerstand angelassen wird, gegenübersteht. Der Stator wird jeweils nur auf Strecken von etwa $^1/_2$ km automatisch an die Netzspannung gelegt.

§ 82. Gleislose Fahrzeuge.

Zur Zuleitung von Strom zu nicht auf Geleisen laufenden Fahrzeugen, für die also der Fahrweg nicht präzise festliegt, verwendet man z. B. fol-

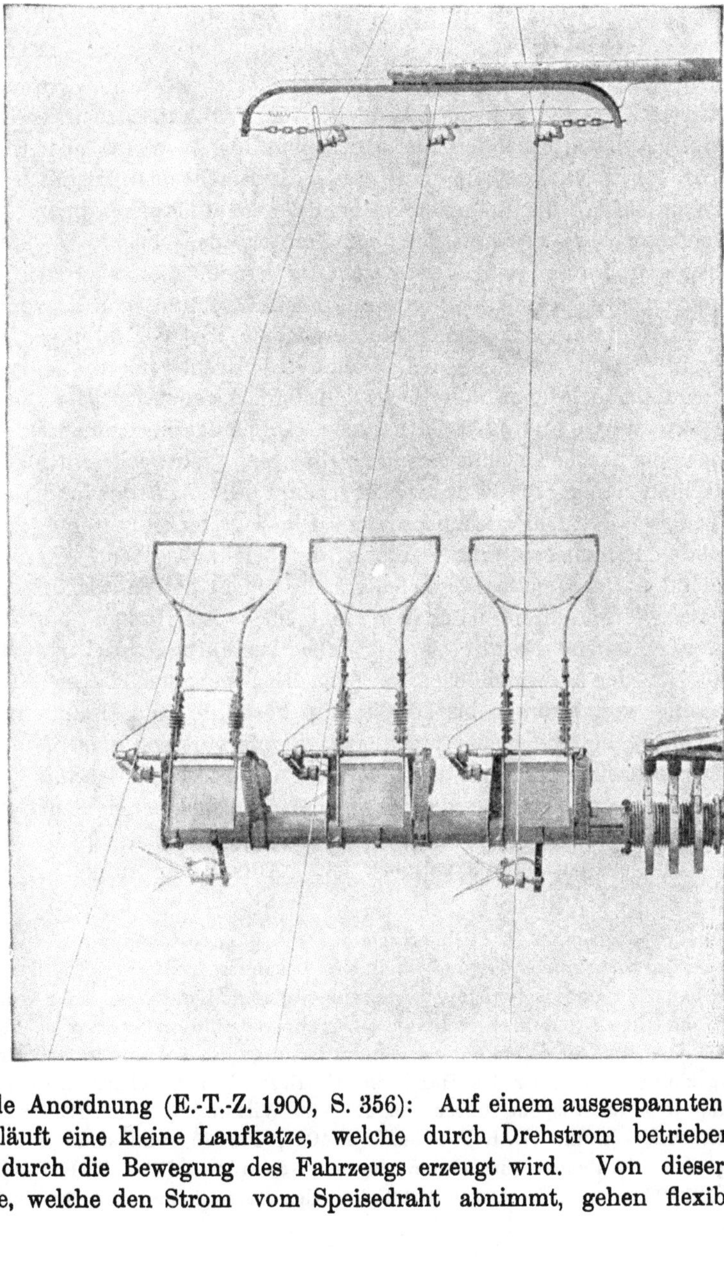

Fig 208. Abnahmebügel von Siemens & Halske

gende Anordnung (E.-T.-Z. 1900, S. 356): Auf einem ausgespannten Drahtseil läuft eine kleine Laufkatze, welche durch Drehstrom betrieben wird, der durch die Bewegung des Fahrzeugs erzeugt wird. Von dieser Laufkatze, welche den Strom vom Speisedraht abnimmt, gehen flexible Leitungen nach dem Fahrzeug zur Stromüberführung und Rückleitungen für den Drehstrom, der die synchrone Bewegung von Laufkatze und Vehikel bedingt (System Lombard Gérin); siehe D.R.P. 107149, 124454, 124425.

## 15. Schalttafeln und Zubehör.

§ 83. Gleichstromschalttafeln.

Die zweckmäfsige Disposition der Schalttafel und die Verwendung einwandfreier Apparate auf derselben, ist für das zufriedenstellende Arbeiten einer Anlage, besonders bei Hochspannung, von der allergröfsten Bedeutung. Für Gleichstrom liegen die Konstruktionen ziemlich fest. Es ist zweckmäfsig, die zu einem Generator gehörenden Apparate zusammenzufassen, am besten auf einem Marmorpaneel, ebenso je für eine Speiseleitung und dann möglichst gleichartig Paneel an Paneel zu reihen. Die Leitungen sind übersichtlich und mit einem Minimum von Kreuzungen auszuführen, bei starken Strömen sind besonders die Verbindungen solid anzuordnen. Die verschiedenen Pole (bei Drehtsrom die einzelnen Phasen) unterscheide man durch verschiedenfarbigen Anstrich; als Instrumente verwende man Präzisionstypen (Drehspuleninstrumente). Umrahmungen, namentlich solche aus Holz und nicht feuersicherem Material, vermeide man völlig. Die Rückseite, überhaupt alle Apparate und Verbindungen, müssen bequem zugänglich sein. Die Schalter sollten nur mechanisch solide Momentschalter mit guter Stromüberführung sein[1]), besonders wichtig sind die automatischen Schalter, die auch bei Kurzschlufs bezw. bei Überlast einwandfrei ausschalten müssen. Am besten haben sich die von der General Electric Co. Fig. 209 (Ausführung der Union E.-G.) und die von der Westinghouse Co. (Fig. 210) gebauten Typen für die Ausschaltung von Strömen bis 10000 Amp bewährt. Die Hauptkontakte (Prefskontakte) bestehen aus lamellierten Kupferbürsten, aufserdem sind leicht auswechselbare Hilfskontakte mit Funkenlöschvorrichtung vorgesehen. Das Anpressen erfolgt durch Kniehebel. Nach einem Kurzschlufs sollte man das Netz erst über einen Widerstand einschalten, um zu beobachten, ob der Kurzschlufs behoben ist. Aufser dem einpoligen Auto-

---

[1]) Bei hochgespannten Strömen genügt die Momentschaltung nicht mehr zur Funkenunterdrückung; es sind vielmehr besondere Mittel erforderlich, um den zwischen den Stromschlufsteilen stehenbleibenden Lichtbogen zu zerreifsen. Ich erwähne die Stromunterbrechung an mehreren hintereinandergeschalteten Stellen (D. R.-P. 91648, 94788), die weite Entfernung der Schaltteile bei verhältnismäfsig kleiner Bewegung des Handgriffs (D. R.-P. 100590, 114562, 121777), die Abreifsung des Lichtbogens durch magnetische Wirkung (D. R.-P. 119269) oder durch Polhörnerwirkung (D. R.-P. 101447, 114061, 122345) und endlich die Erstickung des Lichtbogens in einem funkenlöschenden Mittel (D. R.-P. 63782, 114063, 121420); siehe die Geschäftstätigkeit des Kaiserlichen Patentamtes 1902.

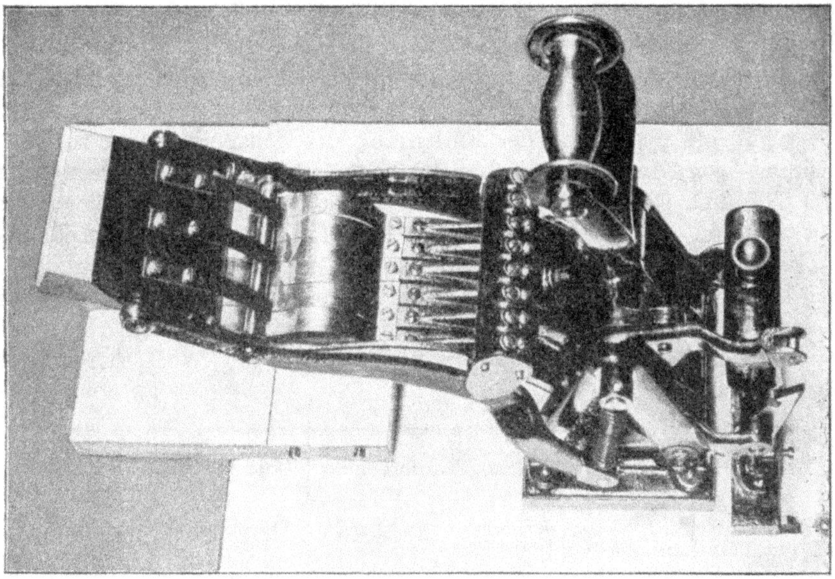

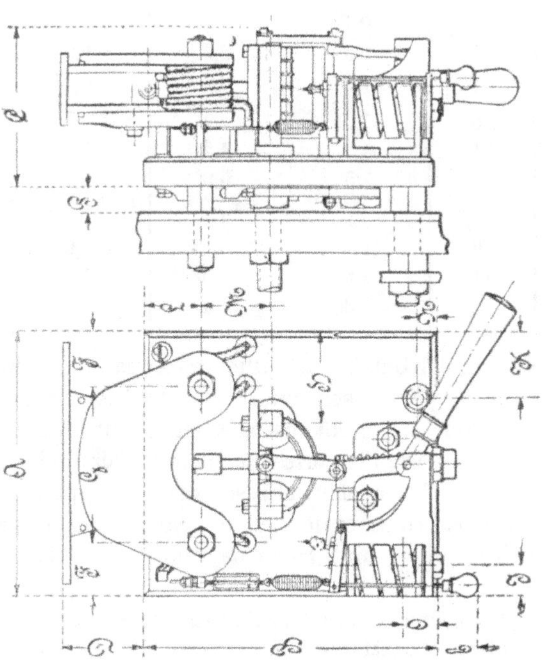

Fig. 210.
Automat der Westinghouse Co.

maten hat man gewöhnlich im anderen Pol noch einen Handschalter, der aber nicht unter Strom ausgeschaltet wird. Solche Schalter, die nie zur Stromunterbrechung dienen, braucht man namentlich bei sehr grofsen Gleichströmen, die man gar nicht unterbrechen kann, sondern durch allmähliche Reduktion der Spannung abschaltet.[1])

§ 84. Schalterkontakte. Für die Bemessung der Entfernung der Schalterkontakte zur Vermeidung von Unterbrechungsfunken haben Russel und Patterson[2]) bis 300 Volt und 90 Ampere Gleichstrom Untersuchungen angestellt, die in Fig. 211 und 211a niedergelegt sind. Für die Länge des Unterbrechungsfunkens ist nicht das Produkt $EJ$, sondern ungefähr der Ausdruck $E^2J$ mafsgebend. In nachstehender Tabelle ist aufserdem noch die Länge des stehenbleibenden Lichtbogen angegeben. Leider liegen noch keine entsprechenden Versuche für höhere Spannungen und Wechselstrom von variablem cos $\varphi$ vor.

| Spannung in Volt | Strom in Amp | Einfache Unterbrechung | | Doppelte Unterbrechung | |
|---|---|---|---|---|---|
| | | Maximale Länge des stehenbleibenden Lichtbogens in cm | Länge des Unterbrechungsfunkens in cm | Maximale Länge des stehenbleibenden Lichtbogens in cm | Länge des Unterbrechungsfunkens in cm |
| 100 | 5 | 0,1 | 0,8 | — | — |
| | 15 | 0,5 | 2,2 | 0,06 | 0,48 |
| | 22 | 0,8 | 2,9 | 0,07 | 0,6 |
| 200 | 5 | 1,0 | 2,2 | 0,4 | 0.8 |
| | 11 | 1,2 | 4,2 | 0,7 | 1,65 |
| | 18 | 1,5 | 5,9 | 0,8 | 2,5 |
| 300 | 3,5 | 1,2 | 3,4 | 0,7 | 1,2 |
| | 6 | 1,4 | 5,1 | 1,0 | 1,9 |
| | 11 | 1,5 | 8,0 | 1,2 | 3,0 |
| | 21 | 2,2 | 11,5 | 1,4 | 4,5 |

Klemmen und Kontakte sämtlicher Apparate sollten, soweit sie nicht feuersicher abgeschlossen sind, als direkte Unterlage auf feuersicherem, und soweit sie nicht geerdet sind, auf isolierendem Material montiert werden. Gut imprägniertes, nicht mit Flamme brennendes Holz, namentlich innerhalb feuersicher abgeschlossener Apparate, als Isolationsmaterial zu verbieten, widerspricht zahlreichen ganz ausgezeichneten Erfahrungen im Kontroller- und Hochspannungsschalterbau, besonders der

---

[1]) Es ist also zwischen der Ausschaltstromstärke und der Betriebsstromstärke eines Schalters zu unterscheiden.

[2]) Siehe E. T. Z. 1902 S. 894.

Amerikaner. Die Umschaltwalzen vieler amerikanischer Kontroller, die sich in aller Welt den besten Ruf erworben haben, besitzen Kontakte, die direkt auf gut imprägniertem Holz sitzen. Die Hauptwalzen aus Holz haben öfters einen Asbestbelag, die Schrauben zum Befestigen der Segmente gehen aber direkt in das Holz. Die Kupferarme der Metallkontakte vieler amerikanischer Ölschalter für Spannungen von 10000 Volt[1]) und mehr sitzen auf Holzstangen, welche zur Isolation zwischen den Phasen dienen. Auch die Scheidewände zwischen den Phasen bestehen aus Holz. Ebenso ist geprefstes Papier für die Isolation von Transformatorenklemmen notorisch besser als viele verbreitete Isolationsmaterialien, wie Stabilit, Hartgummi u. a.

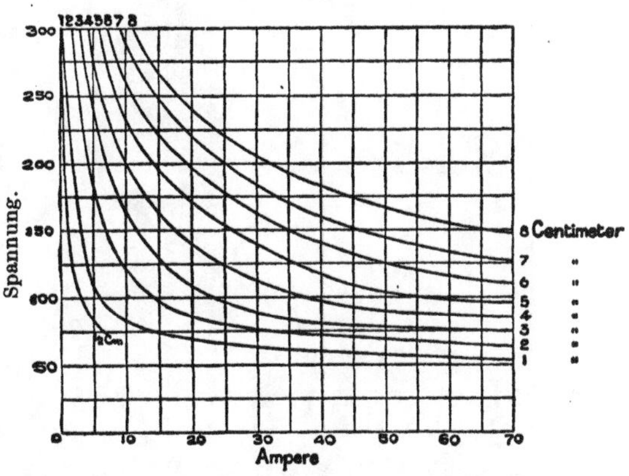


Fig. 211.
Einfache Unterbrechung für konstante Länge der Unterbrechungsfunken.

§ 85. Hochspannungsschaltbretter.

Die schwierigste Aufgabe der Schaltbrettechnik ist gegenwärtig der Bau von betriebssicheren Hochspannungsschaltbrettern und -apparaten. Auf diesem Gebiete sind die Amerikaner unbestritten vorbildlich geworden mit ihren imposanten Zentralen in New York, Chigaco und anderwärts. Der erste Hauptzug ist:

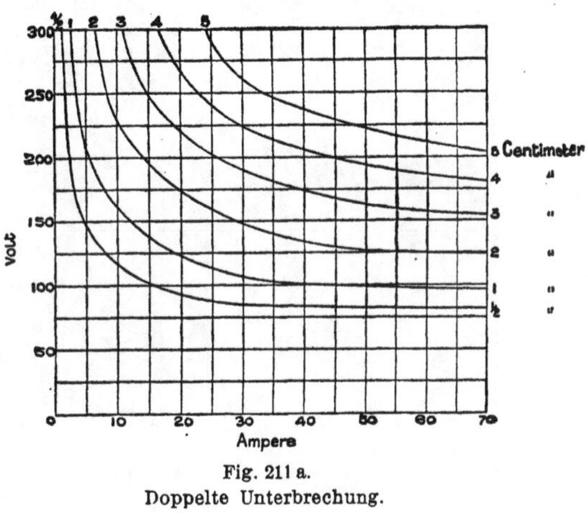


Fig. 211 a.
Doppelte Unterbrechung.

Die zugänglichen Mefsinstrumente und die von Hand bedienten Apparate sind vollständig von der Hochspannung getrennt. Man hat also ein Operationsschaltbrett nach dem Paneelsystem mit den von Transformatoren gespeisten Mefsinstrumenten[2]), mit Schalthebeln und Schaltern für die Gleichstromerregung und für Hilfsmotoren; alle Hochspannungsleitungen und Hochspannung führenden Schalter sind in einem völlig getrennten, feuersicheren Raum hinter, über oder unter dieser Schalttafel untergebracht. In ganz grofsen Anlagen ist die Operationstafel mit einer Reihe Hilfsschalter ausgerüstet, welche nur Gleichstrom-Relaiskreise schliefsen und

[1]) Sogar solche von 60000 Volt sind im wesentlichen mittels Holz isoliert.
[2]) Alle diese Sekundärleitungen sind einmal geerdet.

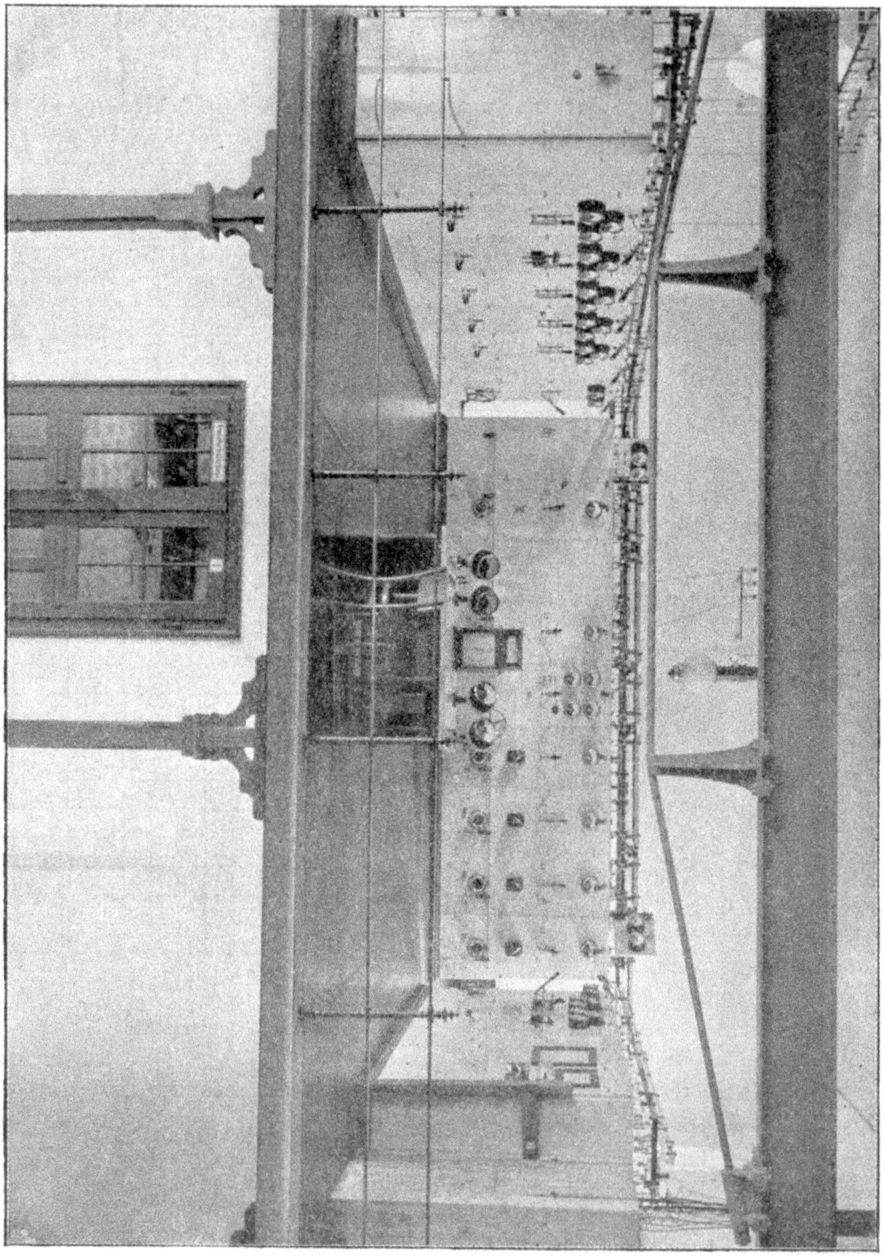

Fig. 212.
Hochspannungsschaltbrett der Isarwerke München.

damit erst indirekt die gewünschten Schaltungen ausführen. Die Marmorpaneele werden entweder in einer langen Flucht nebeneinander, je die Generatoren und die Speiseleitungen zusammen oder zur Erhöhung der Übersichtlickeit in Hufeisenform nach Fig. 212 angeordnet. Letzteres ist das von der Union E.-G. für die Isarwerke München ausgeführte Generalschaltbrett ca $2 \times 4000$ PS, 5000 und 10000 Volt. Inmitten des Hufeisens sitzt eine Pultschalttafel, von wo aus sämtliche Maschinen reguliert werden können. Die Schalttafeldisposition kann auch so getroffen werden, daſs vorn auf dem Podium auf einer sog. schrägen Pulttafel alle Generatorinstrumente und Apparate aufgestellt sind, so daſs man Schalttafel und Maschinenhalle gleichzeitig vor sich hat, während im Rücken in einer vertikalen Ebene die Speiseschaltpaneele stehen. Die Generatorschaltung wird neuerdings auch öfters durch vollständig frei stehende Säulen vor der Verteilungstafel besorgt. Auf den Säulen sind die Meſsinstrumente und die Schalträder für die im nächsten Stockwerk befindlichen Regulierwiderstände angebracht. Diese Säulenanordnung ist sehr durchsichtig. Eine solche Steuerung eines unterhalb des Schaltbrettes stehenden Regulators von der A. E.-G. ist aus Fig. 213 ersichtlich. Man sollte nie das Kontaktbrett des Feldregulators vor das Schaltbrett und die Widerstände entfernt davon aufstellen, da dies einen ganzen Strang Leitungen benötigt, überdies wird die Marmortafel stark verbohrt. Eine gröſsere Schaltanlage mit Schaltsäulen der Maschinenfabrik Örlikon zeigt Fig. 214 und 215[1]).

Fig. 213. Feldregulator der A. E.-G.

[1]) Nach der Zeitschr. f. Elektrot. und Maschinenbau, Potsdam 1902.

Die sämtlichen Generatoren werden über ihre Schalter und Instrumente mit den Sammelschienen verbunden, die häufig als einfache oder zweifache Ringleitung ausgeführt werden, siehe z. B. Fig. 216[1]) von Brown, Boveri & Cie., worin jeder Generator und jeder Speisepunkt mittels

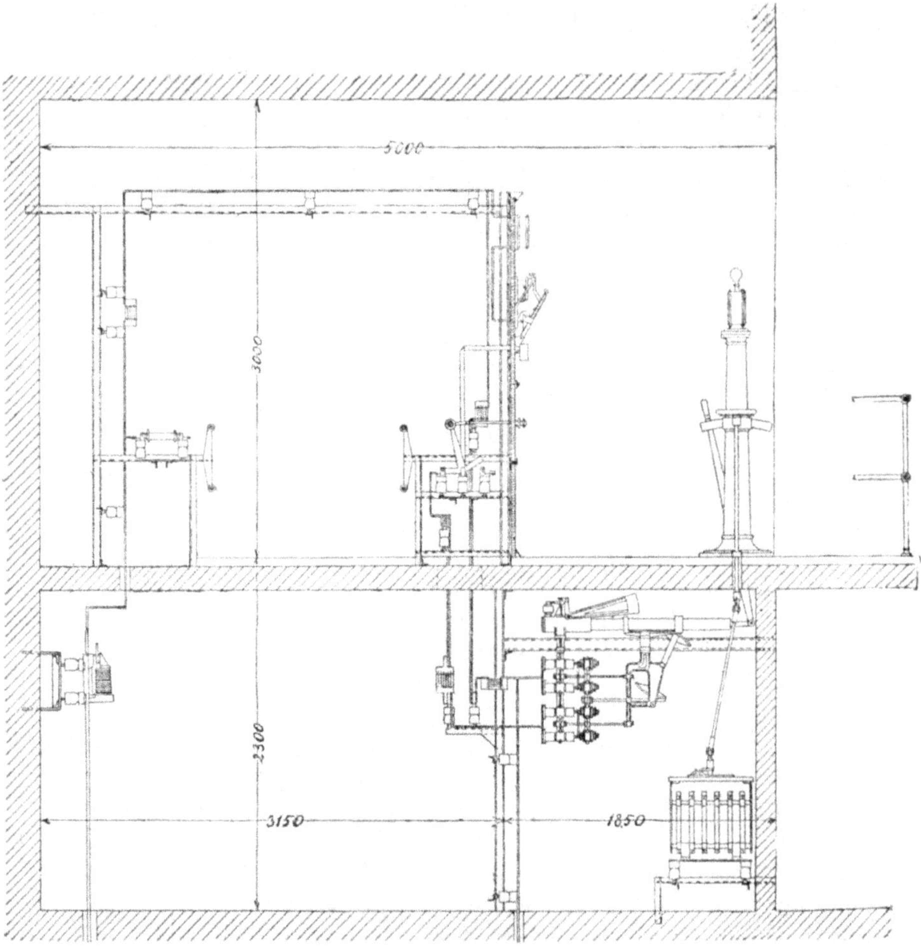


Fig. 214.
Schalttafel von Örlikon.

Umschalter wahlweise auf eine der Ringleitungen zu schalten ist. Die Ringleitungen lassen sich durch Trennschalter so zerlegen, dafs jeder Generator auf jede Verteilungsleitung speisen kann, falls irgend ein Defekt vorkommen sollte. Diese Sammelschienen sollte man nicht, wie dies sehr verbreitet

[1]) Z. V. D. I. 1901 S. 944.

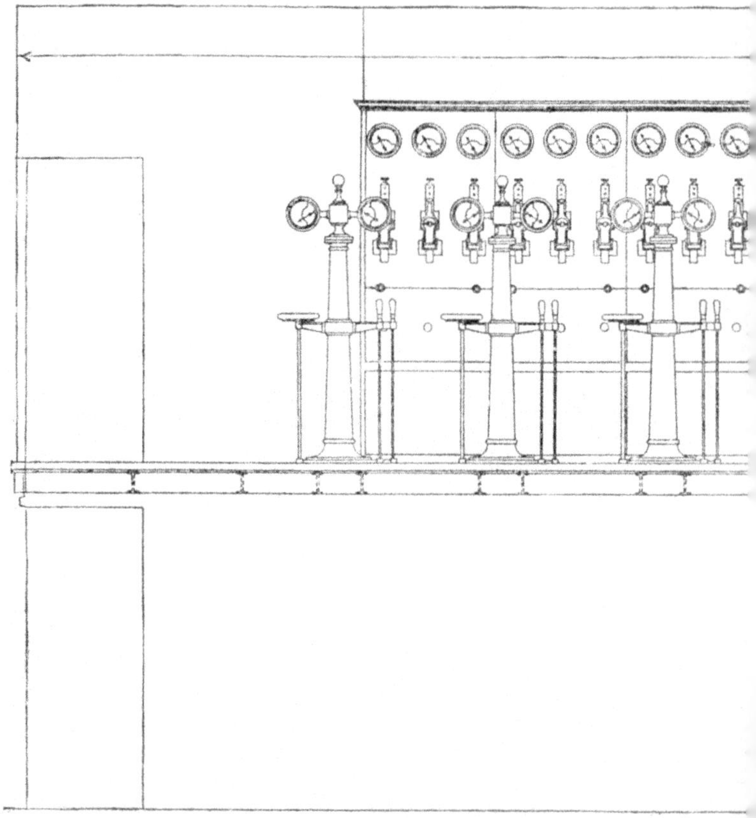

**Scha**

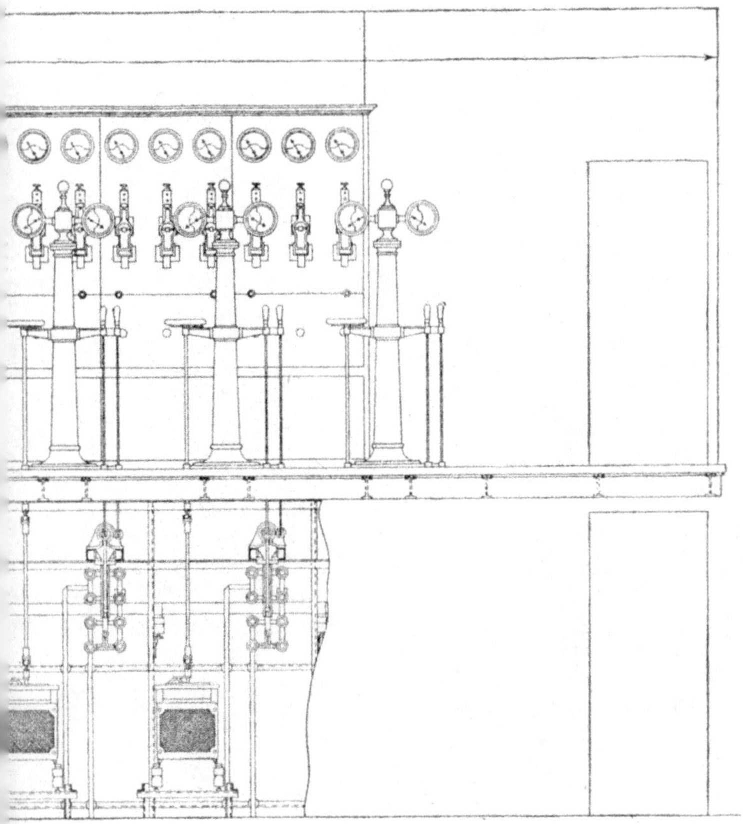

n.

ist, hinter dem Schaltbrett in solcher Höhe montieren, dafs man beim Besichtigen der rückseitigen Schaltwand darunter stehen mufs; man legt sie besser in einen Kanal, z. B. als einphasige Kabel[1]). Es ist nicht zu leugnen, dafs solche mehrfache Ringleitungen die Anlage komplizierter und teuerer gestalten; man sollte sich mit einem Minimum an Sammel-

Schema der Schaltanlage.

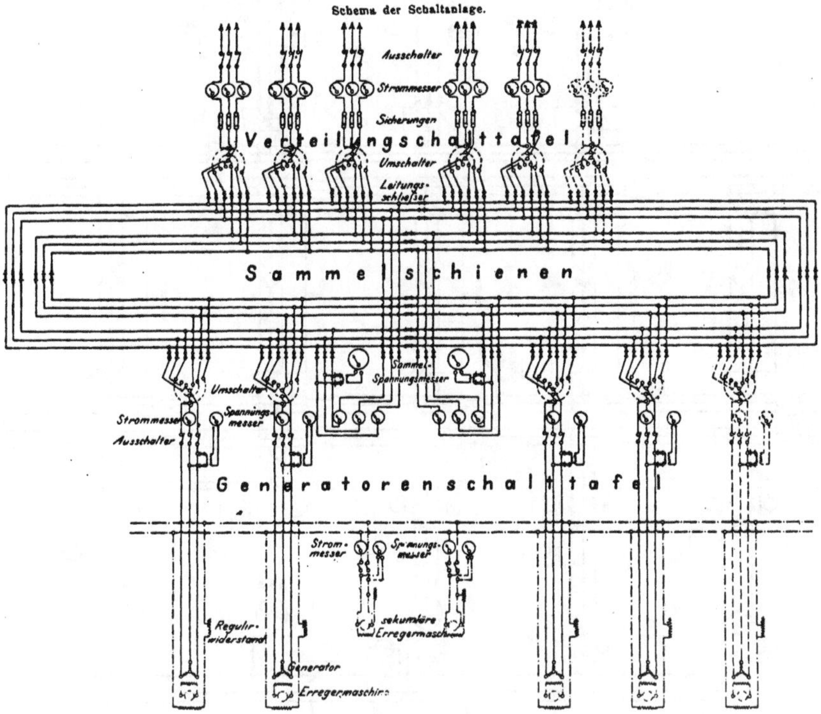


Fig. 216.
Schaltschema von Brown, Boveri & Co.

schienen[2]) behelfen und Umschalter dafür heranziehen. Für die gemeinsamen Zu- oder Ableitungen der Sammelschienen sieht man beim Paneelsystem ein sog. Sammelpaneel für die Sammelschienen-Mefsinstrumente vor, ferner sind Reservepaneele zweckmäfsig, auf die man für Reparaturzwecke einzelne Felder umschalten kann. Bei Verwendung von Transformatoren sind nicht selten hinter den Generatoren und dann hinter den Transformatoren je ein Ringleitungssystem angeordnet, siehe z. B. Fig. 217[3]). Äufserst einfach gestaltet sich im Gegensatz zu allen diesen Drehstrom-

[1]) Bezw. jedenfalls isoliert und etwas geschützt verlegt.

[2]) Zweckmäfsiger als Ringleitungen sind zweifache Sammelschienen.

[3]) Aus einem Katalog der Cie. de l'Industrie Électr., Genf.

anlagen die Schaltanordnung bei Verwendung des Seriensystems mit konstantem hochgespanntem Gleichstrom nach Thury, wie dies aus Fig. 218[1]) ersichtlich ist. Soll ein Generator aus irgend einem Grunde abgeschaltet

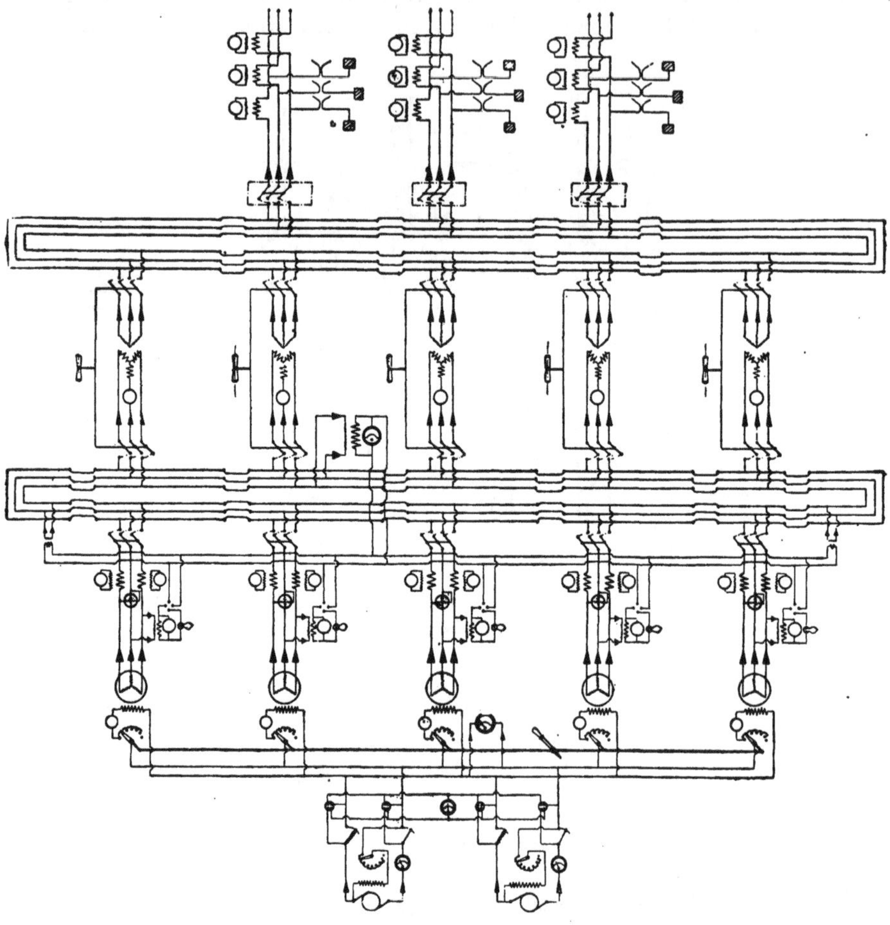

Fig. 217.

werden, so schliefst man ihn einfach kurz; soll er mitarbeiten, so öffnet man den Kurzschlufs.

Die Leitungsführung kleiner Hochspannungsanlagen macht man zweckmäfsig so: Von den Generatoren kommt man in einen feuersicheren Unten- oder Souterrainraum, wo zunächst auf den Kabelendverschlufs die Ölschalter und die gut isoliert aufgestellten Mefstransformatoren folgen-dann kommen die leicht zugänglichen übereinander liegenden Sammel,

[1]) Aus einem Katalog der Cie. de l'Industrie Électr., Genf.

schienen, die durch Isolationswände aus Marmor, Schiefer u. ä. voneinander getrennt und mit Messertrennschaltern versehen sind und an die man die Meſstransformatoren für das Sammelpaneel anbaut, schlieſslich kommen die Speiseleitungsschalter und die zugehörigen Meſstransformatoren, eventuell schlieſsen sich noch Sicherungen an, die man aber besser durch automatische Schalter für Überlast bezw. Rückstrom ersetzt. Jedenfalls vermeide man in den Generatorleitungen und den Erregerleitungen die

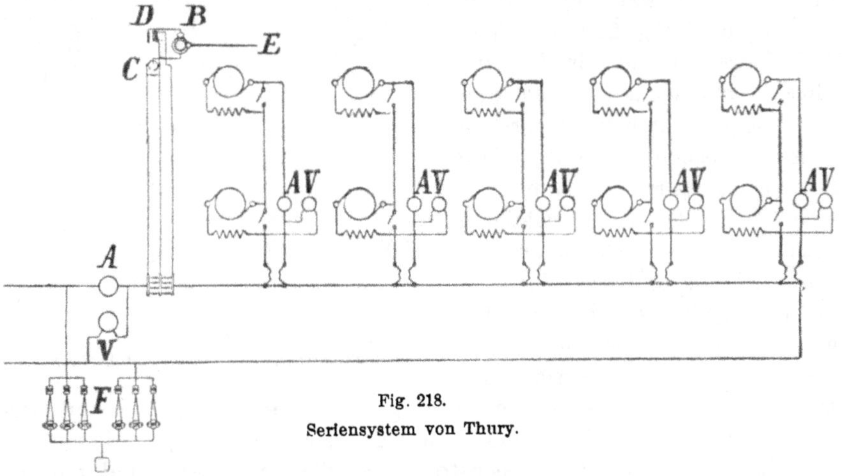


Fig. 218.
Seriensystem von Thury.

Sicherungen. Vom Hochspannungsraum gehen die Verteilungsleitungen entweder zu den Endverschlüssen der Fernleitungskabel oder zu einem Verteilungsturm, wo man noch die Blitzableiter vorsieht.

Über dem Hochspannungsraum liegt die Schalttafel, an der die Niederspannungsinstrumente (inkl. Synchronisierapparate an einer drehbaren Tafel) und die an ein Gestänge sich anschlieſsenden Schalthebel[1]) der Hochspannungsschalter, die Feldregulatoren (Kasten und Kontaktbrett hinten) und die gesamten Erregerapparate und -schalter (ohne Sicherungen und ohne Automat) angebracht sind. Hochspannungsisolationsprüfer[2]) sind sichtbar, aber nicht zugänglich anzuordnen. Häufig ist man Raummangels halber gezwungen, die Hochspannung direkt hinter dem Schaltbrett, nur durch einen möglichst breiten Gang getrennt anzuordnen; dann ist es empfehlenswert, alle Ölschalter hinten erhöht in einer Flucht, darüber alls Meſstransformatoren und darunter die Sammelschienen aufzubauen. Hoch-

[1]) Bei langem Gestänge ist zum sicheren Öffnen noch ein besonderes Gewicht oder Federkraft am Schalter vorzusehen. Zur Isolierung macht man eine Stange der Übersetzung aus isoliertem Material, z. B. gut imprägniertem Holz.

[2]) Statische Instrumente sind sehr der Gefahr ausgesetzt, durch atmosphärische Entladungen beschädigt zu werden.

spannungsmefsinstrumente werden neuerdings hin und wieder versenkt in die Schalttafel eingebaut, so dafs sie mit der Schalttafelebene bündig abschneiden.[1]) (Fig. 219 von Voigt & Häffner.) Das ganze Netz von Niederspannungsinstrumenten erde man auf irgend eine Weise.

In der gedrängt und doch sehr betriebssicher angelegten Hochspannungstafel Fig. 220 der Union El.-G. führen die als dreifach verseiltes Kabel ausgeführten Generatorableitungen hintereinander vorne zu einem Kabelendverschlufs, dann oben zu Stromtransformatoren, zu einem durch Gestänge betätigten, hinten liegenden Ölschalter, zu Trennschaltern und schliefslich zu einzeln abgedeckten Sammelschienen, von denen aus wieder über Ölschalter mit Maximalrelais und Trennschalter die Speiseleitungen abzweigen. Die verschiedenen Spannungstransformatoren liegen ebenfalls oberhalb der Schaltanlage. Vorne an der Schaltwand sind die Mefsinstrumente, die Schalthebel und die für die Erregung erforderlichen Schalter sowie Antriebsräder für die mit Kettenübersetzung versehenen Feldwiderstände untergebracht. Eine zweistöckige Hochspannungsschaltanordnung von Voigt & Häffner ist in Fig. 221 abgebildet: Die Regulatoren, die Mefstransformatoren, die in Sicherungsform ausgeführten Trennschalter, die mit Gestänge und automatischer Maximalauslösung versehenen Ölschalter sowie die Sammelschienen sind im Parterre verlegt. Die Schaltsäulen für die Generatoren sowie die Verteilungstafel mit den nötigen Niederspannungsschaltern und Instrumenten liegen eine Treppe höher.

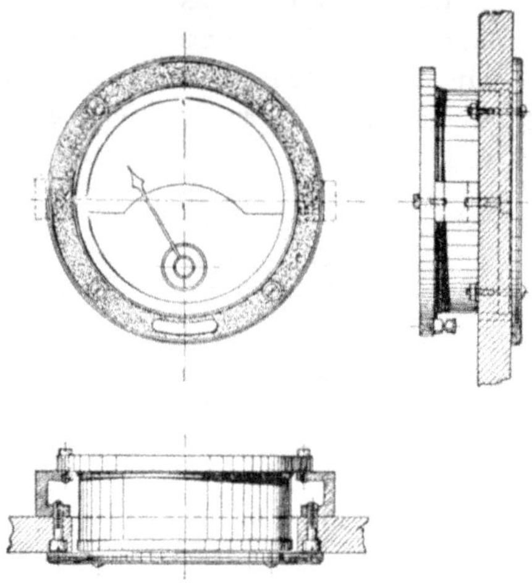

Fig. 219.
Versenktes Instrument von Voigt & Häffner.

§ 86. Grofse Schaltanlage. Ein Schnitt durch die vierstöckige Schaltanlage der New Yorker Metropolitain Street Ry Co.[2]), die von der General Electric Co. ausgeführt wurde, ist in Fig. 222 wiedergegeben: Parterre, wo die Maschinen stehen, liegt etwas erhöht das Erregerschaltbrett, im ersten Stockwerk steht vorne die pultförmige Operationsschalttafel mit allen Reguliervorrichtungen und dahinter das Instrumentenbrett; im nächst höheren Stockwerk liegen die

---

[1]) Hartmann & Braun, Voigt & Häffner.

[2]) Die äufserst beachtenswerten grofsen amerikanischen Zentralen (New York, Chicago) finden sich in El. World 1899 bis 1902 sowie E.-T. Z. 1902, Blank. Es handelt sich um Einheiten bis 7500 KW und über 9000 Volt.

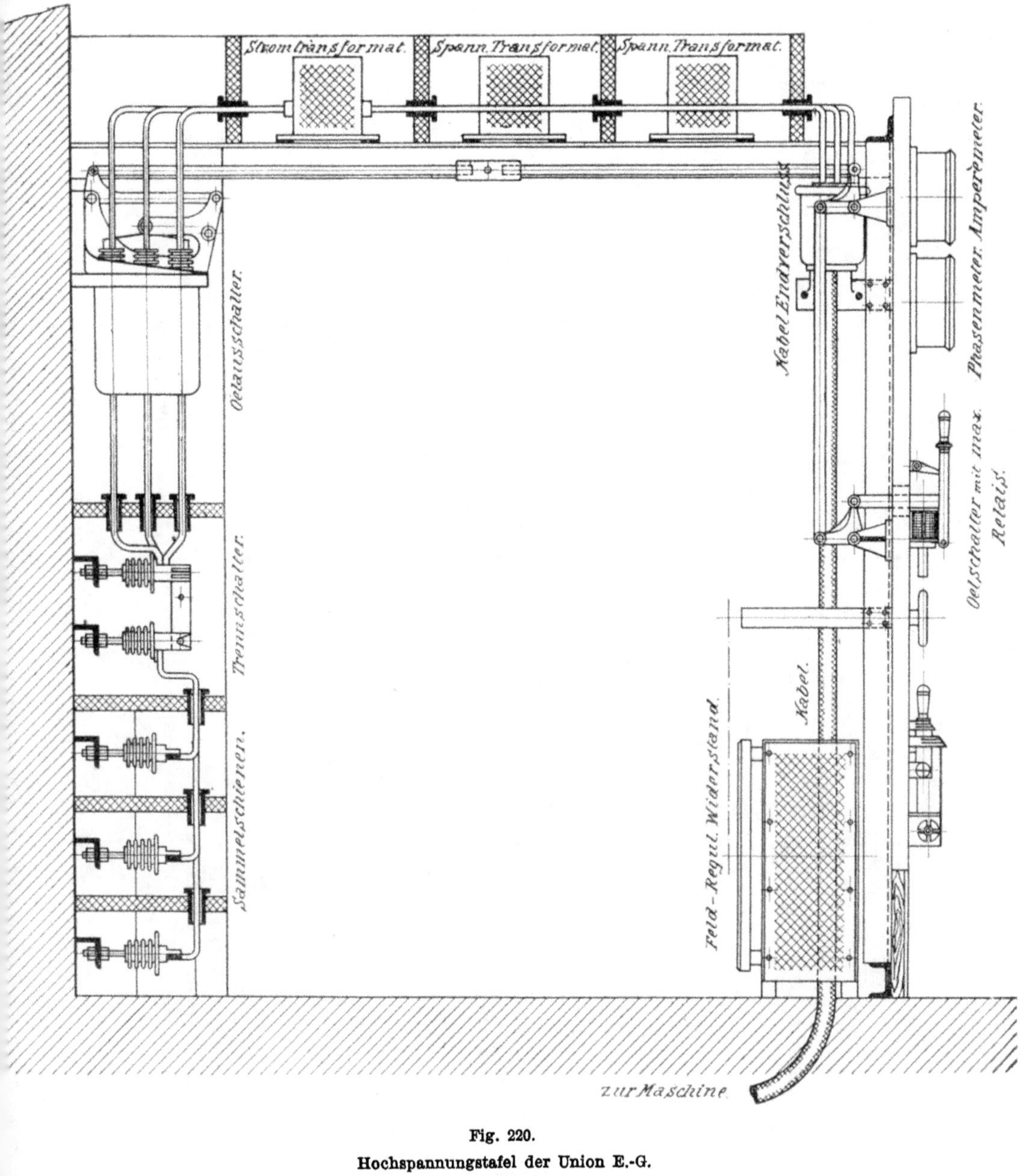


Fig. 220.
Hochspannungstafel der Union E.-G.

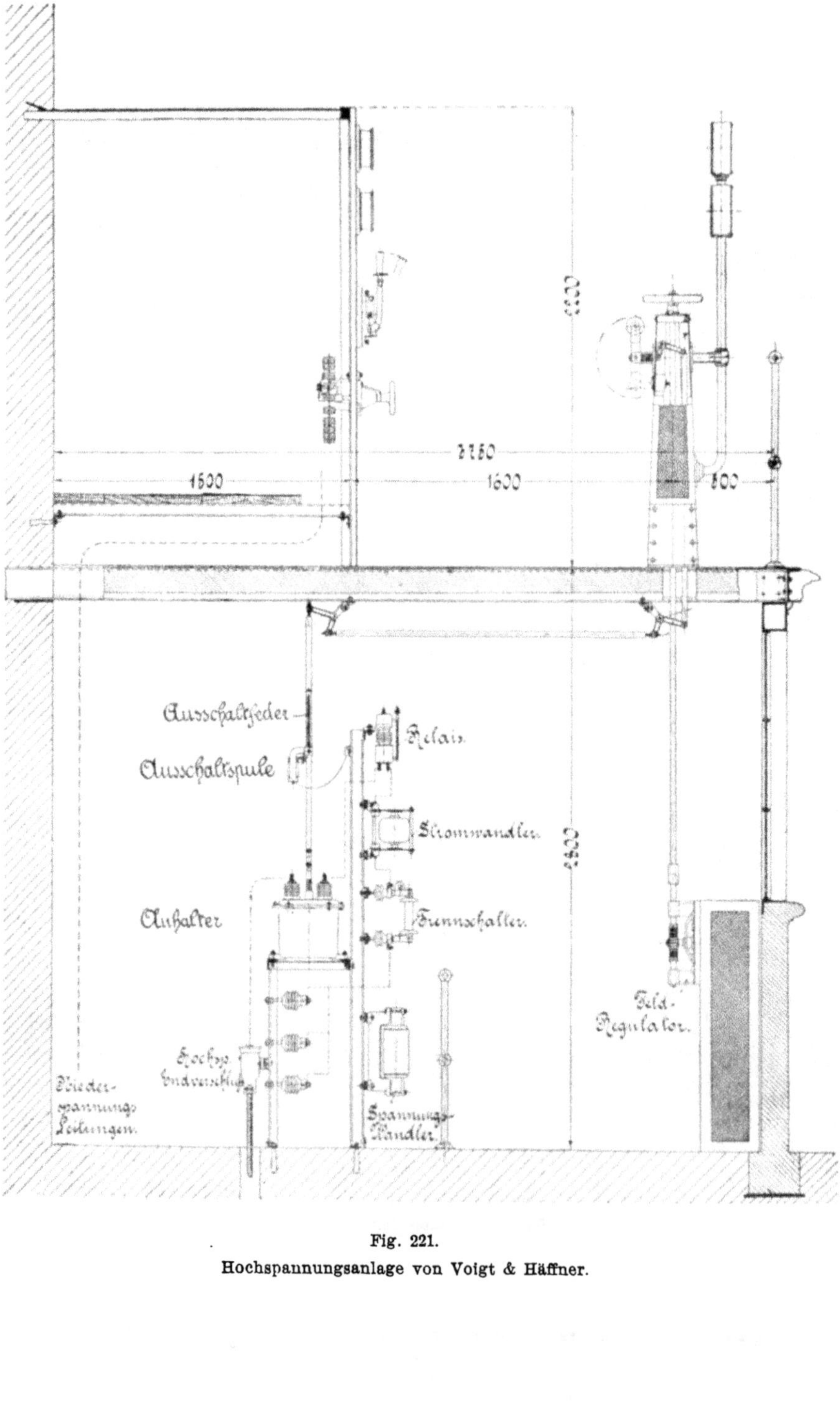


Fig. 221.
Hochspannungsanlage von Voigt & Häffner.

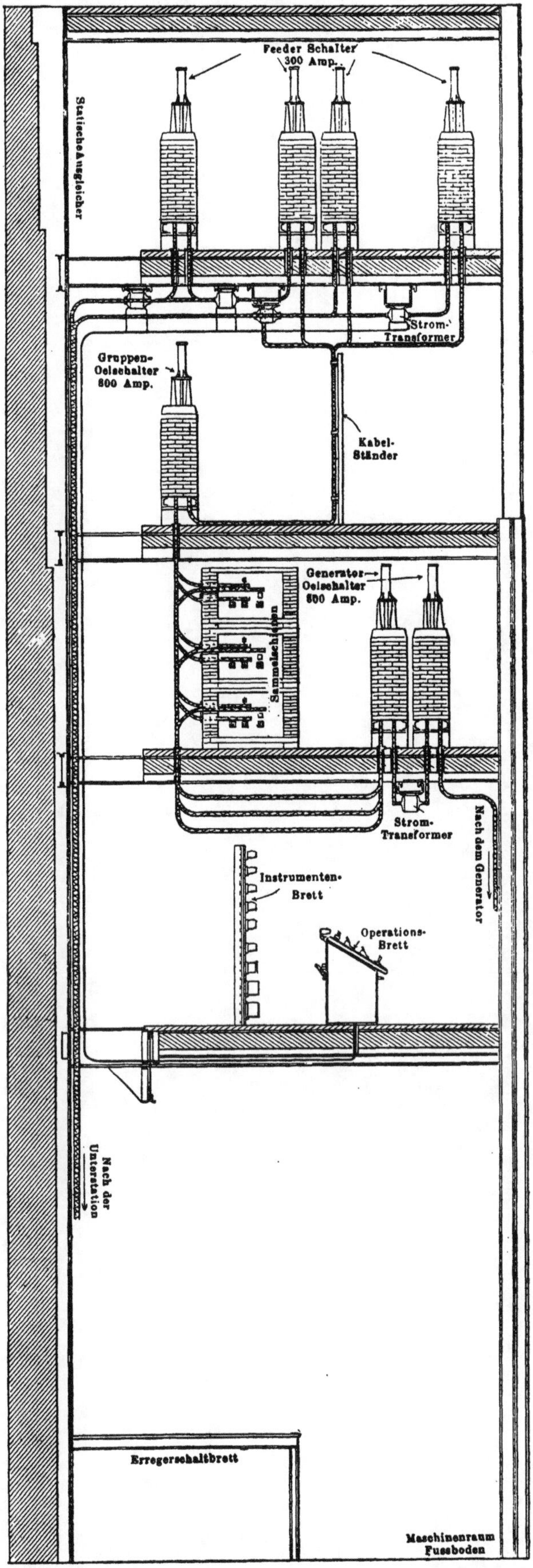

Feeder Schalter
300 Amp.
Statische Ausgleicher
Strom-
Transformer
Gruppen-
Oelschalter
800 Amp.
Kabel-
Ständer
Generator-
Oelschalter
800 Amp.
Sammelschienen
Strom-
Transformer
Nach dem Generator
Instrumenten-
Brett
Operations-
Brett
Nach der
Unterstation
Erregerschaltbrett
Maschinenraum
Fussboden


Fig. 222.

in kurzschlufssicherem Backsteinmauerwerk verlegten und durch Seifensteinplatten abgedeckten Sammelschienen, jede Phase für sich. Bei den Sammelschienen, die nicht als Ringleitung ausgebildet sind, sondern einfach geradlinig mit wahlweisem Anschlufs an zwei getrennte Systeme von Nebensammelschienen, von denen die Fernleitungen abgehen, liegen noch die Trennschalter, die nur stromlos zu öffnen sind und als offene Messerschalter mit vielen Messern ausgebildet sind, so dafs man unzweideutig sieht, ob sie offen oder zu sind, und ferner die Mefstransformatoren. Daneben sieht man die in besondere Backsteinhäuschen eingebauten, durch Gleichstrommotoren betätigten Generatorölschalter[1]) für 800 Amp. und 6600 Volt, mit denen man tatsächlich Kurzschlüsse glatt ausschalten kann, und darunter die Stromtransformatoren. Weiter oben liegen die Gruppenölschalter und ein Kabelständer und schliefslich ganz oben die Ölschalter der Speiseleitungen und die Vorrichtungen gegen statische Entladungen. Die Zuführungen von den Generatoren und die Abführungen zu den Unterstationen geschehen durch Kabel. Die Steuerung der Regulierwiderstände sowie die Verschiebung der Gewichte der Dampfmaschinenregulatoren geht elektrisch vom Operationsbrett aus vor sich. Sicherungen sind durchweg vermieden; bei Drehstrom haben sie höchstens zum Schutze von Lichttransformatoren bezw. überhaupt induktionsfreier Belastungen eine gewisse Berechtigung; statt dessen sind ausgiebig automatische Schalter, die entweder so konstruiert sind, dafs sie auf Überstrom oder auf Rückstrom reagieren, vorgesehen, und zwar liegen solche Apparate nicht allein im Hochspannungsdrehstromnetz, sondern auch in dem durch rotierende Umformer gespeisten Gleichstromnetz. Obwohl man in kleineren Anlagen davon abraten mufs, die Schaltbretter mit Mefsinstrumenten[2]) zu überladen, da sie schliefslich nur unübersichtlich wirken, so mufste doch in einer Riesenanlage wie in der New Yorker alles vorgesehen werden, was eine einwandfreie Kontrolle ermöglicht.

Die Anordnung geht am besten aus den Schaltungsschemen Fig. 223 und 224 hervor; das erste gilt für die Hauptstation, das zweite für eine Umformerstation (Drehstrom-Gleichstrom): Jeder Generator hat in Fig. 223 3 Amperemeter, 3 Voltmeter (meist Profilinstrumente),[3]) ein direktzeigendes Wattmeter[4]) und einen Zähler, je mit den zugehörigen Transformatoren. Diese Apparate sind auch für die Teilsammelschienen vorhanden. Für die

---

[1]) Von jedem Generator führen gesonderte Tunnels zum Schalthaus, damit ein Kurzchlufs eines Generators sich nicht auf andere überträgt.

[2]) Es genügt pro Feeder ein Amperemeter und ein Voltmeter mit Umschalter und event. ein Zähler für die Generatoren, und aufserdem noch ein Phasen- oder Wattmesser, ferner Erdschlufsanzeiger.

[3]) Mit vertikaler Achse.

[4]) Häufig auch einen Phasenmesser nach Fig. 280, Niethammer, Elektrot. Praktikum (F. Enke).

Generatoren findet man noch Synchronisiervoltmeter und -lampen. Hinter den Erregermaschinen liegen Umschalter für zwei getrennte Systeme von Erregersammelschienen, Amperemeter und gemeinsame Voltmeter und keine Sicherungen. In der gemeinsamen Ableitung des Erregerstromes liegen Zähler. Jeder Drehstromgenerator hat zwei automatische Ölschalter[1]), zwei in Serie, um ein sicheres Öffnen zu gewährleisten. In den Speiseleitungen ist je ein Amperemeter, ein durch in zwei Phasen[2]) liegende Transformatoren betätigtes Überlastrelais und ein Wattmeter vorgesehen. In jeder Speiseleitung liegt zum Langsameinschalten eine Drosselspule.[3]) In der Unterstation Fig. 224 sind besonders die automatischen Schalter mit Rückstromrelais von Interesse, die aus einem kleinen Motor bestehen, dessen Anker an der Netzspannung und dessen Feld von dem Netzstrom beeinflufst wird. Bei Umkehr der Stromrichtung schaltet der Motor ab. Die Ausschaltespulen an den Schaltern selbst werden sämtlich durch Gleichstrom von 125 Volt betätigt. Das Überlastrelais, das auf der Drehstromseite des Umformers liegt, schaltet einen auf der Gleichstromseite liegenden Schalter aus. Die Gleichstromautomaten zwischen Umformer und Gleichstromsammelschienen werden aufser durch eine Hauptstromspule auch durch eine Spule beeinflufst, welche durch einen auf der Umformerachse sitzenden Zentrifugalregulator beim Durchgehen des Umformers durch einen rückwärtigen Antrieb von der Gleichstromseite eingeschaltet wird.

§ 87. Hochspannungsschalter

Als Ausschalter haben sich in vielen amerikanischen Anlagen bis 40000 Volt und 12000 KVA, auch bei Kurzschlüssen die einfachen und mehrzelligen Ölschalter[4]), besonders der General Electric Co. (in Deutschland von der Union E.-G. gebaut), anstandslos bewährt. Ein kleiner Ölschalter zur Bedienung von Hand ist in Fig. 225 und 226 abgebildet; er ist mit zwei zuverlässigen federnden Steckkontakten pro Phase ausgerüstet, gibt eine momentane Unterbrechung und vermeidet durch die satt angeprefsten Kontakte[5]) bei Verwendung eines durchgeschlagenen Kniehebels ein unbeabsichtigtes Ausschalten durch Eigengewicht. Das Ölgefäfs kann leicht herabgelassen und nachgesehen werden; die einzelnen Phasen sind durch Zwischenwände getrennt. Dieser Ölschalter ist sehr viel kompendiöser und betriebssicherer wie alle in Luft arbeitenden Hebel- oder Hörnerschalter. Letztere veranlassen bei Hochspannung oft starke Feuer-

---

[1]) Statt zwei Ölschaltern kann man auch einen Ölschalter und einen offenen Messerschalter in Serie schalten.

[2]) Zweiphasig, um ein einphasiges Arbeiten des Netzes auszuschliefsen.

[3]) Statt der Drosselspulen lassen sich auch solid abgeschlossene Wasserwiderstände verwenden.

[4]) El. World 1901 S. 375. Neuerdings werden selbst Schalter für 60000 Volt und gegen 30000 KVA geliefert.

[5]) Solche Stöpselkontakte oder Reibkontakte, ähnlich den Kontrollerkontakten, sind weit zuverlässiger als Messerkontakte, da Messer und Scheide nicht dauernd aufeinander passen.

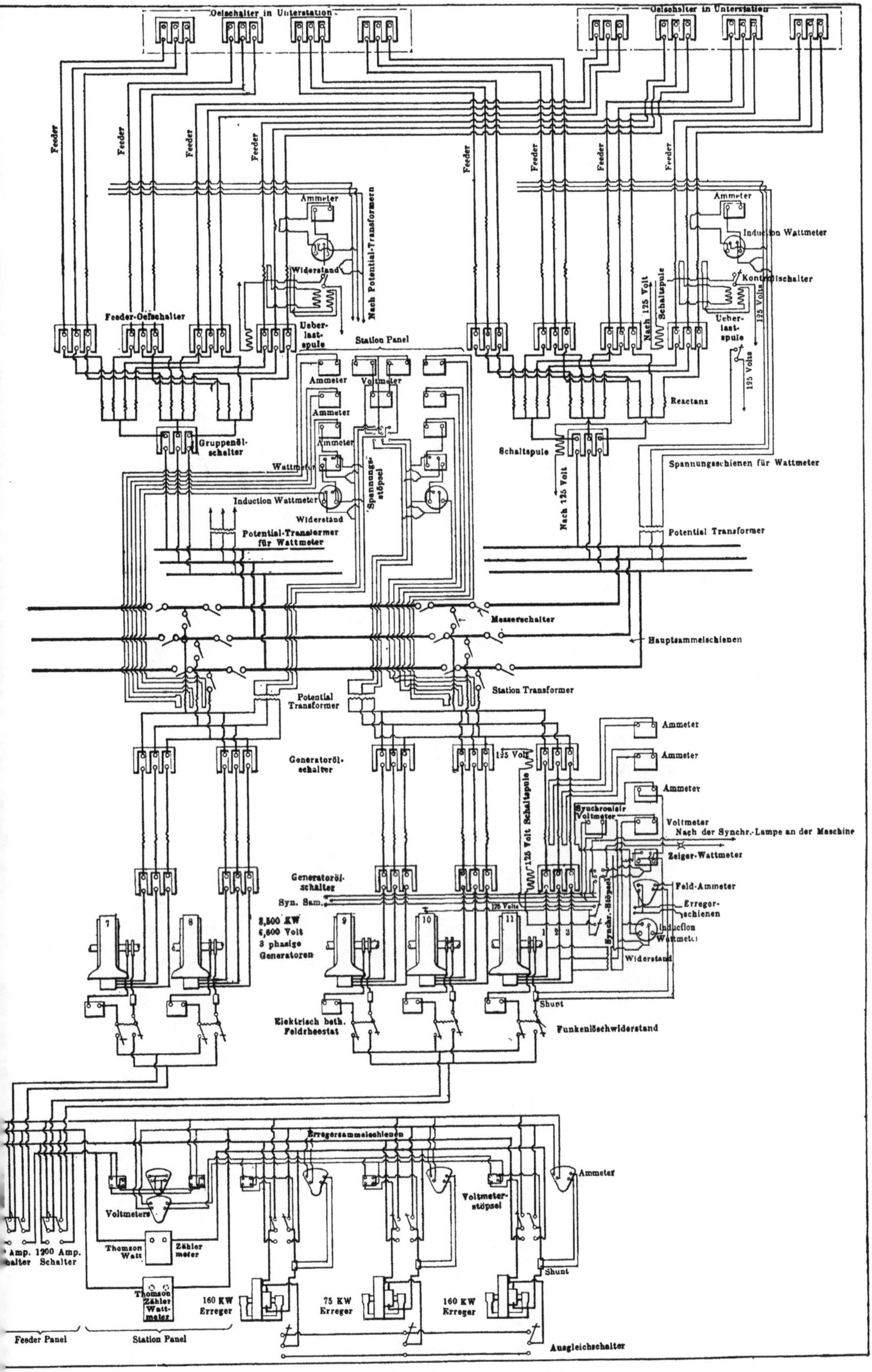


Syn.-Sam. = Synchronisiersammelschienen.

Fig. 223.

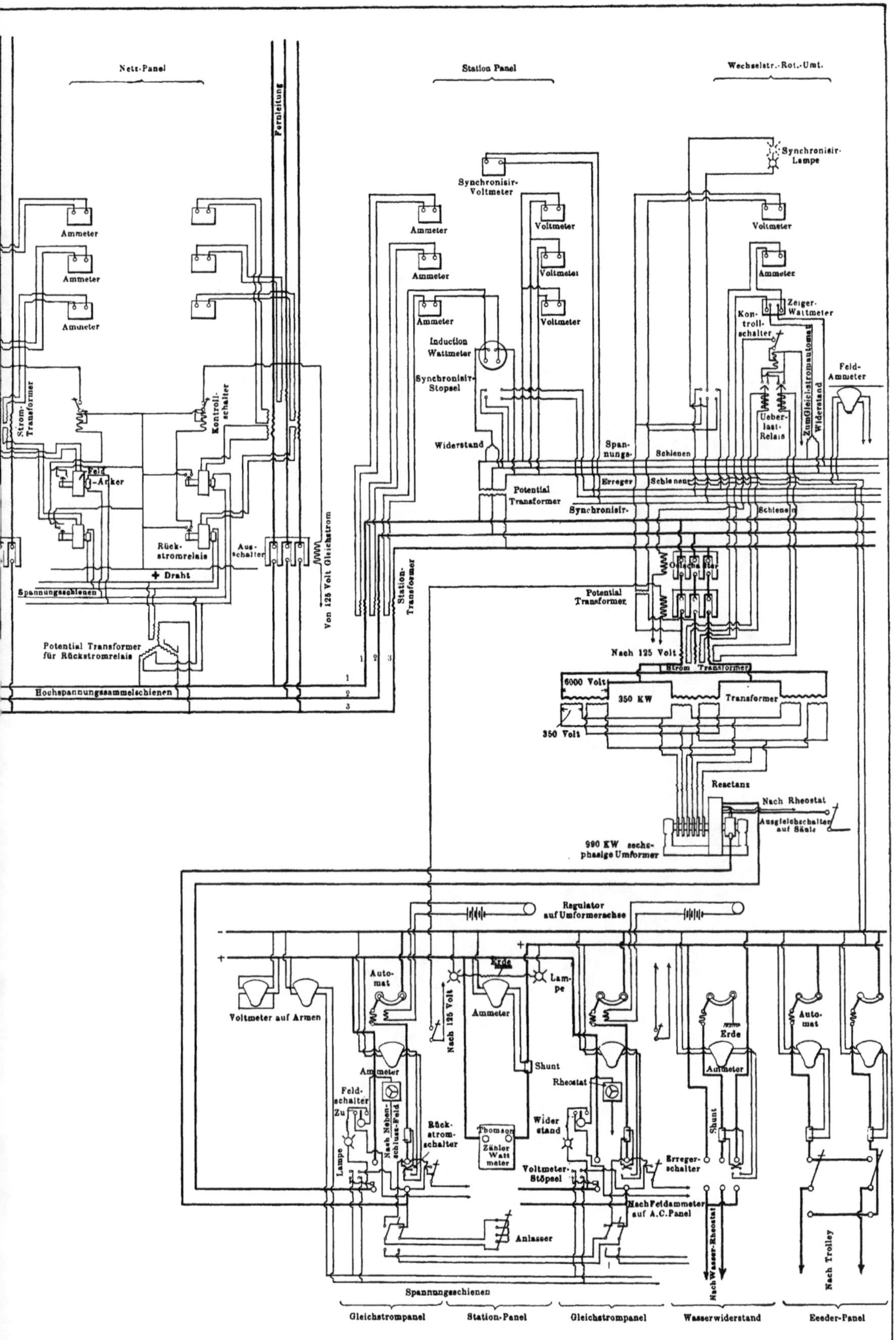


Fig. 224.

A. C. Panel = Wechselstrompanel.

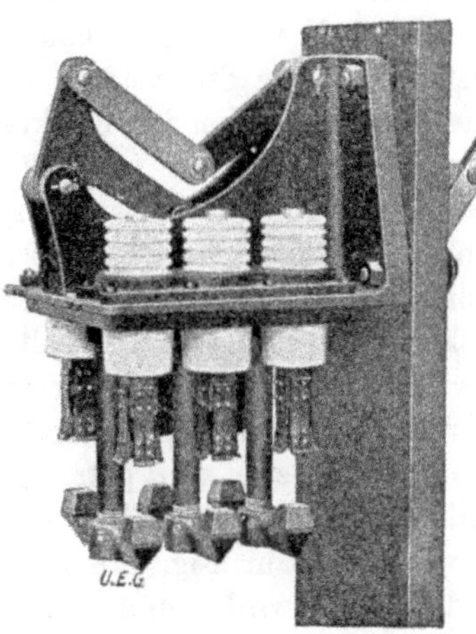

Fig. 225.

Fig. 226.

Ölschalter der Union E.-G.

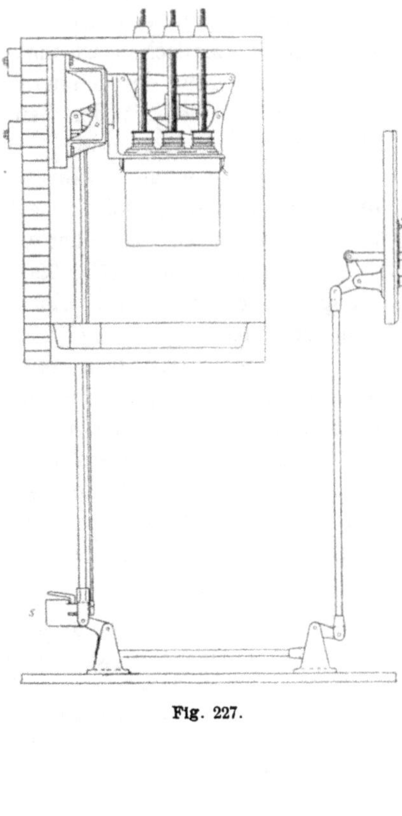

Fig. 227.

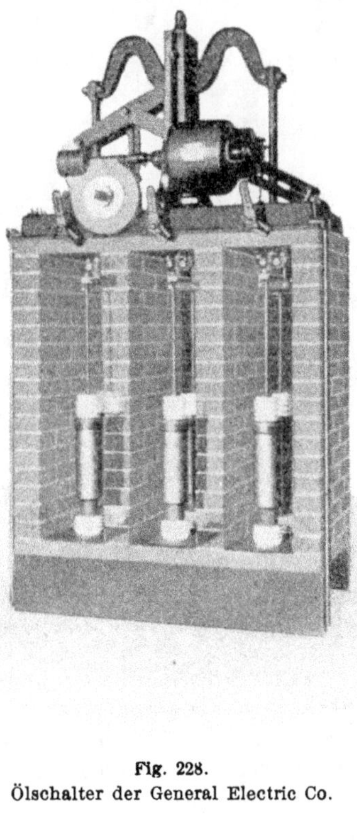

Fig. 228.

Ölschalter der General Electric Co.

erscheinungen und selbst bei ganz immensen Scheuledern zwischen Phase und Phase Überschläge. Beim Ausschalten treten auch leicht zerstörend wirkende oscillatorische Resonnanzerscheinungen auf, was der Ölschalter alles vermeidet. Für die Dimensionierung ist sowohl die Stromstärke als die Spannung als auch der Leistungsfaktor des zu unterbrechenden Effektes von Einfluſs.[1]) Die Ölschalter kann man unter Zwischenlegung eines Gestänges nach Fig. 227 beliebig montieren. Ein groſser elektrisch betätigter Ölschalter der General Electric Co. für die Waterside Station New York der pro Phase je zwei ganz getrennte Zellen aufweist (12000 Volt 800 Ampere), ist in Fig. 228 abgebildet Er wird durch einen $^1/_8$ PS-Serienmotor, der erst eine Feder spannt, in einer Sekunde ausgeschaltet. Die Abschaltung kann auch pneumatisch erfolgen. Bei den automatischen Ölschaltern[2]) (Fig. 229 der General Electric Co.), die mit der Zeit alle Sicherungen ersetzen werden, kann das Ausschalten direkt durch zwei von verschiedenen Phasen gespeisten lamellierten Wechselstrommagneten (Fig. 230) erfolgen, oder aber das Überlastrelais schlieſst nach Fig. 223 und 224 erst einen Gleichstromkreis, in dem die Schalterspulen liegen. In Fig. 227 ist die Schaltspule $s$ am Gestänge, also getrennt vom Schalter montiert. Wenn der Schalter unterbrochen ist, kann automatisch eine feine Spule zur Verminderung des Stromverbrauchs in den Relaiskreis geschaltet werden.

Fig 229. Automatischer Ölschalter der General Electric Co.

[1]) Es sollte deshalb die normale Betriebsstromstärke und -spannung, für die ein Schalter gebaut ist, sowie der maximale Ausschaltestrom und der zugehörige Leistungsfaktor auf dem festen Teil vermerkt werden; es sollte zulässig sein, 2 verschiedene Ausschalteströme, z. B. einmal für $\cos \varphi = 1$ und dann für $\cos \varphi = 0$, anzugeben.

[2]) Automatische Ölschalter siehe El. World 12 Aug. 1902, ferner Hochspannungsliste von Voigt & Häffner siehe auch den Nachtrag.

Diese automatischen Unterbrecher werden vielfach mit sog. Zeitrelais ausgerüstet, welche die Spulen des Ausschalters erst erregen, nachdem der Überstrom eine bestimmte Zeit gedauert hat. Die Zeit, welche der Überstrom dauern kann, bevor der Ausschaltekreis geschlossen wird, wird durch eine Uhr reguliert. Diese Zeitausschalter können auf verschiedene Zeiten eingestellt werden, je nach der Stelle im Netz, wo sie liegen. In den Verteilungsleitungen der Unterstationen sollten sie zuerst ausschalten, dann folgen die Schalter in den Leitungen von der Zentrale zu den Unterstationen und erst viel später die Schalter in den Generatorkreisen. Das gibt die geringsten Betriebsstörungen. Die Zeiten dieser einelnen Schalter kann man beispielsweise im Verhältnis sofort: 1 Sek.: 3 Sek. justieren. Das Schaltungsschema eines Rückstromausschalters zeigt Fig. 231.[1]) Das eigentliche Umkehrrelais ist ein kleiner Motor[2]) mit lamelliertem Feld, und zwar sind in zwei Phasen solche Motoren vorgesehen. Die Schaltspulen

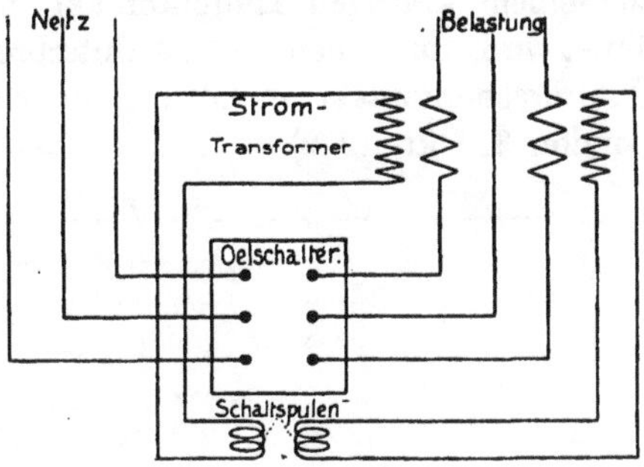


Fig. 230.

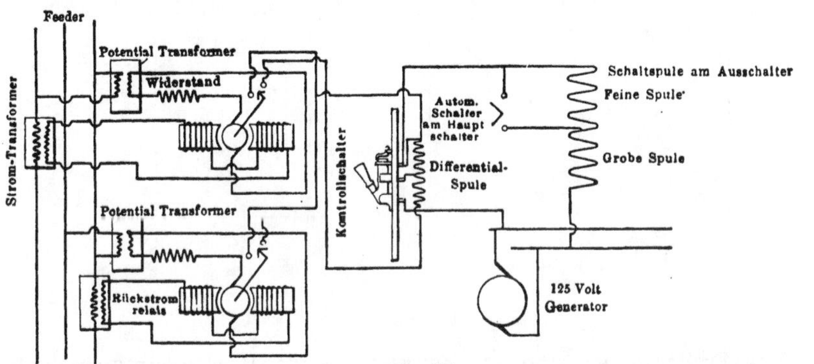


Fig. 231.

der Ölschalter selbst werden durch einen Hilfsschalter mittels Gleichstrom gespeist. Zur Ausschaltung bei Rückstrom in den rotierenden Umformern dient das Relais Fig. 232: Das Gleichstrominstrument schliefst den Batteriekreis des Schalterrelais *R*, sobald die Stromrichtung sich umkehrt. Für ausgedehnte Hochspannungsnetze sind Streckenschalter, die von der Zentrale aus beliebig ein- und ausgeschaltet werden können, sehr vorteilhaft (Selektorsystem). Es geschieht dies am besten so, dafs ein reversierbarer Motor die Schaltbewegung ausführt (siehe Fig. 228).

[1]) Siehe auch E.-T. Z. 1902 S. 693 Fig. 18.

[2]) Man kann das Rückstromrelais auch als Wattmeter ausbilden.

Von weiteren Hochspannungsschaltern ist besonders beachtenswert der Röhrenschalter von Siemens & Halske, der ebenfalls in Öl ausgeführt wird. Für Hochspannung werden sich Luftschalter kaum auf die Dauer halten können.

Die Ölschalter von Ferranti für Spannungen bis 15000 Volt bestehen aus einem kräftigen Hauptkontakt, der nicht in Öl liegt und zuerst geöffnet wird, und einem mit 14 Unterbrechungsstellen versehenen Momentan-Unterbrecherkontakt in Öl und im Nebenschluſs zu ersterem (Electrician London 3. Okt. 1902).

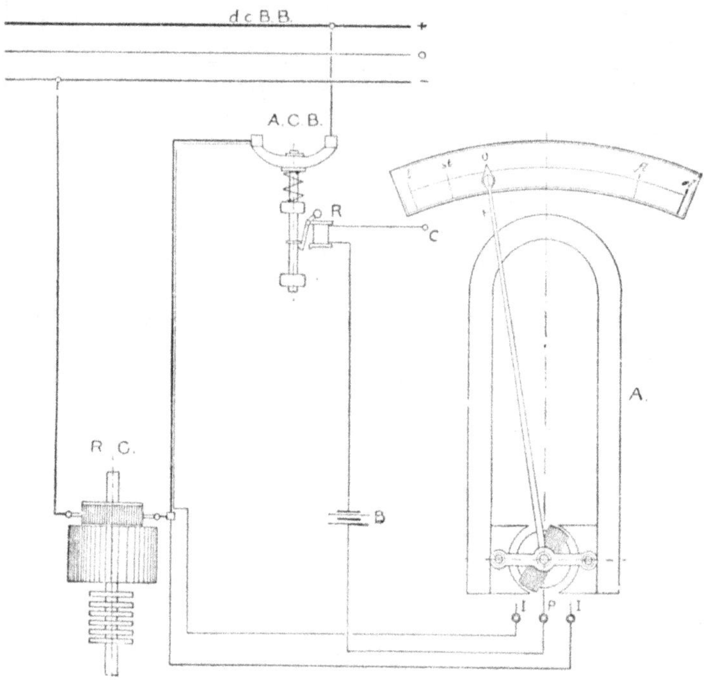


Fig. 232.

Für Freileitungen sind gut funktionierende Hochspannungsschalter und -sicherungen für Montage im Freien sehr erwünscht; es eignen sich hierfür wohl am besten dicht abgeschlossene Öltypen.

§ 88. Meſsapparate. Zur Fernspannungsmessung ohne Prüfdrähte hat man bei Wechselstrom eine aus Strom- und Spannungstransformatoren sowie Drosselspulen und induktionsfreien Widerständen bestehende Kombination herzustellen, die sowohl bei $\cos \varphi = 1$ als $< 1$ richtig die Speisepunktspannung anzeigt, siehe Niethammer, Elektrot. Praktikum Fig. 175 und E.-T. Z. 1902 S. 696.

Zum raschen Parallelschalten eignet sich ausser dem von Dr. Michalke angegebenen Synchronisierapparat von Siemens und Halske[1]), dessen Lampen in verschiedenem Sinne kreisen, je nachdem die eine oder die

[1]) Niethammer, Hdb. d. Elektrot. Bd. IV S. 175 ff.

andere Maschine voreilt, der Lincolnsche Apparat[1]). Dabei rotiert vor einem Zifferblatt ein Zeiger, dessen Winkel zur vertikalen Nulllage immer den Phasenwinkel zwischen den beiden parallel zu schaltenden Generatoren angibt. Die Rechts- oder Linksdrehung gibt die zu schnelle oder zu langsame Rotation des zuzuschaltenden Generators an; eine volle Umdrehung des Zeigers gibt daher den Gewinn oder Verlust einer Periode der Frequenz des zuzuschaltenden Generators an. Der Apparat selbst ist als kleiner Wechselstrommotor ausgeführt, dessen Feld und Anker je an den zwei parallel zu schaltenden Einheiten liegt. Zur Variation der Belastungsverteilung ist es sehr zweckmäfsig, am Schaltbrett Umschalter anzubringen, welche bei Dampfbetrieb die Regulatorgewichte elektrisch verschieben und bei Turbinen Elektromotoren für die Schützenbewegung betätigen. Der Hub dieser Motoren ist automatisch zu begrenzen.

Als Hochspannungssicherung bewährt sich die Röhrentype mit einem oder mehreren Drähten in gemeinsamem oder getrennten langen Röhren aus Isolationsmaterial (Fig. 233, von Siemens & Halske). Beim Abschmelzen erlischt der Lichtbogen durch den entstehenden Luftdruck. In Amerika spannt man wohl auch den Schmelzdraht durch zwei Federn, die den Lichtbogen abreifsen.[2]) Die Sicherungen sind ebenso wie Messertrennschalter auf hohe geriffelte Isolatoren zu montieren und mit einem betriebsicheren Griff zu versehen, falls sie nicht stets mit der Zange herausgenommen werden, was womöglich stromlos geschehen soll. Sie sollten nur für Netze verwendet werden, wo Kurzschlufsströme gleich einem hohen vielfachen des normalen Stromes auftreten können, besonders für Mefstransformatoren sind sie erforderlich. In Fällen, wo Stromkreise durch die Sicherungen unterbrochen werden müssen, empfehlen sich die von Voigt & Häffner[3]) gebauten ausschaltbaren Röhrensicherungen Fig. 233 a, die man erst um den unteren Kontakt drehen mufs und die also zuerst oben an den Hörnern unterbricht. § 89. Hochspannungssicherungen.

[1]) Blank, E.-T. Z. 1902 S. 667; Centrale Chicago. Dieser Zeigerapparat, der direkt »zu schnell« »zu langsam« anzeigt, wird in Amerika ausgedehnt verwendet auch in England gibt es ähnliche Apparate.

[2]) Siemens & Halske legen die Röhrensicherungen auch in Öl, das beim Abschmelzen den Lichtbogen löscht. Nach dem D. R.-P. 52379 der Westinghouse Co. wird dem eigentlichen Schmelzdraht ein feiner Schmelzdraht parallel geschaltet, der die entgültige Stromunterbrechung unter sehr geringer Energieentwicklung bewirkt. Blathy verhindert das Entstehen des Lichtbogens, indem er den Schmelzdraht durch enge Öffnungen mehrerer Wände hindurchführt (D. R. P. 54249). Bei den neueren Hochspannungssicherungen wird nach amerikanischem Vorbild der Schmelzdraht von offenen Röhren umschlossen, so dafs die beim Durchschmelzen explosionsartig erfolgende Ausdehnung der Luft im Innern des Rohres das Ausblasen des Lichtbogens bewirkt (siehe Geschäftsbericht des Kaiserlichen Patentamtes 1902).

[3]) Voigt & Häffner bauen auch Hörnersicherungen, bei denen ein nach Art der Siemensschen Hörnerblitzableiter gebaute Anordnung den Lichtbogen des Schmelzstreifens aufnimmt.

Ferrantis Sicherungen werden aus einer Reihe vertikal stehender Porzellanröhren aufgebaut, die sich paarweise am oberen Rand berühren. Im Rohrgrunde liegt je eine Rolle, über welche der Schmelzdraht gezogen ist. Von dieser Rolle geht der Schmelzdraht vertikal in die Höhe, wird über den Rand gebogen und in der benachbarten Röhre zu der nächsten Spannrolle geführt. Die Rohre sind mit Öl gefüllt. Die Schmelzstelle liegt frei auf dem Porzellanrand. Beim Burchbrennen schnellen die Spannrollen die beiden Drahtenden in das Öl hinein (Electrician 3. Okt. 1902).

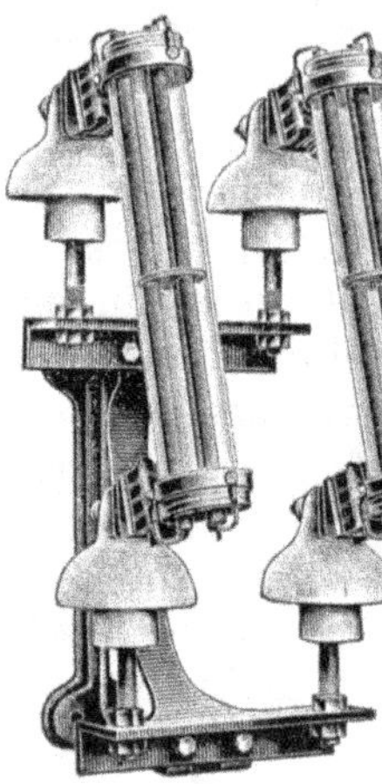

Fig 233.
Röhrensicherung von Siemens & Halske.

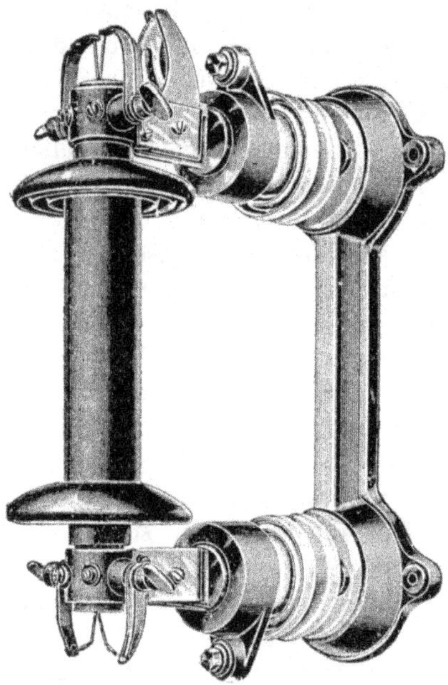

Fig 233 a.
Röhrensicherung von Voigt & Häffner.

Ferranti verwendet im Gegensatz zu amerikanischem und deutschem Vorgehen direkt auf der Schalttafel Hochsspannungsmeſsinstrumente und Hochspannungsschalter (7500 Volt). Als Sicherung für die elektrostatischen Instrumente verwendet er eine Wasserröhre, deren Wasser bei Kurzschluſs auskocht.

§ 90. Schaltkästen. In neuerer Zeit hat sich im Schaltbrettbau ein ausgedehntes Gebiet ausgebildet, der Bau von Schaltkästen[1]) und Schaltsäulen für Motoren aller Art, enthaltend Meſsinstrumente, deren Skala durch ein Fenster sichtbar ist, Sicherungen und einen Ausschalter, der von auſsen geschaltet werden kann und der derart verriegelt ist, daſs man den Kasten nur bei geöffnetem Schalter aufmachen kann.

§ 91 Blitzableiter. Die Aufgabe, Leitungen und Apparate einwandfrei vor atmosphärischen Entladungen zu schützen, ist noch keineswegs gelöst. Gegen direkte Schläge ist ein Schutz überhaupt kaum möglich, aber auch andere Entladungen zerstören häufig Transformatoren, Apparate und Stromverbraucher. Das

[1]) Hebezeuge, Niethammer Fig. 97.

radikalste Vorgehen besteht darin, die Leitungen, wo immer angängig, als Kabel im Boden zu verlegen. Gemischte Netze mit Luft- und Kabelstücken sind am gefährlichsten — auch wenn es sich nur um kurze Unterführungen[1]) handelt —, da die in die Luftleitungen eintretenden Entladungen durch die Kabel zur Erde gehen. Die üblichsten Blitzschutzvorrichtungen[2]) sind entweder als

Hörnerblitzableiter oder als Rollenbitzableiter

ausgebildet. Erstere sind in Europa namentlich für Wechselstrom am verbreitetsten, während man in Amerika eigentlich nur die letzteren verwendet. Diese letzte Schutzvorrichtung ist in Fig. 235 samt Drosselspulen vor der Maschine gezeichnet. In der Erdleitung liegen aufser den Funkenstrecken, deren Zahl von tausend zu tausend Volt erhöht wird, Kohlenwiderstände zur Verringung des durch den Blitz eingeleiteten Kurzschlusses der Zentrale. Die Rollen sind nicht in Winkeln, sondern geradlinig anzuordnen. In der weitverzweigten Niagaraanlage verwendet man die Rollenanordnung Fig. 236[3]), wobei ein Teil der Rollen durch einen Widerstand nebengeschlossen ist, was die Sicherheit der Wirksamkeit erhöht. Blitzableiter sollten nur in geschützten Räumen, nicht im Freien angebracht werden. Die Beleuchtung und der Luftzustand beeinflussen die Höhe der Spannung, bei der sie funktionieren und zwar Hörner- und Rollenblitzableiter Bei sehr hohen Spannungen scheint die Hörnertype nicht mehr ganz einwandsfrei zu funktionieren; der durch Luftzug und elektro-dynamische Wirkung nach oben getriebene Lichtbogen bleibt dann leicht stehen; auch ist der Maschinen-

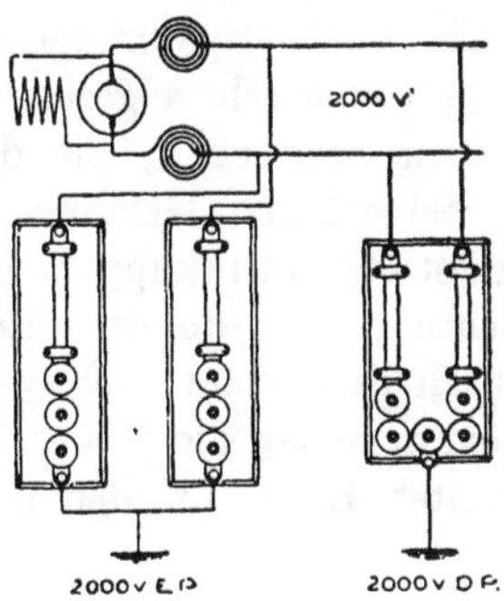


Fig. 235.
Blitzableiter der Union E.-G.

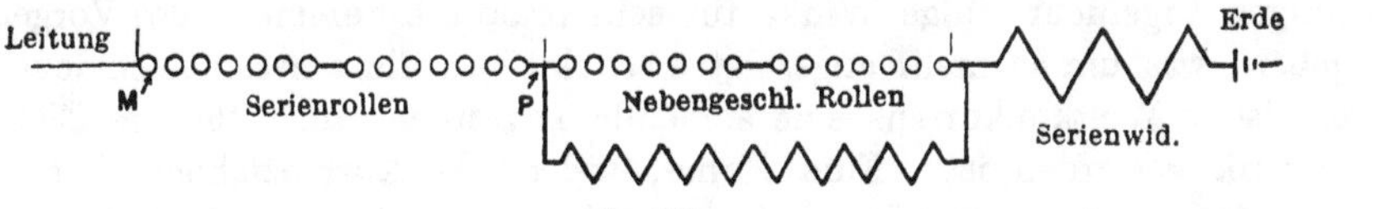


Fig. 236.

kurzschlufs schlimmer. Die Entladungen im Hörnerblitzableiter können Ursache zu Überspannungen im Netz werden, welche die Isolation der Anlage, namentlich der Transformatoren, sehr gefährden. Soweit dies angängig, sollte man die Blitzableiter so einstellen, dafs sie bei einer Überspannung funktionieren (z. B. 50 %), bei der alle Maschinen und Apparate noch sicher arbeiten und worauf diese bei Erdung des Gestelles geprüft wurden. Zum

[1]) Solche Unterführungen sind wirksam gegen Entladungen zu schützen, möglichst auf Isolatoren nicht in die Erde zu verlegen.

[2]) Siehe Niethammer, Hebezeuge S. 51 ff.

[3]) Trans. Am. Inst. El. Eng. 1902 S. 663 (Thomas).

Schutz der Transformatoren verwendet die Westinghouse Co die in Fig. 237 gezeichnete Kombination einer Drosselspule mit einem Kondensator, die beide in Öl liegen. Der Kondensator ist über eine Sicherung geerdet.

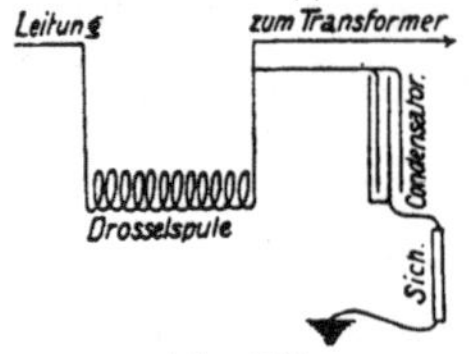


Fig. 237.

Dieselben Apparate, die man für Blitzableitung benutzt, verwendet man zweckmäfsig auch zum Ausgleich statischer Ladungen und Überspannungen zwischen den einzelnen Leitungen. Bei Drehstrom schaltet man z. B. zwischen je zwei Leitungen oben genannte Rollen, vor die man noch Graphitwiderstände legt, und verbindet die drei Seiten in Dreieckschaltung.

Es ist hier nicht der Ort, auf die Beschreibung der Montage von Freileitungen und Kabeln einzugehen, ich erwähne jedoch, dafs für die letzten bei Spannungen über 10000 Volt die eben besprochenen statischen Ausgleicher sehr angezeigt sind, ferner dafs es eine Reihe Vorrichtungen gibt, welche bezwecken, die durch herabfallende stromdurchflossene Leitungen herbeigeführten Gefahren zu beseitigen. Es geschieht dies entweder durch selbsttätiges Entkuppeln des herabfallenden Leitungsteiles von der übrigen Leitung oder durch selbsttätiges Abschalten des Leitungsteils zufolge der durch den Drahtbruch veränderten Stromverteilung. Beispiele der ersten Lösung bilden die D.R.-P. 54840, 57120 und 87699 von Gould, Beispiele der zweiten Lösung sind die D.R.-P. 92442, 110166, 121809 und 122503.[1])

## 16. Schlufswort.

§ 92. Praktische Winke.

Da für den wirtschaftlichen Erfolg elektrischer Waren auf dem Weltmarkte nicht allein technisch-wissenschaftliche, sondern mindestens in gleicher Weise wirtschaftliche und organisatorische Momente von ausschlaggebender Wichtigkeit sind, so möchte ich hier zum Schlufs dem jungen Ingenieur einige Winke für sein praktisch-kommerzielles Vorgehen geben, was um so mehr angezeigt erscheint, als die amerikanisch-deutsch-englische Weltkonkurrenz eine stehende Tagesfrage auch für die Elektrotechnik geworden ist. Eine Firma, welche konkurrenzfähige Ware auf dem Markt absetzen will, mufs in erster Linie wissenschaftlich-technisch geschulte und erfahrene Ingenieure zur Verfügung haben, welche mit den neuesten Resultaten und Methoden der technischen und theoretischen Wissenschaft vertraut sind und in derselben selbst schöpferisch vorwärts schreiten d. h., die in der Lage sind, Vorhandenes wissenschaftlich weiter zu entwickeln und zu vervollkommnen und namentlich den täglich neuen Anforderungen der Praxis in der bestmöglichen Weise gerecht zu werden. Solche Ingenieure sind imstande mit einem Minimum an Material für gegebene Anforderungen die zweckentsprechendsten Maschinen zu entwerfen, und zwar sowohl in elektrisch-theoretischer wie in mechanischer, betriebs-

---

[1]) Siehe ›Die Geschäftstätigkeit des Kaiserlichen Patentamtes‹ 1902.

sicherer Hinsicht. Für den dauernd guten Ruf einer Ware ist es äufserst wichtig, dafs beim Entwurf die Anforderungen an die zu bauenden Maschinen nicht zu niedrig gestellt oder die zukünftigen Betriebsverhältnisse gar ganz ignoriert werden. Nichts ist schlimmer für den Ruf einer Firma oder denjenigen der Elektrotechnik im allgemeinen bezw. eines Landes, als wenn ein neuer elektrischer Betrieb sich nicht als betriebssicher bewährt und die Anlage in Handantrieb oder einen anderen mechanischen Antrieb zurückverwandelt werden mufs. Da der elektrischen Kraftübertragung unter den verschiedenartigsten, z. T. recht schwierigen Verhältnissen ein äufserst lohnendes Arbeitsfeld gehört, so ist aus genanntem Grunde eine Hauptaufgabe der Elektroingenieure, Maschinen und Apparate mechanisch stabil und widerstandsfähig zu bauen, so dafs sie auch bei grober Behandlung und vorübergehender Überanstrengung sowie in schmutzigen und feuchten Räumen nicht Not leiden. In dieser Hinsicht hat die Elektrotechnik, die noch vielfach zu sehr Feinmechanik und Physik ist, noch manches zu lernen. Das bringt uns zu dem zweiten wichtigen Punkt einer elektrotechnischen Fabrik, zu der eigentlichen Fabrikation. Da spielen die Hauptrolle einerseits die präzise Schlosserei und der moderne Werkzeugbau mit guten Werkzeugmaschinen und rationellen Arbeitsmethoden, sowie anderseits die bezüglich Isolationstechnik auf der Höhe stehende Wickelei. In beiden Punkten kann Amerika uns manches lehren, und in der eigentlichen Fabrikation liegt noch ein dankbares Arbeitsfeld für den praktischen Ingenieur. Diesen zwei technischen Gesichtspunkten: technisch-wissenschaftlicher Entwurf und rationelle Fabrikation gliedert sich eine mehr kommerzielle Seite an, das ist eine solide, gut und rasch arbeitende Organisation, welche dafür sorgt, dafs jedermann voll und ganz ausgenützt wird, dafs jedermann in verantwortlicher Weise seine Pflichten kennt, dafs jeder Auftrag sicher, zweckmäfsig, ohne Umschweife, ohne Materialvergeudung und in einem Minimum von Zeit erledigt wird und welche einen sicheren und leichten Einblick in die geleistete Arbeit gestattet.

Obwohl die technischen Organisationsfragen ganz allgemein in sachgemäfser Weise nur von dem sozial und kaufmännisch geschulten Ingenieur gelöst werden können, will ich zunächst einige dem Ingenieur näher liegende Punkte erörtern. Der Ingenieur mufs vor allem, um wirtschaftliche Erfolge zu erzielen, systematisch arbeiten und darf sich nicht allzusehr nach der alltäglich variierenden technischen Laune richten. Die jeden Tag neu und zufällig auf ihn hereinbrechenden Theorien und Erfindungen darf er selbstverständlicherweise nicht ignorieren, aber er mufs sie erst eine Zeitlang auf sich wirken lassen, er mufs sie verdauen. Erst wägen, dann frisch wagen. Die Sucht nach »Originellem«, nach »Patentfähigem« hat sich zum Schaden der ganzen Industrie überall breit gemacht und die Vorteile des Alterprobten, des stetig an Hand von Betriebserfahrungen Verbesserten werden zu selten erkannt. Alle Einzelheiten einer Maschine, eines Apparates sollten auf Grund praktisch erprobter Gesetze und möglichst umfassender Betriebs- und Werkstatterfahrungen sowie unter Berücksichtigung der Preise für die

Materialien und der Lohnverhältnisse ausgelegt werden und zwar in der Regel eine Reihe gleichartiger Typen in gesetzmäfsiger Proportion gleichzeitig. Hat man nicht Gelegenheit neue Prinzipien eingehend theoretisch und im praktischen Betrieb zu erproben, was aber mit allen Mitteln anzustreben ist, so bleibe man lieber bei durch die Jahre bewährten Ausführungen. Allzu häufiges Ändern der Konstruktionen, namentlich wenn es sich nur darum handelt, einige winzige elektrische Vorteile wie $^1/_2\,^0/_0$ mehr Wirkungsgrad u. ä. auf Kosten der Betriebsicherheit zu erreichen, kann direkt der Ruin einer Firma werden. Obwohl Wagemut — aber einer mit offenen Augen — eine unerläfsliche Ingenieureigenschaft sein mufs, so ist doch zu bedenken, dafs jede Neukonstruktion um so mehr ein Sprung ins Dunkle ist, je mehr unerprobte Prinzipien darin verkörpert sind; es stellen sich dabei viel unvorhergesehene Momente heraus, während man die Vor- und Nachteile einer öfters gebauten Type ziemlich genau abwägen kann. Die Betriebsingenieure müssen bestrebt sein, an allen Konstruktionen Verbesserungen anzuregen, welche die Fabrikation unter Berücksichtigung der vorhandenen Werkstätten verbilligen,und anderseits sollen sie Hilfswerkzeuge und Arbeitsmethoden ersinnen, welche die vorhandenen Entwürfe billig, präzis und solid auszuführen gestatten. Eine genaue elektrische und mechanische Prüfung neuer Typen ist etwas ganz Unerläfsliches; es sollte besonders noch viel mehr angestrebt werden, dafs die Fabriken genaue Betriebsresultate ihrer gelieferten Waren erhalten; diese sind nicht selten wichtiger als die kurzen Laboratoriumsversuche. Eine Erhöhung der Leistung vorhandener Typen oder eine Verkleinerung der Abmessungen sollte man nur auf Grund eingehender Untersuchungen vornehmen.

Noch vielmehr als bisher anzustreben ist es, die Typenzahl zu beschränken, d. h. weitgehend zu normalisieren und möglichst in Masse zu fabrizieren oder Annormalien mit geringstmöglichen Abänderungen zu entwickeln, da dadurch die Maschinen präziser, betriebsicherer und billiger herzustellen sind. Man kann dann Lehren zum Bohren, Drehen, ferner Spezialschnittwerkzeuge wie Fräser, bequeme Aufspannvorrichtungen, Komplettschnitte zum Stanzen der Bleche, Wickelformen, genaue Prefsformen für die Isolationsteile der Kommutatoren, Metallmodelle u. a. m. anschaffen, was für Einzelausführungen fast unerschwinglich ist. Man lege deshalb z. B. für alle vorkommenden Typen, grofse Maschinen eingeschlossen, eine beschränkte Anzahl Durchmesser und eventuell Ankerbreiten fest, von denen man nicht abweicht, selbst wenn man eine etwas gröfsere Type wählen müfste. Da die erforderliche Leistung in den meisten elektrischen Anlagen im voraus gar nicht genau bekannt ist, so sollte es leicht sein, den Abnehmer von der Zweckmäfsigkeit der Wahl einer normalen Type, die so viele Vorteile bietet, zu überzeugen. Alle Neuentwicklungen und riskanten Neukonstruktionen sollten entsprechend höher bezahlt werden, um das Risiko etwas zu decken. Solches Vorgehen ist offenbar in Amerika die Regel, warum sollte es hierzulande nicht auch möglich sein?

Von Wichtigkeit für das gedeihliche Arbeiten einer Fabrik ist des weiteren: Rationelle, einfache und sichere Erledigung der Bestellungen von Bureau zu Bureau; scharfe Kontrolle und rasche Ausführung der Zeichnungen; zweckmäfsiger und zeitgemäfser Einkauf von Materialien unter Vermeidung eines allzu grofsen Lagers, was durch Schaffung und strenge Innehaltung von Normalien für Schrauben, Kupferdimensionen, Isolationsmaterialien etc. auf dem Konstruktionsbureau zu erreichen ist; passende Anordnung der Fabrikgebäude und der einzelnen Fabrikationsabteilungen untereinander, so dafs auch die Transportverhältnisse, wofür Lauf- und Drehkräne sowie elektrische Schmal- und Normalspurlokomotiven vorzusehen sind, sich einfach gestalten. Hierfür ist es auch wichtig, die Werkzeugmaschinen in richtiger Weise zu gruppieren. Eisenbahnanschlüsse sind bis in die Fabrikgebäude zu führen, auch Schiffsanschlüsse sind anzustreben. Der Antrieb der Werkzeugmaschinen ist zweckmäfsig, möglichst elektrisch auszuführen und z. B. direkte elektrische Tourenregulierung zu verwenden (Mehrleiternetze). Neue Spezialwerkzeugmaschinen, die nennenswerte Ersparnisse versprechen, sollten ungesäumt beschafft werden. Erweiterungen von Fabrikgebäuden, die an sich so einfach als möglich, aber hygienisch einwandfrei zu bauen sind, vermeide man, bis es unerläfslich wird; vorübergehende Arbeitsanhäufungen erledige man besser durch Doppelschichten z. B. von 5 bis $2^1/_2$ Uhr (mit Pause) und $2^1/_2$ bis 12 Uhr nachts. Die Kontrolle der ausgeführten Werkstattarbeiten soll möglichst automatisch, gleichartig und präzis, die Bezahlung von Ingenieuren und Arbeitern soll nach gerechten Grundsätzen entsprechend den Leistungen erfolgen, bei Arbeiten nach Stücklohn unter Gewährung von Prämien für rasche und gute Arbeit. Die Verwendung möglichst weniger, aber tüchtiger Beamten und Arbeiter ist anzustreben. Die Arbeiter und Beamten müssen dazu aufgemuntert werden, Vorschläge für Verbesserungen in der Fabrikation zu machen. Die einzelnen Abteilungen der Fabrik und der Bureaus müssen organisch ineinandergreifen und zusammenarbeiten. Alle wichtigen Ergebnisse, wie Preise, sowohl solche von Ausführungen wie nur veranschlagte, ferner Löhne, Zeichnungen, technische Resultate etc., sind systematisch zu ordnen, z. B. nach Kartensystemen; aber vor zu komplizierten Systemen, die zu unübersichtlichem Arbeiten führen, wozu zahllose Beamte erforderlich sind, sind namentlich kleinere Fabriken zu warnen, wo sehr häufig einige wenige leitende Köpfe für das Wohl und Wehe der Firma vollständig ausschlaggebend sind und das System nicht allzusehr von Bedeutung ist. Die Vorausberechnung von Preisen ist eine äufserst wichtige Aufgabe und sollte im wesentlichen in der Hand des Ingenieurs, nicht eines Kaufmanns liegen. Leider nützen solche genaue Vorausberechnungen unter Benutzung der Preise und Löhne ausgeführter Maschinen für den Verkauf meist nicht allzuviel, da die Konkurrenz, der Markt in der Regel den Preis bestimmt, trotzdem ist das Verhältnis des eigenen Herstellungspreises zum Marktpreis äufserst wichtig.

# 17. Nachtrag.

**S. 17.** Zu der Kontroverse über den Drehstrommotor als Eisenbahnmotor verweise ich noch auf Reichel, »Der Drehstrommotor für den Betrieb von Schnellbahnen« (R. Oldenbourg 1903) sowie auf den Aufsatz »Der Elektromotor als Eisenbahnmotor« von F. Niethammer in Zeitschrift für Elektrotechnik, Wien, Juli 1903, ferner auf den Aufsatz »Projekt für den elektrischen Betrieb auf der Schweizer Nordostbahn« von Thormann, Schweizerische Bauzeitung 1902.

**S. 37.** Weitere Mitteilungen über compensierte und kompoundierte Asynchronmaschinen von Heyland siehe E.-T. Z. 1903, Heft 4—6.

**S. 45.** Hohe Zahnsättigung $B_z$ hat auf die Funkenbildung, soweit sie durch Selbstinduktion bedingt ist, keinen Einflufs, da die Zähne in der Kommutierungszone das Hauptfeld gar nicht führen.*) Hohes $B_z$ vermindert nur den Quermagnetismus und den Preis.

**S. 124.** Da Eborall in Electrician 1903, 27. Februar, p. 771 behauptet, dafs sich Manteltypen von Transformatoren nicht mit einer Spannungsregulierung von 4% und weniger bei induktiver Belastung bauen lassen, citiere ich folgende Versuchsergebnisse an Manteltransformatoren der U.-E. G.:

| KW | Spannung | Perioden | Wirkungsgrad inkl. Gebläse | Maximaler induktiver Abfall | Maximale Erwärmung |
|---|---|---|---|---|---|
| 100 | 2200 | 50 | 97,4 % | 2,3 % | + 38° |
| 75 | 3100 | 50 | 96,7 % | 1,7 % | + 30° |

Diese Werte sind durchaus noch nicht die günstigsten und sind an älteren Typen gewonnen.

**S. 72.** Die Formel 47 für die Polschuhverluste wird zweckmäfsig in Watt, wie folgt, geschrieben: $A_p = 4{,}7\ B^2\ D^2\ u^{3/2}\ \mu^{-1/2}\ z_n^{-1/2}\ F_p \cdot 10^{-10}$,
wenn alle Mafse in c und $F_p$ die Fläche aller Polschuhe ist ($= 2\ p\ P\ l$). $B$ ist die Amplitude der Schwankung der Polrandinduktion. Nach Versuchergebnissen ist allerdings richtiger $A_p = c' \cdot B^2 \cdot D^2\ u^{3/2}\ z_n^{-1/2} \cdot F_p$,
worin $c' = 0{,}35 \cdot 10^{-13}$ für Stahlgufs und $= 0{,}27 \cdot 10^{-13}$ für Gufseisen ist.

**S. 180.** Leider sind mir erst jetzt nach Drucklegung dieses Werkchens ausführliche Unterlagen über die Ölschalter von Brown, Boveri & Cie. zugegangen. Ich kann hier nur noch kurz erwähnen, dafs C. E. L. Brown im Jahre 1897 wohl als erster für die Anlage in Paderno Hochspannungs*ölschalter* für 16000 Volt und 100 Ampere Drehstrom gebaut hat. Die Firma hat inzwischen viele Tausende von Ölschaltern für Spannungen bis 40000 Volt, auch solche mit Maximalrelais, die auf dem Prinzip der Induktionszähler beruhen, gebaut und in tadellosem Betrieb. Ein Brownscher Ölschalter für 40000 Volt ist in dem Aufsatz »Reiseeindrücke aus Nordamerika« von F. Niethammer in der Zeitschrift für Elektrotechnik Wien 1903 abgebildet, andere Abbildungen finden sich in einem Aufsatz »Hochspannungsschalter« von F. Niethammer im »Grofsbetrieb« 1903.

*) E.-T. Z. 1899, Niethammer.

---

**Berichtigungen.** S. 16. In Formel 10 mufs es 0,4 · 0,9 heifsen; S. 33. Fig. 28 gilt für Fremderregung; S. 52. In Formel 30 ist 1,5 gleich 0,6 · 2,5 zu setzen; S. 53. In Formel 38 benütze man $\mp$, je nachdem man in der Wickelformel 27 $\pm$ verwendet hat; S. 56. Z. 2 von unten schreibe p/a statt a/p.

www.ingramcontent.com/pod-product-compliance
Lightning Source LLC
LaVergne TN
LVHW080002031026
849161LV00026B/2930
*9783486733600*